DeepSeek
高效辅助
课题申报

李小玲　闫河　李思◎等编著

机械工业出版社
CHINA MACHINE PRESS

随着人工智能（AI）技术的快速发展，大模型在科研文书撰写领域的应用日益广泛。DeepSeek凭借强大的语言理解、结构化表达和上下文记忆能力，已成为科研人员在课题申报、研究设计、项目总结等环节的有力助手。

全书共8章，系统阐述了DeepSeek在科研课题申报中的应用，重点解析如何利用人工智能提升科研文书写作的质量与效率。本书内容涵盖DeepSeek的技术特点及其在科研写作中的优势，并结合实际写作规范和AI辅助策略，指导读者高效撰写课题申报书、研究方案、文献综述、预算编制等关键模块。书中还探讨了如何利用DeepSeek进行选题分析、成果整理、可行性论证以及研究方法选择等，并提供了实用的AI策略和操作示例，以及相关提示词、教学视频和实用电子书，帮助科研人员从研究设计到结题全过程提升写作效率和准确性。

本书适用于高校教师、科研人员、硕博研究生及各类科研管理人员，尤其对承担科研项目申报任务、希望提升写作效率与文本质量的读者具有较高的参考价值。本书也可作为人工智能与科研写作融合教学的辅助教材，为推动AI赋能科研实践、构建科研申报智能生态提供知识支持与操作指南。

图书在版编目（CIP）数据

DeepSeek高效辅助课题申报 / 李小玲等编著. 北京：机械工业出版社，2025.6（2025.8重印）. -- ISBN 978-7-111-78468-5

Ⅰ. G311-39

中国国家版本馆CIP数据核字第20253HX794号

机械工业出版社（北京市百万庄大街22号　邮政编码100037）
策划编辑：丁　伦　　　　　　　　责任编辑：丁　伦　杨　源
责任校对：甘慧彤　马荣华　景　飞　责任印制：张　博
北京铭成印刷有限公司印刷
2025年8月第1版第2次印刷
170mm×240mm・14.5印张・282千字
标准书号：ISBN 978-7-111-78468-5
定价：69.00元

电话服务　　　　　　　　网络服务
客服电话：010-88361066　　机　工　官　网：www.cmpbook.com
　　　　　010-88379833　　机　工　官　博：weibo.com/cmp1952
　　　　　010-68326294　　金　书　网：www.golden-book.com
封底无防伪标均为盗版　机工教育服务网：www.cmpedu.com

前言

科研项目的申报书写作是相关研究者等群体学术生涯中的重要环节，也是获取科研资助、推动研究进展的关键步骤。然而，随着科研竞争的日益激烈，如何提高申报书的撰写效率、确保内容的逻辑严密性和学术创新性，已成为他们面临的现实挑战。

人工智能技术的进步，尤其是 DeepSeek 等大语言模型（简称大模型）的出现，为科研文书写作提供了全新的辅助工具，使得从选题、文献综述到方案制定、预算编制的全流程都能够得到智能化支持。本书旨在探讨 DeepSeek 在课题申报与标书撰写中的应用，为研究人员提供高效、精准的 AI 辅助策略。

本书内容涵盖课题申报的全流程，系统解析了 DeepSeek 在辅助科研文书写作中的应用场景，并结合具体实例，展示如何利用大模型提升课题申报书的内容质量与撰写效率。

第 1 章介绍 DeepSeek 的基本架构及其在文书撰写中的核心优势，包括逻辑层次控制、长文本生成、上下文记忆优化等能力。

第 2 章系统梳理各类科研资助项目的写作规范，重点分析国家自然科学基金、青年科学基金等项目的申报要求及文书结构，并结合 DeepSeek 的智能提示词（Prompt）设计，提供撰写技巧和 AI 优化策略。

第 3 章讨论在研究选题的确定过程中，如何通过前期成果统计与梳理、研究方向推演等手段，提高选题的科学性和创新性，以及 DeepSeek 在选题分析、数据挖掘、学术热点识别等方面的应用，能够帮助研究者更精准地构建研究框架。

第 4 章重点介绍可行性论证的撰写，包括技术可行性、学术可行性、数据支撑及先导研究整合，并展示 DeepSeek 如何辅助生成符合科研评审标准的论证材料。

第 5 章围绕初期研究方案设计，详细解析目标设定、技术路线、阶段性成果规划等关键环节，并通过 DeepSeek 的提示词模板，提高文本的逻辑严密性与表达精准度。

第 6 章深入剖析预算编制及专项审计的写作要求，提供 DeepSeek 在成本测算、经费合理性分析、预算调整等方面的智能应用实例。

第 7 章重点解析研究方法与研究综述的写作技巧，展示 DeepSeek 如何辅助筛选研究方法、提炼文献核心观点、预测研究趋势等，为研究人员提供高效的综述写作策略。

第 8 章探讨项目验收与结题报告的撰写，结合 DeepSeek 的文档检查与自动生成能力，优化成果总结、技术指标达成情况及学术贡献分析。

全书不仅系统讲解科研申报的写作流程，更结合 DeepSeek 的智能化能力，为研究人员提供基于 AI 的实战指南。通过本书，读者可以掌握如何借助大模型提升申报书的撰写质量，提高科研资助的成功率，并优化科研工作流。李小玲老师编写了第 1 章、第 6 章、第 7 章及第 8 章，共约 16 万字；闫河、李思老师编写了其余章节及附录，并进行了相关案例测试。在科技快速发展的背景下，人工智能的加入不仅是科研写作的工具革新，更是科研范式变革的重要推动力。本书希望能够帮助广大研究人员在课题申报与科研写作中充分利用 AI 工具，提高科研效率，助力科研创新。

编　者

目录

前言

第1章 DeepSeek 如何辅助文书撰写 ... 1
1.1 DeepSeek 的模型原理与能力概述 ... 1
1.1.1 DeepSeek 的架构与生成式语言模型的特点 ... 1
1.1.2 与其他通用大语言模型的能力对比 ... 4
1.1.3 专业文本理解与结构性写作能力 ... 6
1.1.4 数据上下文记忆与长文写作控制 ... 8
1.2 DeepSeek 在课题申报中的角色定位 ... 10
1.2.1 辅助研究选题与方向梳理 ... 11
1.2.2 文献整合与写作逻辑建构 ... 12
1.2.3 技术路线与方法论逻辑生成 ... 13
1.3 DeepSeek 与课题申报流程的结合点 ... 13
1.3.1 从指南解读到文本初稿的自动生成 ... 14
1.3.2 结合前期数据生成研究背景与意义 ... 15
1.3.3 可行性论证与预算控制辅助建模 ... 15
1.4 DeepSeek 的交互提示技巧与优化 ... 16
1.4.1 构造有效的 Prompt 来引导 DeepSeek 写作 ... 16
1.4.2 控制逻辑严谨性与专业术语输出的一致性 ... 17
1.5 使用 DeepSeek 进行课题写作的注意事项 ... 18
1.5.1 防止生成幻觉与事实错误 ... 18
1.5.2 避免内容模板化与重复表达 ... 19
1.5.3 处理保密数据与科研伦理问题 ... 20

第2章 课题申报书、项目书及标书的基本撰写规范 ... 21
2.1 国家自然科学基金标书结构详解 ... 21
2.1.1 项目概况与拟解决的核心问题 ... 22
2.1.2 国内外研究现状与发展趋势 ... 23

2.1.3　项目研究内容与技术路线 …………………………… 24
2.1.4　预期成果与项目预算 …………………………………… 24
2.2　各级课题申报差异 …………………………………………… 25
2.2.1　市级项目 ……………………………………………… 26
2.2.2　省部级项目 …………………………………………… 27
2.2.3　青年科学基金 ………………………………………… 29
2.2.4　国家自然科学基金 …………………………………… 30
2.3　写作规范与格式要求 ………………………………………… 31
2.3.1　字数控制与段落结构 ………………………………… 32
2.3.2　引用与参考文献规范 ………………………………… 32
2.3.3　行文语气与学术风格要求 …………………………… 33
2.4　项目申报逻辑链的构建方式 ………………………………… 33
2.4.1　问题提出与研究背景 ………………………………… 34
2.4.2　研究目标与研究内容 ………………………………… 34
2.4.3　技术路线与可行性分析 ……………………………… 35
2.4.4　成果产出与项目影响力 ……………………………… 36
2.5　DeepSeek 辅助校核与格式匹配 …………………………… 36
2.5.1　标准模板的 Prompt 设计 …………………………… 37
2.5.2　一致性检查与术语规范 ……………………………… 38
2.5.3　段落平衡与语言润色 ………………………………… 39

03 第 3 章

前期成果统计及课题选定 …………………………………………… 40

3.1　研究基础与成果梳理方法 …………………………………… 40
3.1.1　教研项目与纵向成果整理 …………………………… 40
3.1.2　论文、专利、著作 …………………………………… 42
3.1.3　团队科研背景 ………………………………………… 43
3.2　学术积累与问题导向之间的桥接 …………………………… 44
3.2.1　如何通过成果衍生出研究方向 ……………………… 45
3.2.2　DeepSeek 辅助识别"问题空档" …………………… 49
3.2.3　利用已有成果支撑立项可行性 ……………………… 49
3.3　DeepSeek 在选题分析中的应用 …………………………… 53
3.3.1　输入关键词与研究方向生成建议 …………………… 53
3.3.2　模拟评审思维对选题进行预评估 …………………… 54
3.3.3　主题热度与政策倾向 ………………………………… 57
3.3.4　可拓展性与后续项目设计评估 ……………………… 61

3.4 拟题技巧与命题策略 62
　　3.4.1 标题结构优化与信息浓缩 62
　　3.4.2 DeepSeek 生成标题的 Prompt 模板 63
　　3.4.3 不同学科项目的命名规律解析 64

04 第 4 章

项目可行性论证分析 66

4.1 可行性论证的核心逻辑与基本结构 66
　　4.1.1 技术可行性：核心技术路径论证方式 67
　　4.1.2 学术可行性：研究目标与内容的合理性 67
　　4.1.3 条件可行性：研究资源与团队能力支撑 68
　　4.1.4 管理可行性：任务安排与计划落实能力 69
4.2 DeepSeek 辅助撰写可行性报告的策略 69
　　4.2.1 自动识别项目关键技术要素 70
　　4.2.2 根据研究目标生成匹配性论证段落 71
　　4.2.3 构建团队能力支撑逻辑链 71
　　4.2.4 提示优化：结构性可行性报告输出模板 72
4.3 数据与先导研究成果的整合方式 73
　　4.3.1 前期实验数据的表述策略 74
　　4.3.2 预实验结论对研究目标支撑的写法 74
　　4.3.3 DeepSeek 如何整合数据并转化为论证 75
　　4.3.4 文本匹配协同输出技术 76
4.4 典型可行性问题与 DeepSeek 的应对机制 76
　　4.4.1 常见质疑点识别与文本优化 77
　　4.4.2 拟人化模拟评审质询逻辑与回应生成 77
　　4.4.3 研究跨度过大时的收缩建议 78
　　4.4.4 数据不足时的可行性逻辑补全方案 79

05 第 5 章

初期研究方案及项目指南拟定 80

5.1 项目研究目标与技术路线的设计方式 80
　　5.1.1 分阶段目标拆解技巧 81
　　5.1.2 技术路线结构 82
　　5.1.3 DeepSeek 自动提取"目标—方法—成果"
　　　　　逻辑链 82
5.2 DeepSeek 辅助构建研究计划与进度安排 83
　　5.2.1 时间—任务双向逻辑建模 84

- 5.2.2 Gantt 结构下的任务分配写作方式 ····· 85
- 5.2.3 分阶段成果节点与计划校正机制 ····· 86
- 5.3 项目指南编写与申报书对接策略 ····· 87
  - 5.3.1 DeepSeek 生成对齐指南要求的申报内容 ····· 87
  - 5.3.2 指南文本自动解析与政策提取模型 ····· 88
  - 5.3.3 结合申报方向设定目标引导策略 ····· 89
- 5.4 多主体协同方案下的结构设定 ····· 90
  - 5.4.1 跨单位协作方案的责任结构安排 ····· 90
  - 5.4.2 子课题结构与主课题逻辑统一策略 ····· 91
  - 5.4.3 DeepSeek 辅助梳理合作单位任务边界 ····· 92
- 5.5 初期方案文本的多轮审核与改写机制 ····· 93
  - 5.5.1 专家模拟点评式 Prompt 设计 ····· 94
  - 5.5.2 模型辅助生成结构化修改建议清单 ····· 95

第 6 章 项目预算与专项审计 ····· 96

- 6.1 项目预算的基本结构与编制逻辑 ····· 96
  - 6.1.1 国家自然科学基金预算条目解析 ····· 96
  - 6.1.2 成本归类与用途说明写作标准 ····· 98
  - 6.1.3 预算与任务匹配机制 ····· 99
- 6.2 经费测算策略与合理性论证 ····· 100
  - 6.2.1 如何估算各阶段成本构成 ····· 100
  - 6.2.2 实验材料、测试费用的合理估计 ····· 103
  - 6.2.3 DeepSeek 生成预算说明逻辑段落 ····· 106
- 6.3 项目审计要点与审计风险规避 ····· 109
  - 6.3.1 专项审计内容与评估核心 ····· 110
  - 6.3.2 常见审计问题模拟与逻辑修正 ····· 113
  - 6.3.3 DeepSeek 模拟审计视角优化预算结构 ····· 118
- 6.4 多单位预算划分与配比策略 ····· 121
  - 6.4.1 协同单位经费控制原则 ····· 121
  - 6.4.2 子课题与主课题预算拆解策略 ····· 130
- 6.5 预算报告文本的标准化输出技巧 ····· 137
  - 6.5.1 不同申报类型下的预算报告差异 ····· 137
  - 6.5.2 DeepSeek 预算结构 Prompt 优化模型 ····· 146

第 7 章 研究方法及研究综述撰写 ……… 148

7.1 研究方法部分的结构与表达要点 ……… 148
- 7.1.1 常见研究方法的表述模板 ……… 148
- 7.1.2 方法与研究问题之间的逻辑耦合 ……… 149
- 7.1.3 DeepSeek 生成方法段的 Prompt 范式 ……… 152
- 7.1.4 多方法协同方案的表述技巧 ……… 159

7.2 DeepSeek 辅助生成研究方法段落 ……… 165
- 7.2.1 基于语料比对推荐方法集 ……… 165
- 7.2.2 模拟学科审稿意见提出方法补充建议 ……… 171
- 7.2.3 方法适配性论证段落生成模型 ……… 172

7.3 研究综述写作流程与结构设计 ……… 173
- 7.3.1 领域划分与文献聚类方式 ……… 174
- 7.3.2 DeepSeek 辅助主题建模与文献归类 ……… 175
- 7.3.3 综述写作的逻辑结构建构技巧 ……… 177
- 7.3.4 引用与评述的语言风格优化建议 ……… 178

7.4 DeepSeek 辅助识别研究趋势与空白 ……… 180
- 7.4.1 从领域高频词生成研究热点 ……… 180
- 7.4.2 空白区域识别与申报创新点融合 ……… 181
- 7.4.3 同领域高被引文献的提取与分析逻辑 ……… 183
- 7.4.4 综合趋势分析段落的生成机制 ……… 184

第 8 章 项目验收与结题 ……… 187

8.1 验收材料撰写流程概述 ……… 187
- 8.1.1 项目完成总结的标准结构 ……… 187
- 8.1.2 任务完成情况与指标达成率的写法 ……… 189
- 8.1.3 DeepSeek 辅助生成项目总结报告 ……… 191
- 8.1.4 阶段性成果与原计划比对策略 ……… 192

8.2 阶段报告撰写与成果产出展示 ……… 194
- 8.2.1 阶段任务完成报告结构优化 ……… 194
- 8.2.2 DeepSeek 生成成果支撑材料说明 ……… 195

8.3 结题报告与项目贡献总结 ……… 197
- 8.3.1 结题报告内容分类与写作技巧 ……… 197
- 8.3.2 DeepSeek 模拟评审角度生成结题建议 ……… 199
- 8.3.3 学术影响力与社会效益的表述优化 ……… 200

8.4　结题文书规范与检查机制 …………………………… 202
　　8.4.1　不同资助类型的结题材料差异 ………………… 202
　　8.4.2　DeepSeek 辅助文书检查清单生成 …………… 204
　　8.4.3　附件及证明材料生成模板配置 ………………… 207
　　8.4.4　文书完整性与一致性审核机制 ………………… 209

附录　**常见课题与项目申报信息汇总** …………………… 212
附录 A　国家自然科学基金 ……………………………… 212
附录 B　国家社会科学基金 ……………………………… 214
附录 C　国家重点研发计划 ……………………………… 217
附录 D　博士后科学基金 ………………………………… 219
附录 E　四类科研项目申报特点对比 …………………… 221

第1章　DeepSeek如何辅助文书撰写

在科研课题申报与项目书撰写日益复杂化的背景下，人工智能辅助写作工具成为提升效率与文本质量的重要支撑。DeepSeek 作为具备专业语言理解与生成能力的大模型，正在深度介入文书写作的各环节，推动科研文本撰写范式的转变。

本章将重点介绍 DeepSeek 的基本原理，并阐述其在文书写作过程中能为用户提供的帮助。

1.1 DeepSeek 的模型原理与能力概述

随着人工智能技术的快速演进，大语言模型在自然语言处理各领域中的应用价值正不断显现。DeepSeek 作为新一代生成式预训练语言模型，具备强大的文本理解与生成能力，已被广泛部署于科研、教育、产业等多个复杂文书场景中。在课题申报与标书撰写过程中，DeepSeek 不仅能够模拟人类的写作逻辑，准确把握政策导向与学术语境，还能在篇章结构、语言风格、专业术语应用等方面实现高质量输出。

本节将围绕 DeepSeek 的底层架构设计、训练机制、推理方式及其在结构性写作中的能力表现展开分析，系统揭示其作为写作辅助工具的技术基础与实践潜能。

1.1.1　DeepSeek 的架构与生成式语言模型的特点

DeepSeek 作为一种先进的大语言模型，构建于 Transformer 架构基础之上，具备深度的语义理解与上下文建模能力。其核心机制在于通过大量语料的预训练，建立词语之间的复杂联系，并在生成文本时实现句法结构、语义逻辑与语境一致性的综合控制。

在文本生成过程中，DeepSeek 并非简单依赖关键词拼接或模板堆砌，而是能够通过上下文进行语义推理，精准识别文本的逻辑走向与结构要求，这使其特别适用于课题申报与项目书写作中对结构性与逻辑性的严格要求。

在撰写标书时，"研究背景"或"研究意义"等核心模块常需要在严格限定的字数内完成逻辑严密、措辞准确的表达。传统写作方式依赖于作者的语言组织能力与学术积累，而这正是许多科研工作者或项目申报人面临的主要障碍。

例如，在表达"当前技术尚存在效率瓶颈，需在关键材料结构层面进行突破"这一观点时，初稿往往会有语言空泛或逻辑跳跃的情况，缺乏对问题实质的清晰描述。DeepSeek则可通过训练中积累的领域表达样本与语言模式，自动生成更具逻辑层次的表述，如"尽管当前材料设计方法在提升光电转换效率方面取得初步成果，但在纳米结构调控精度与器件稳定性提升方面仍面临显著瓶颈，亟待开展系统性结构优化研究。"

与传统的自动化写作工具相比，DeepSeek具备显著的上下文理解优势：能够在长文本结构中持续追踪核心论点，不仅在单一段落层面维持逻辑一致，还能实现跨章节的内容递进。例如，在撰写"项目目标"与"研究内容"两个相邻模块时，DeepSeek能够保持术语、逻辑线与上下位关系的连贯表达。

输入"本项目旨在提升××材料的光电转化效率"作为目标描述后，DeepSeek在生成研究内容段落时将自动沿着"性能优化路径""机制分析"与"工程验证"三条主线展开，而非简单重复项目目标中的语言，确保段落之间的分工清晰且层级分明。

更进一步，DeepSeek在句式变换、学术语气调整方面也表现出高度适配性。在撰写中期评估报告或项目总结时，常见需求包括"对同一研究成果以不同语言风格重新表述""将口语化段落调整为正式文本""根据要求字数进行压缩表达"等。以"该模型的鲁棒性在多组实验中得到验证"这一句为例，在项目总结中可能需要变为更学术化的表述，即"该研究所构建的模型在多组实验场景中展现出良好的稳定性与广泛适应性。"DeepSeek基于上下文理解与语用风格调节能力，能有效支持这类语言重构任务，显著减少研究人员的语言编辑工作量。

在结构性控制方面，DeepSeek支持多级文本框架建构能力，适用于复杂项目文书的"总—分—合"写作模式。例如，在撰写"可行性分析"章节时，用户输入提示词"从技术成熟度、实验条件、团队能力三个方面分析项目可行性"，DeepSeek不仅可以按顺序生成三段对应段落，还能在每段首句明确标出分析角度，如"从技术路径的成熟度来看……""在实验资源方面……""团队具备良好的……"等表述，实现结构清晰、层次分明的写作输出。

需要指出的是，DeepSeek的生成式能力不仅体现在"写作"，更在于"重构"与"迭代"。模型可依据用户输入的初稿内容，结合语义理解与风格匹配机制，输出重构文本版本。若初稿存在语言冗余、逻辑跳跃、句式单一等问题，

DeepSeek 可通过"精炼+重组"策略,在保持原意的同时优化表达。

例如,原句"当前方法虽然可以部分解决问题,但其效率仍然不高,因此需要进一步改进",重写后可变为"尽管现有方法在一定程度上缓解了问题,但其效率局限性仍突出,亟须进一步优化改进方案。"这种表达上的提炼,尤其在字数受限的申报书中极具价值。

在理解 DeepSeek 架构与生成特性的基础上,通过与传统写作方式及一般大语言模型的对比,可以更加系统地认识其在科研课题文书撰写中的实际优势。表 1-1 总结了 DeepSeek 在文本生成的结构控制力、语言逻辑性、风格适配性等方面的突出能力,并对比了传统人工写作与通用大语言模型在相应维度下的表现。

表 1-1 DeepSeek 与传统人工写作方式及通用大语言模型在课题文书写作中的能力对比

能力维度	传统人工写作表现	通用大语言模型表现	DeepSeek 模型表现
上下文连贯控制	依赖作者逻辑思维,稳定性不足	可保持基础语义一致性	长文本内保持语义一致,逻辑追踪能力强
专业术语使用规范	需自行查找文献积累,易出错	具备一定术语储备,但不具备一致性控制	可识别并统一术语,输出风格一致、规范合规
段落结构清晰度	受限于作者文笔,结构性差异大	基本具备分段能力	支持总—分—合结构,段落衔接自然
风格与语气适配性	完全依赖作者语感与经验	语气可能过于模板化或不够正式	能根据任务类型调整语气,如评审语、申报语、总结语等
写作逻辑一致性	容易因改写多次出现前后不一致	有一定连贯能力	具备篇章级一致性控制机制,优化前后语义逻辑
表达压缩与扩展能力	需人工裁剪重写,效率低	可简单增减长度,但逻辑调整能力弱	可实现语义不变的文字精炼与扩展,以适应字数要求
内容重构与语言精练	工具依赖度高,需反复修改	多为重写原句,难以实现风格重塑	基于上下文优化语序与句式,提升表达精度与学术性
结构性写作任务适配	高度依赖模板与经验	缺乏结构控制能力	支持 Prompt 驱动结构输出,适应申报书格式与逻辑层次需求

综上所述,DeepSeek 作为面向科研文书的生成式语言模型,其架构设计不仅支撑语义生成的丰富性,更使其在结构化写作、风格控制与逻辑一致性维持方面具备显著优势。通过深入理解模型机制,可以更高效地发挥 DeepSeek 在课题申报写作各环节的专业支撑作用,从而推动项目文书质量的系统性提升。

1.1.2 与其他通用大语言模型的能力对比

通用大语言模型（如 ChatGPT、GLM 等）在自然语言处理任务中展现出广泛的适应性，已被广泛应用于对话生成、文本摘要、语言翻译等场景。然而，当这些模型直接用于科研类文本、课题申报书或项目标书等结构性极强、逻辑高度严谨的文书写作时，在专业性、逻辑链控制、术语一致性和段落层级规划等方面往往存在局限性。

这些问题在实际写作中十分突出，尤其当文本需要符合国家自然科学基金、青年基金等申报书的格式规范与表达标准时，通用模型的适配能力常常无法满足要求。

DeepSeek 与上述通用大模型在底层技术框架上有相似之处，皆基于 Transformer 结构构建，并采用大规模语料进行预训练。但 DeepSeek 的训练语料、微调目标和输出控制机制均针对科研文书场景进行了深度定制与优化。

以"研究目标与内容"的撰写任务为例，ChatGPT 在未明确指令提示下生成的内容常常十分笼统，如"本项目旨在推动相关领域的发展，通过一系列实验实现技术进步"，缺乏具体研究对象、技术路径或分阶段目标。

而 DeepSeek 则能自动根据题目关键词与上文内容，构建逻辑明确、阶段分明的目标体系，如"本项目拟通过构建多尺度仿生结构模型，系统研究界面能量调控机制，以期实现柔性光电器件在高应变状态下的稳定输出，项目目标分三阶段推进：一是建立结构—性能关联理论模型，二是开展多尺度力学行为测试，三是集成关键模块实现器件系统验证。"

在文体风格与语体控制方面，其他通用大模型易受到非正式语料干扰，生成的句式或语言风格存在失衡问题。例如，在生成"项目可行性分析"段落时，通用模型可能输出带有较强对话性色彩或判断性的表达，如"看起来这些方法应该可以满足要求"或"这可能是一种好办法"。此类表达显然不符合正式标书的语体要求。

DeepSeek 在该任务中则可以输出更符合评审逻辑与申报格式的表述，如"考虑到前期在界面调控方面已具备较为系统的实验数据支撑，结合项目团队在纳米制备平台方面的成熟技术积累，相关实验路径具备良好的实施基础。"其输出风格更接近专家撰写，语义完整且语体规范，可以直接纳入正式文本。

术语一致性与语义重复控制，也是 DeepSeek 在科研文本写作中展现优势的重要方面。其他通用模型虽然具备一定的术语识别能力，但在长文本生成过程中往往会出现术语替换不一致、含义模糊或前后描述冲突等问题。例如，在一份申报书的"技术路线"部分，起初使用了"结构异质集成方法"作为核心方法名称，但在后文中可能被通用模型误替换为"复合结构策略"或"多材料整合方案"，造成逻辑跳转与表述混乱。而 DeepSeek 通过上下文记忆与语义一致性控制机制，能在长篇幅输出中保持术语的稳定性，不仅确保同一概念贯穿全篇，还可以根据不同段落的结构需要，灵活调整其语言表述方式，兼顾语言多样性与术语统一性。

段落组织能力也是两者之间的重要差异。通用大模型在生成多段文本时往往缺乏清晰的结构控制能力，容易出现段落之间逻辑重复、衔接松散或主题偏离的问题。例如，ChatGPT 在撰写"研究基础"与"研究内容"两个相邻模块的内容时，研究基础段中已有的内容常在研究内容段中再次重复，缺乏递进结构。而 DeepSeek 在段落组织中，能基于结构提示生成主题主句、支撑论据与结尾陈述完整的三段式结构，并确保内容在段与段之间自然递进。例如，在撰写"研究基础"段落后，DeepSeek 可自动引导进入"研究内容"的分模块布局，如"基于上述实验成果，项目将围绕三个研究内容展开：第一，……；第二，……；第三，……。"这种分段清晰的结构设计，显著提升了文本的整体条理性，符合标书写作的规范要求。

在针对性提示（Prompt）处理能力方面，其他通用大模型在面对复杂提示或嵌套式任务描述时表现不稳定。若提示词涉及多个写作目标，如"请撰写包含研究现状、研究不足与研究意义的背景介绍"，通用模型可能只生成部分内容，或三者内容之间逻辑割裂。而 DeepSeek 在任务理解方面具有更强的结构还原能力，能够自动分段输出所需内容并维持逻辑完整性。例如，可以输出结构清晰的文本段落："当前，在×××研究领域中，已有大量工作聚焦于×××（研究现状）。然而，现有研究仍存在×××方面的不足，如……（研究不足）。因此，开展本项目具有显著的理论意义和应用价值，将有助于……（研究意义）。"这类结构化内容的输出极大地提升了文本的直接可用性。

为了更清晰地呈现 DeepSeek 与通用大语言模型在科研文书撰写中的能力差异，表 1-2 从写作结构控制、术语处理、语体适配、逻辑一致性等关键维度进行归纳，总结两类模型在应对专业化课题申报任务时的核心差异。该表有助于读者理解为何 DeepSeek 更适用于项目书、标书等高标准写作场景。

表 1-2　DeepSeek 与其他通用大语言模型在科研课题写作场景下的能力对比

能力维度	其他通用大语言模型表现	DeepSeek 模型表现
内容专业性与学术深度	内容偏浅，常泛泛而谈，缺乏学术逻辑	输出具备学术框架与理论背景，能结合科研语境生成高质量文本
段落结构控制能力	段间逻辑松散，主题重复或跳跃现象普遍	精确识别写作意图，段落递进有序，符合科研写作逻辑

（续）

能力维度	其他通用大语言模型表现	DeepSeek 模型表现
专业术语一致性	术语替换频繁，前后易不一致	保持术语统一，贯穿全文风格统一，适配多学科专业名词库
正式语体与风格适配	容易混入口语化及非正式的语气	输出学术性语言，适用于申报书、总结报告、技术文本等不同文体要求
内容重复与逻辑跳跃	句式冗余，同义内容重复的问题常见	自动识别冗余与冲突，优化逻辑链条与表述层次
任务提示响应稳定性	多目标 Prompt 处理能力弱，响应不稳定	具备结构还原能力，能根据复杂提示稳定生成目标段落
可读性与格式合规性	结构不明、表达冗长，需大量人工润色	输出格式规范、逻辑严谨，可直接用于申报书或正式文档
逻辑一致性与语义连贯性	上下文一致性差，主题容易偏移	具备长文本语义追踪机制，确保全文观点连贯
写作效率与修改灵活性	初稿粗糙，修改难度大	支持高质量草稿生成与多轮语义优化，迭代效率高
场景适配能力	适用于日常写作、对话生成等通用任务	聚焦科研写作场景，针对课题申报全流程进行系统优化

综上所述，通用大语言模型适用于开放性语言生成任务、日常对话与一般文本摘要处理，但在面对科研写作任务时，易受训练语料局限与风格漂移影响，生成内容往往缺乏科研逻辑深度与格式约束。DeepSeek 则专注于科研场景下的语言生成与结构控制，具备高阶表达能力、严谨逻辑链建构机制、术语一致性维护与风格适配性强等优势，能够更有效支撑高标准的课题申报与标书撰写需求。这种专业化能力，使其在科研文书生成中展现出显著的应用价值。

1.1.3 专业文本理解与结构性写作能力

科研课题文书写作的本质是对专业知识的精准表达与逻辑结构的严密组织。无论是国家自然科学基金项目申报书，还是市级科研计划立项材料，均需撰写者具备对本学科术语的掌握能力、对研究内容的逻辑归纳能力，以及对申报体例的结构化写作能力。

这类文本的撰写难度高，不仅体现在对语言准确性的要求上，更体现在如何有条不紊地将研究动因、问题、目标、方法、计划、成果与预算等内容嵌入规定的文书模板中。DeepSeek 的专业文本理解与结构性写作能力，正是应对这一复杂写作体系的重要优势。

在实际申报中，常出现的难点之一是"研究背景"与"研究意义"之间的逻辑关系不清。例如，申报人撰写："近年来，绿色制造受到广泛关注。节能降耗成为制造业的发展趋势。本项目拟在这一背景下，研究高效传动系统。"该段落虽有事实依据，但逻辑链条断裂，未能明确交代绿色制造与高效传动系统之间的具体关联，导致研究意义部分无法建立合理的"动因—问题—研究"的叙述逻辑。

使用 DeepSeek 处理这一问题时，只需通过提示输入研究主题与政策背景，模型便能自动分析背景趋势、研究空白与项目目标之间的逻辑桥梁。例如输出："近年来，绿色制造已成为制造业转型升级的重要方向，其中高效能量转换与系统减损技术受到重点关注。现有传动系统普遍存在能效利用率偏低的问题，制约整体节能潜力的进一步释放。因此，围绕传动结构中的损耗机理展开研究，构建高效率传动系统，成为提升绿色制造整体水平的关键技术路径。"该段通过前后句的语义衔接，实现了从背景趋势到问题导向，再到研究必要性的层层递进，显著提升了文本的逻辑张力与专业说服力。

在"研究内容与技术路线"部分的撰写中，科研人员常面临语言表述重复、结构层次混乱的问题。实际中不少申报书写法为"本项目拟从多个方面展开研究。研究一是材料制备方法，研究二是器件性能优化，研究三是系统集成应用。"这种写法的段落结构虽清晰，但内容阐述笼统，缺乏细节与目标路径，无法形成可执行的技术路线。

DeepSeek 在理解研究内容时，可基于关键词识别研究任务的子目标，并生成细化描述。例如"研究内容一，开发基于低温等离子辅助沉积的纳米复合材料制备方法，旨在优化膜层致密性与结构均匀性；研究内容二，构建多物理场协同模拟平台，提升器件运行状态下的性能预测准确性；研究内容三，实现多模块系统集成与控制算法部署，验证关键部件的协同稳定性与工程可行性。"这一段内容通过"任务目标+技术手段+预期结果"的结构进行组织，不仅使内容更丰富，也符合评审专家对"目标明确、路径合理、执行清晰"的写作期待。

DeepSeek 在段落内结构构建方面展现出显著优势。科研文书强调"总—分—合"的表达方式，每一段应包含主题句、支撑内容与结论性收束。通常作者往往忽略段内结构完整性，仅列举技术要点，造成阅读上的跳跃与断裂。

而通过设置结构性提示词，DeepSeek 能在生成段落时自动配置结构框架。例如在撰写"项目优势"时，可生成段落"本项目的主要优势体现在三方面。首先，团队已构建稳定的多学科协同机制，为项目实施提供组织保障。其次，已掌握关键材料制备与器件集成的核心技术，具备扎实的技术储备。再次，前期已完成相关技术的实验室验证，部分成果已申报专利，具备良好的产业转化前景。"此类段落结构均衡，主题句明确，条理分明，具有较强的实用性与专业表达能力。

除段落生成能力，DeepSeek 还具有内容重构与层级调整功能。科研人员在反复修改标书文本时，经常出现段间内容归属不清、要点分布不合理的问题。例如"研究目标"中包含部分"研究内容"，或"研究内容"中嵌入"技术可行性"的分析语句，使整份文本逻辑混乱。DeepSeek 支持通过输入全文草稿，标注每段意图标签，自动进行段落归类与内容再分配，确保每一段落回归其功能定位。

例如将"本项目的技术方法已在前期实验中得到验证，初步结果表明具有良好的结构稳定性与响应性能。"自动识别为可归入"可行性分析"模块，并提示"建议移入技术可行性段落，并补充数据说明与方法名称，提升评审可信度。"

在课题申报类文本中，"阶段目标分解"写作是另一项极具挑战性的内容。许多项目要求将三年内的工作计划具体拆解到每一年，并列出相应的技术成果与关键节点，传统人工撰写往往难以确保每年的目标既不重复、又层层递进。而 DeepSeek 在结构性写作能力的基础上，可支持"年度任务+关键技术+节点成果"的三维生成模式。

如输入"为三年项目生成详细进度计划"，模型将输出"第一年，完成材料成分优化与初步制备工艺研究，形成稳定成膜工艺参数；第二年，开展器件集成测试与性能评估，建立可靠性评估模型；第三年，开展系统级集成与应用验证，形成完整工艺包并提交中试验证报告。"通过结构约束与内容递进设计，在提升写作效率的同时也显著增强了申报材料的专业可信度。

综合来看，DeepSeek 不仅具备生成自然语言的基本能力，更具备对科研文书内部结构逻辑的深度理解与控制能力。通过段落结构识别、内容功能匹配、语体风格统一等机制，DeepSeek 可以显著提升课题申报文本的结构完整性、内容专业性与语言规范性，成为科研工作者撰写高质量项目书的重要辅助工具。

1.1.4 数据上下文记忆与长文写作控制

科研项目书、课题申报书及各类评审材料在撰写过程中往往具有篇幅长、结构复杂、内容高度依赖前文逻辑与数据衔接等特点，这类文本对语言模型的核心需求在于极高的上下文保持与长文逻辑控制能力。其他大语言模型在处理长文本时容易出现信息遗失、结构重复或语义漂移等问题，导致文书在整体表达上缺乏连贯性与专业完整度。

DeepSeek 在预训练机制与生成策略中融合了对长上下文建模的优化技术，

能够有效解决跨段落的语义一致性、术语统一、数据引用准确性等核心问题，在科研写作场景中展现出突出的长文控制能力。

在撰写国家自然科学基金申报书时，通常需跨越多个页面完成"研究背景""研究目标""研究内容""技术路线""可行性分析"至"项目预算"等多个模块的撰写。各模块虽结构独立，但内容之间逻辑密切关联，任何前后信息的不一致都可能削弱申报材料的可信度。例如，"研究目标"中提出"建立面向复杂环境的高鲁棒性检测模型"，而在"研究内容"中却只聚焦于算法优化与参数调试，未能延展至复杂环境适应能力的验证。

这种目标与内容之间的错位极为常见，通用模型生成长文内容时常因无法长期保留前文语义核心导致表述碎片化。DeepSeek 通过其对长文本多层嵌套结构的建模能力，可在生成"研究内容"段落时自动引用"研究目标"中提出的核心任务，并在描述方式上体现语义承接，如"围绕高鲁棒性检测模型的构建目标，研究内容将从噪声干扰建模、复杂场景重建及模型迁移能力验证三方面展开，确保算法在非理想工况下仍具备可靠性能输出。"

术语一致性是科研写作中的另一关键问题。在多页文档中的同一技术概念可能被不同表述替换，例如"低维半导体异质结构"被替换为"二维复合结构"或"低维界面系统"，若缺乏统一命名，评审专家在阅读过程中容易对核心概念产生混淆。

DeepSeek 能通过上下文记忆机制在全篇生成过程中保持术语一致，并在适当语境下进行风格替换而不丢失语义。例如，模型可自动识别文档主干术语，并在初次定义后持续使用一致称谓，若需要调整表述，如从"二维异质结构材料"过渡为"该结构体系"或"所设计界面材料"，也能确保语义统一且衔接自然，从而维持整篇材料的术语风格的统一性与表达专业性。

在长文控制中，数据引用的上下文连贯性亦为常见难点。科研项目申报书中常会提及前期实验数据、已有成果、预研数据、合作基础等内容，这些数据若未能贯穿全篇并在多个模块中被精准引用，会导致内容割裂甚至前后矛盾。例如"前期已开展初步实验，器件转换效率达到 12.3%"一语若仅出现在"研究基础"中，而在"研究目标"与"技术路线"部分未使用这一成果作为支撑依据，则会降低评审信任度。

DeepSeek 还具备跨段落数据调用能力，在生成相关段落时可以自动提取前文实验数据，并融合到目标段落的逻辑链中。如在"技术路线"的生成中引入"在前期效率达 12.3% 的基础上，拟通过界面优化与稳定性增强方案，将器件性能提升至 15% 以上，以满足中试应用要求。"这种自动调用与语义整合能力，使得全文表达形成了完整的逻辑闭环。

科研文书往往要求段与段之间保持层级递进。撰写"项目计划与进度安排"

时，应基于前述"研究内容"与"目标任务"逻辑拆分年度任务节点。若写作过程中对前文内容掌控不足，容易出现任务分解不合理或阶段性目标重复的问题。

DeepSeek 可自动识别"研究内容"中的三大任务条目，并在撰写"年度安排"段落时完成时间与任务配比的重构。例如输入内容"三大研究内容为结构设计优化、界面调控机制分析与器件性能测试"，模型将输出"第一年完成结构设计建模与仿真分析，第二年围绕界面调控开展实验验证并建立物理模型，第三年开展器件性能测试与中试验证。"通过这种结构内联能力，实现各部分内容在横向一致与纵向递进间的统一。

长文写作中还涉及申报逻辑的一致表达。项目申报书中，"研究目标"常需在"摘要""项目简况表""立项依据"中反复表达，若多次写作均为人工手动修改，则极易出现表述角度不一致、关键术语遗漏或数据冲突的问题。

DeepSeek 提供"关键表达统一提取"功能，可将核心研究目标结构化提取，并根据不同模块的语体差异进行风格转换。例如将技术术语化的表述"构建多尺度信息融合算法框架"转换为摘要中更面向应用的表达"拟开发面向多源信息高效集成的智能感知算法体系，用于复杂工况下的实时识别与响应。"在确保核心内容一致的前提下，模型能根据文本功能自动调整表达重心，实现学术性与应用性的平衡。

此外，DeepSeek 具备自动跨模块引用与修辞风格调整能力。在"研究基础"中引用的代表性论文、前期成果、团队背景信息，可在后文"项目优势""合作基础"中重新整合，不需要申报人重复撰写。

模型通过记忆机制追踪前文数据，在需要时自动补全引用，如"团队近五年在该方向共发表 SCI 论文 8 篇，授权发明专利 3 项"，在后文可转换为"团队的持续科研产出为本项目实施提供了坚实的研究基础与成果转化能力支撑。"

总之，DeepSeek 的上下文记忆与长文控制机制在科研文书写作中具有跨段落逻辑一致性维护、术语统一管理、数据引用准确性增强与文本风格连续性保障等多重功能，不仅提升了长文本生成的效率，也极大降低了申报过程中因表达不一致、逻辑断裂等问题造成的评审风险。这一能力体系使 DeepSeek 成为面向复杂写作场景不可或缺的辅助工具。

1.2 DeepSeek 在课题申报中的角色定位

在科研课题申报与项目立项材料撰写过程中，语言生成工具的应用正逐步从边缘辅助转向核心参与的位置。DeepSeek 凭借其对科研文本语义结构的精准理解能力、跨模块逻辑一致性控制机制，以及对专业表达风格的深度适配，已在多个关键写作环节中展现出显著优势。从选题构思到研究方案设计，从文献整合到可行性分析，从技术路线规划到预算编制，DeepSeek 能够在不同层面上发挥结构建构、语言生成与内容优化的协同效应。

本节将围绕 DeepSeek 在课题申报文本构建过程中的角色定位展开阐述，剖析其如何成为连接科研内容构思与申报文本表达之间的智能中介，助力申报人提升写作质量与效率，强化文本的专业性与逻辑完整度。

1.2.1 辅助研究选题与方向梳理

科研课题的选题不仅是申报文本的起点，更决定了整个项目的研究价值与中标可能性。在选题阶段，申报人常面临研究方向模糊、选题与政策脱节、创新性不突出等问题，导致后续文本撰写难以形成逻辑闭环。

DeepSeek 通过其对领域语义的深度建模与对政策文本的适配能力，能够在研究方向梳理与选题逻辑构建中提供切实支持，特别适用于项目早期的构思与命题环节。

在实际操作中，申报人往往面对一组涉及学科交叉的研究兴趣点，难以明确最具申报价值的切入路径。而通过输入关键词、研究兴趣描述或近年代表性成果，DeepSeek 可输出具备政策对接性与学术价值的选题建议。例如，当用户输入"碳中和""绿色能源系统""新型材料集成"等语义组，模型不仅能识别相关技术发展趋势，还能生成符合资助指南倾向的选题建议，如"面向碳中和背景下的多源能流耦合优化与绿色功率变换技术研究。"这类输出不仅融合了技术内容，也体现了申报导向中的关键词组织能力，明确"研究背景"与"立项依据"的撰写方向。

在处理选题逻辑时，DeepSeek 还能辅助进行内容聚焦。科研写作中常出现选题范围过广，导致研究内容泛化、技术路线分散的问题。通过分析输入的研究描述，模型可自动识别不必要的分支议题，并提出聚焦建议。如申报人拟研究"城市复杂环境下多源传感数据处理系统构建与应用"，DeepSeek 可能建议将选题收敛至"城市轨道交通系统中多源数据融合与异常检测技术研究"，既保留了技术复杂性，又增强了研究对象的明确性，使得申报逻辑更具可实施性。

此外，模型还能模拟评审专家视角，判断选题的新颖性与可行性。当输入草拟标题或初步研究目标时，DeepSeek 可给出结构化反馈，提示"选题较为常规，建议补充关键技术难点"或"选题具备良好政策契合度，建议强化预期应用场景描述"。例如，原始标题为"基于深度学习的图像识别研究"，模型将提示其缺乏领域指向性与技术边界，并输出优化版本"基于轻量级深度神经网络的工业缺陷图像识别方法研究"，将通用性任务转化为特定技术路径下的应用研究，提高中标竞争力。

在实际撰写"项目概况"或"研究目标"初稿时，DeepSeek 还能通过梳理输入段落的逻辑，识别选题陈述中的表述模糊、逻辑跳跃或概念重叠等问题。例如，某段落为"本项目关注新型电池结构，在提升能量密度方面具有应用前景。"模型会提示增加技术路线、指标阐述与研究对象界定，并重写为"本项目拟构建基于多孔复合结构的新型锂金属电池，通过调控界面结构提升能量密度与循环寿命，服务于新能源汽车动力系统。"通过细化表达并嵌入研究目标，显著增强段落的专业性与信息密度。

通过语义梳理、方向聚焦与逻辑评估，DeepSeek 不仅可以提升选题质量，还能为后续申报文本的内容提供坚实的结构支撑，确保研究主题从立意之初即具备逻辑连贯与表达清晰的优势。

1.2.2 文献整合与写作逻辑建构

科研课题申报强调前沿性与差异化，而这一切的基础在于对已有文献的系统整合与准确表述。在申报过程中，申报人常因资料积累杂乱、研究现状表达片面或逻辑铺垫不清，导致"国内外研究现状"与"研究意义"段落的内容空泛、冗长，难以体现选题的合理性与创新性。DeepSeek 可基于对海量语料的理解，实现对领域文献语义提炼、脉络重组与逻辑表达的智能协同，从而显著提升写作质量。

面对数量众多的参考资料，人工整理十分耗时且容易遗漏重点。而输入文献标题、摘要或核心句段，DeepSeek 可自动抽取研究主题、技术方法与关键结论，形成结构清晰的文献综述模板。例如，处理多篇关于"可变结构控制在高阶非线性系统中的应用"的文献时，模型可整合出段落："近年来，可变结构控制广泛应用于高阶非线性系统的鲁棒控制领域，国内外学者围绕滑模面设计、自适应增益调节，与系统干扰抑制等关键问题开展了系统研究。然而，现有方法在高速动态响应场景下的精度保持与稳定性控制方面仍存在不足，亟须引入多层动态补偿机制予以优化。"该段落准确呈现出已有成果与存在问题的逻辑承接关系，避免了机械堆砌式文献回顾。

DeepSeek 还可自动识别"研究现状"与"研究意义"之间的过渡逻辑，在生成文献综述的同时为后续写作搭建衔接桥梁。以"多源异构数据融合技术"为例，在综述结束后，模型可生成承接句"在现有技术基础上，融合算法在鲁棒性与实时性之间的权衡仍显不足，为此，有必要提出一种新型的轻量级融合框架，以提升数据处理效率与系统稳定性。"该类句式通过承前启后的方式自然过渡至研究设想部分，为整个申报书搭建了结构完整的写作链条。

通过自动抽取、分类整合与逻辑生成，DeepSeek 不仅提升了文献综述的效率，更可保障其逻辑张力与学术厚度，使申报文本在科学性与规范性上同时达标。

1.2.3 技术路线与方法论逻辑生成

技术路线与研究方法是课题申报文本中最受评审专家关注的部分，该部分要求申报人以清晰、合理、可实施的方式展示研究目标如何逐步实现。撰写中的常见问题包括任务与方法脱节、研究步骤表述空泛、手段之间缺乏逻辑过渡，导致申报内容流于形式。

DeepSeek 通过对任务结构建模与方法论框架的深度学习，能够协助生成逻辑严密、条理分明的技术路线段落，有效提升项目方案的可行性表达。

在任务分解上，DeepSeek 可识别核心研究目标，将其拆分为若干子任务，并自动匹配适用技术方法。例如，在撰写"基于智能算法的城市交通预测模型"的申报文本时，申报人可能提供较为笼统的描述，如"本研究将开发预测模型以优化交通控制策略"。

模型通过分析研究目标与技术关键词，可输出更具体的表述："项目将依托历史交通数据构建时空特征提取模型，引入改进型 LSTM 算法以实现交通流量预测，并在实际路网环境中部署反馈机制以优化调度响应。"这种生成方式不仅明确任务路径，还将方法与数据、应用场景有机结合，增强文本的可执行性。

对于技术路线图的撰写，DeepSeek 可自动生成具有阶段性结构的表达框架，符合国家自然科学基金等常见申报体系。例如根据"信号处理—特征提取—模型训练—实证验证"这一路径，模型可输出段落"研究将按四个阶段推进：第一阶段，采集并预处理城市多源交通信号；第二阶段，构建深度特征提取算法以提升信号表达能力；第三阶段，训练预测模型并评估其在模拟平台下的准确性；第四阶段，在实际交通场景中部署模型并对其鲁棒性进行验证。"该类结构清晰的技术路线表达，将有助于评审专家快速把握项目实施逻辑。

通过结构化任务生成与方法链条构建，DeepSeek 不仅能弥补写作者逻辑表达的短板，还提供可直接纳入申报材料的高质量技术路线文本，为项目方案的科学性与可信度提供强力支撑。

1.3 DeepSeek 与课题申报流程的结合点

课题申报是一项系统性极强的写作工程，其流程涵盖选题立意、文献梳理、研究内容设计、可行性论证、预算编制、预期成果规划，直至最终的文本排版与格式规范。在这一过程中，不仅需要科研工作者具备扎实的专业知识储备，更要求在结构规划、逻辑表达和语言风格等方面高度规范。

DeepSeek 通过其对自然语言结构的深度建模能力，能够在课题申报的多个环节中提供精准、高效的辅助支持，从内容生成到结构建构、从术语一致到语气适配，均具备工程化部署能力。本节将围绕申报书的主要写作节点，系统剖析 DeepSeek 如何在不同阶段切入课题写作流程，发挥内容生成与结构协同的复合型优势，从而重塑科研文本的生成逻辑与工作模式。

1.3.1 从指南解读到文本初稿的自动生成

课题指南通常包含项目申报的方向设定、支持重点、评审指标与格式规范，是撰写项目申报书的依据。撰写者若对指南解读不准确，就会出现研究方向偏离、重点不突出或忽略限制条款等问题，导致申报内容与资助要求脱节。DeepSeek 通过其自然语言理解与政策语义建模能力，能够将长篇、结构复杂的指南文本进行结构化解析，并从中提取核心支持领域、关键词与格式要求，为初稿撰写提供内容引导与结构建议。

以某省部级"智能制造方向"指南为例，内容涉及"关键工艺控制、装备智能感知、绿色生产优化"等领域。人工解读易忽略"绿色生产"的新增关注点，而 DeepSeek 可在模型处理过程中突出政策新增项，引导申报文本聚焦于"节能与系统集成优化"主题。在自动生成初稿环节，模型不仅能提取指南关键词，还能据此构建项目逻辑起点。

例如，生成的研究背景段落为"当前，制造业智能化转型需求日益迫切，而能源浪费与流程耦合不清成为制约绿色制造效能提升的主要障碍。为响应'绿色智能制造'专项部署，本项目拟构建融合能耗感知与实时控制的多变量制造过程优化系统。"该段内容精准对应指南导向，逻辑完整，具备较高的文本适配度。课题申报的具体流程如图 1-1 所示。

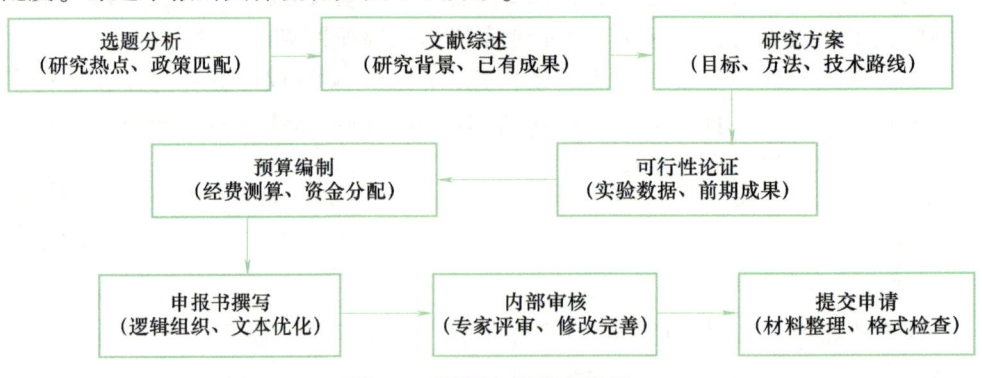

图 1-1　课题申报基本流程

在结构生成上，DeepSeek 还可以根据指南模板要求自动配置段落结构，明确申报书应包含的"研究目标""技术路线""可行性分析""预期成果"等要素，并通过输入指南摘要与研究意图，生成结构齐备、语义清晰的初步文本草稿，显著提升撰写效率与方向契合度，避免因理解偏差带来结构遗漏或内容冗余问题。

1.3.2 结合前期数据生成研究背景与意义

研究背景与意义是申报书中用于论证选题合理性与研究价值的关键部分，要求申报人围绕政策需求、技术瓶颈与学术空白，结合已有研究成果与数据支撑展开系统性阐述。撰写中常见的问题包括语言空泛、数据引用不当、成果与研究逻辑脱节等，从而导致论述缺乏说服力。DeepSeek 具备基于上下文的数据解析与语言重构能力，能够将前期成果、项目基础与目标导向有机整合，生成逻辑清晰、结构完整的研究背景文本。

例如，在申报人提供的"近年来完成了×××材料的结构表征，获得了稳定性能参数，并取得三项相关专利"这一事实基础上，DeepSeek 可生成背景段落："团队前期已完成×××材料的微结构调控与表面改性研究，获得了平均稳定性提升15%以上的性能数据，相关研究成果获授权发明专利3项，为本项目在高性能器件构建中的关键工艺优化提供了坚实支撑。"该段落将原始数据与研究方向有机联系，强化了研究工作的延续性与可行性。

在撰写研究意义时，模型还能根据输入的成果数据、研究领域与政策背景，提炼学术价值与实际应用意义。例如，针对"柔性光电器件"方向，DeepSeek 可输出"本研究有望在实现复杂应变条件下的光电性能稳定输出，推进柔性器件的大规模应用，为智能穿戴与柔性传感技术的发展提供关键支撑路径。"通过结合实际成果与技术趋势，模型确保了段落的学术完整性与现实导向，从而提升整篇文本的评审吸引力。

1.3.3 可行性论证与预算控制辅助建模

可行性论证与预算控制是申报书中的关键支撑性内容，需从技术路径、资源保障与经费合理性等方面全面论证项目可实施性。实际撰写中，常出现论证内容模糊、论点缺乏数据支撑、预算安排缺乏逻辑依据等问题，影响评审人对项目落地能力的判断。DeepSeek 通过结构建模与任务语义识别，可以辅助生成条理清晰、逻辑严谨的可行性分析段落，并联动预算内容实现协调表达。

在处理技术可行性段落时，模型可结合研究路径与实验基础，输出具备数据依据与逻辑结构的内容。例如，输入"已有实验平台支撑，具备设备与核心技术"，DeepSeek 生成"依托现有×××实验平台，团队已完成关键材料参数测量与初步性能测试，具备开展系列实验所需的核心制备设备与分析工具，能够为本项目研究任务提供稳定的技术保障。"此类表达强化了资源—任务之间的直接关联，提高了内容说服力。

在预算控制方面，DeepSeek 能将研究任务模块与预算条目一一映射，生成"任务—资源—成本"的逻辑链，如"在高温合成实验环节，拟采购精密控温炉与高纯试剂，用于结构稳定性测试。预计该环节实验消耗支出为 8 万元，占总预算的 16%。"模型通过任务匹配与经费分配辅助建模，确保预算结构符合科研活动逻辑，避免内容表述与实际执行之间的错位问题，从而提升项目书整体的规范性与可评估性。

1.4 DeepSeek 的交互提示技巧与优化

大语言模型在科研写作中的有效性，不仅取决于模型本身的生成能力，也高度依赖使用者构造交互提示（Prompt）的方式。在课题申报与标书撰写过程中，写作任务复杂多样，涉及从文献整合、研究内容生成到技术路线设计与成果总结等多个逻辑结构清晰、表达规范的环节。DeepSeek 作为具备科研语义理解能力的大语言模型，其优势需通过精确的提示词设计与上下文控制策略才能充分发挥。

本节将围绕科研写作场景下的 Prompt 构造逻辑、结构控制技巧与输出优化机制展开系统论述，并结合实际任务案例剖析如何通过有效提示设计实现结构完整、语言专业、内容契合的写作结果，并进一步讨论版本迭代与结构性反馈在生成过程中的协同价值，从而提升模型在人机交互过程中的写作稳定性与学术表现力。

1.4.1 构造有效的 Prompt 来引导 DeepSeek 写作

Prompt 的构造质量直接决定了 DeepSeek 在科研写作中的生成效果。有效的提示词不仅需要明确写作目标，还应具备结构引导与语体约束功能，以确保输出内容在逻辑性、规范性与专业性方面达标。科研申报文本的撰写任务复杂，单一指令通常难以满足段落生成的精细要求，因此应通过"写作意图+内容要点+表达风格"三位一体的提示方式，引导模型输出符合申报体例的结构化内容。

在撰写"研究目标"时，若仅提示"写一段研究目标"，模型可能输出模糊或重复的内容，如"本项目旨在提高×××技术水平。"通过补充具体要点与风格指令，效果将显著提升。例如，进行以下提示。

"生成国家自然科学基金申报书中'研究目标'段落，包含三项分目标，语言专业、结构清晰，避免口语表达。"模型输出为："本项目拟围绕多源数据驱动下的智能识别系统开展系统研究，目标包括构建基于层级特征融合的图像识别算法框架；提升模型在动态环境中的适应性与稳定性；开发端到端部署方案，实现工程化应用。"

补充要点与指令后的模型输出内容不仅满足分项结构，还呈现出明确的学术表述风格，能够直接纳入申报书正文。

在处理"研究内容"部分时，提示词可进一步细化提示至段落数与每段主题，如"生成'研究内容'部分，包括三个研究方向，每段100字左右，语言规范、风格正式。"模型据此输出分段式内容，自动配置主题句与逻辑过渡，有效避免主题重复或段落缺乏主旨的问题。

通过明确结构、风格与要点的提示设计，DeepSeek可在任务理解与表达实现之间建立稳定通道，提升科研写作的效率与文本质量。

1.4.2 控制逻辑严谨性与专业术语输出的一致性

科研写作对逻辑严密性与术语一致性具有严格要求，任何前后语义不符、逻辑跳跃或术语混用问题的出现，均可能降低评审专家对项目方案可信度的判断。在申报书撰写过程中，常见问题包括"研究目标"与"技术路线"逻辑脱节、"研究内容"与"预期成果"未构成因果对应，以及同一概念在文中通过不同术语反复呈现，影响整体表达的专业性与条理性。

DeepSeek通过语义追踪与术语一致性控制机制，能够在整篇文本生成过程中保持逻辑链的完整性与术语系统的稳定性。

在撰写"研究目标"与"研究内容"时，若申报人输入目标为"提升复杂工况下的算法鲁棒性"，而内容描述中未体现与鲁棒性相关的技术路径，逻辑链条便会断裂。

DeepSeek在生成后续段落时，可自动提取核心任务要素，并保持与目标陈述的对应关系，例如生成"为提升复杂工况下的识别稳定性，本研究将在输入特征扰动建模与输出误差约束机制方面开展系统性方法设计。"通过词义承接与逻辑拓展，确保任务链条形成闭环。

术语一致性方面，在人工撰写时，"多尺度建模"与"跨尺度分析"常被混用，造成表达歧义。DeepSeek可在首次生成术语定义后自动跟踪使用，避免同义术语交叉混用。例如定义"纳米异质结构"后，模型将在后文使用"该结构体系"或"上述异质界面"的表述，并避免使用"复合材料单元"等非一致术语，从而维护术语系统统一，增强学术表达的规范性与可读性。

通过逻辑链控制与术语映射策略，DeepSeek 可在长文本写作过程中实现专业表达的持续优化，保障申报材料在结构与内容上的严谨性与一致性。

1.5 使用 DeepSeek 进行课题写作的注意事项

在大语言模型广泛参与科研文本写作的背景下，工具使用规范已成为保障文本质量与写作效果的关键环节。尽管 DeepSeek 具备强大的语义理解与生成能力，能够在课题申报、标书撰写等任务中提供结构性写作支持，但其生成效果仍受到提示质量、模型训练边界、语料来源及逻辑推理能力的综合影响。

在高标准的科研写作实践中，若忽视其生成特点与局限性，可能导致术语误用、内容模板化、事实偏差甚至合规风险。为更高效地发挥 DeepSeek 在课题写作中的价值，有必要在写作各阶段识别潜在问题并采取适当规避措施，确保生成内容的真实性、准确性与学术合规性。

本节将系统梳理使用 DeepSeek 参与课题写作的注意事项，聚焦模型生成的可靠性控制、表达多样性的维持、文本原创性判断及科研伦理边界等核心要点，为后续高质量文本的输出提供方法论支撑。

1.5.1 防止生成幻觉与事实错误

生成幻觉与事实错误是大语言模型在科研写作中最需警惕的问题，尤其在课题申报等依赖真实数据、学术事实与理论依据的场景下，一旦出现虚构内容或逻辑伪真，极易对文本质量与申报结果产生不良影响。

DeepSeek 在生成过程中可能因语料训练范围或上下文理解偏差，输出未经过证实的引用、虚构的技术参数或伪造研究进展，需通过人工审校机制进行干预与纠正，确保输出内容的可靠性。

在撰写"研究基础"或"代表性成果"部分时，若提示词中未明确提供已发表论文的信息，模型可能根据语义预测虚构一组论文，如生成以下内容。

> 团队于 2021 年在 *Advanced Materials* 发表题为 "Flexible Nanocomposites for Energy Harvesting" 的研究，提出了……

该段引用虽语义通顺、风格合规，但实际中并无此文献存在。若未经核查即纳入申报材料，将构成事实性错误，甚至涉及学术诚信问题。为防止此类情况发生，应在提示中标注"仅使用已验证成果"或明确列出具体论文与数据来源，引导模型以真实信息进行内容填充。

在描述技术性能或研究进展时，模型也可能基于语言模式生成高于实际的技术指标，例如生成以下内容。

> 本系统在复杂光照条件下识别准确率达98.7%。

而实际实验仅达到约87%。此类数字型幻觉具有高度迷惑性，极易被误判为真实数据。应对方法包括要求模型标注"预估值"或"基于前期数据推测"，并配合人工校对与数据验证流程，将生成文本作为参考草稿，而非直接引用依据。

通过设置事实限制、强化审校环节与数据比对策略，可有效降低DeepSeek在课题写作中出现内容幻觉与事实偏差的风险，保障生成文本的真实性与科研表达的严谨性。

1.5.2 避免内容模板化与重复表达

模板化表达与重复性内容是使用大语言模型进行科研写作时常见的问题，尤其在处理结构固定、语义重复度高的项目申报书时，若缺乏对段落结构与语言变化的控制，模型易输出格式单一、句式雷同的文本。这不仅削弱了文书的专业表现力，也影响评审专家对申报质量的评价。

DeepSeek虽然具备语言多样性生成能力，但在未加提示控制的情况下，仍可能呈现出重复结构与用语惯性，需通过精细化指令与多轮内容审校进行有效调节。

在撰写"研究目标"与"研究内容"两个模块时，常见的模板化问题表现为句式重复与逻辑雷同，如连续出现以下内容。

> "本项目旨在……""本研究将……""本课题计划……"，而后续句子内容变化有限。若模型在不同段落中反复使用"以期提升×××能力""从而实现×××效果"

这些内容的连续出现不仅降低读者对文本阅读的新鲜感，也可能引起结构堆砌的印象。可通过提示控制输出，如"句式结构多样化"或"每段采用不同语言组织方式"，引导DeepSeek在生成时加入主动语态、被动结构、因果句与条件句等不同的表达方式，提升文本语言层次。

例如针对"研究意义"模块的初稿，模型可能生成以下内容。

> "本研究可为×××提供理论基础，对×××具有重要指导意义。"若未加修正，类似句式将在多个部分重复出现。通过优化Prompt设定，可引导模型改

写为:"该项目将填补×××领域的研究空白,推动该类技术在×××方向的系统化发展。""预期成果有望为×××问题提供有效解决路径,并扩展其在×××场景中的工程适用性。"

多样表达形式增强了内容辨识度,同时保留了学术严谨性。

此外,针对已生成段落,DeepSeek 还可接受"消除模板感""改写为不同句式""避免重复尾句"等后续指令,实现对文本的风格再加工。在控制性提示与主动反馈机制的结合下,模型能够生成符合科研写作逻辑、语言丰富度高、表达风格多元的内容,有效规避因模板化输出带来的写作局限。

1.5.3 处理保密数据与科研伦理问题

科研写作中涉及的保密数据与伦理合规问题,在引入大语言模型辅助写作时需特别关注。课题申报材料中常包含尚未公开的实验数据、专利申报中的核心技术、尚处于评审阶段的论文成果或合作协议约束下的研究内容。

一旦这些敏感信息未经处理便被输入模型,尤其是在联网状态或开放平台使用的场景下,可能造成技术信息泄露或违反合作条款,带来知识产权与科研合规风险。尽管 DeepSeek 在本地部署或闭环系统中的安全性较高,但仍需严格限制输入数据的敏感性,避免将尚未发布或受限信息直接用于模型生成。

在实际应用中,如需基于某未公开实验数据生成"可行性分析"段落,应避免直接提供具体参数与样品编号,可以通过替代性提示构造写作背景。例如,将"样品 A 在高频振动测试中表现出优于对照组 40%的稳定性"处理为"某类新型结构在高频工况下展现出显著优于现有材料的动态响应性能,具备进一步工程化验证的潜力。"此种处理方式既保留了技术逻辑,也规避了敏感信息的泄露风险。

此外,对于涉及人类受试对象、医疗数据、生态环境影响等研究项目,模型生成内容中必须体现伦理审查机制与合规操作流程。DeepSeek 在进行"研究基础"或"实验设计"段落的写作时,若未输入相关伦理信息,可能不会主动生成"已通过伦理审查"的类似表述,需通过明确提示加入"符合伦理规范"要素,引导模型生成"项目实施过程中将严格遵循《人体生物医学研究伦理审查办法》相关规定,已通过×××伦理审查委员会审批,编号为……"

通过结构化提示、敏感内容规避与伦理合规补充控制,DeepSeek 可在不触碰科研伦理与保密边界的前提下实现高质量文本生成,确保科研写作过程既高效可控,又合规可信。

第2章　课题申报书、项目书及标书的基本撰写规范

课题申报书、项目书及标书是科研项目获得立项支持的核心文本形式，其撰写质量直接影响申报工作的成败。在不同资助体系与管理部门的要求下，申报材料往往具备统一的结构模板、明确的语言规范以及严密的逻辑组织。其撰写过程不仅需要展现研究内容的科学性与创新性，更需在语言表达、格式结构与学术风格上严格对标相应标准。传统写作方式易出现结构失衡、内容冗余或风格不符等问题，而借助 DeepSeek 等生成式语言模型工具，有望提升撰写效率并增强文本的逻辑完整性与表达规范性。

本章将围绕国家自然科学基金及各级科研项目的申报体系，系统解析课题申报文本的结构组成、格式要求与逻辑规范，并结合 DeepSeek 的应用场景与技术特性，探讨其在文本规范性控制、内容结构化生成与风格适配方面的优势与方法，为科学高效地完成项目申报材料打下规范基础。

2.1　国家自然科学基金标书结构详解

国家自然科学基金（NSFC）是中国基础研究领域最具代表性的资助体系，其项目申报书的撰写规范不仅反映了学术评价标准的制度化趋势，也体现出科研写作对于科学逻辑与语言规范的双重要求。

国家自然科学基金标书具有明确的结构模板，涵盖项目概况、研究现状、研究内容与技术路线、可行性分析、预期成果与预算安排等核心板块，每一部分均对应不同维度的学术评审标准与内容权重。撰写过程中，既要准确传达研究意图与技术创新点，又必须在有限篇幅内完成复杂结构的逻辑表达。

本节将围绕国家自然科学基金申报书的标准化结构进行逐一解析，剖析各模块的写作逻辑、信息重点与表达策略，结合 DeepSeek 在文本结构控制与内容生成方面的实际应用能力，构建一套具备可操作性的标书撰写规范路径。

2.1.1 项目概况与拟解决的核心问题

项目概况是国家自然科学基金申报书中首要呈现的内容，需在有限篇幅内清晰阐明研究主题、核心问题及项目目标，是评审专家形成初步判断的关键依据。项目概况部分的常见问题包括描述空泛、缺乏聚焦、概述与后文结构不对应等，容易导致项目逻辑模糊或选题价值不明。高质量的项目概况应在准确定位研究方向的同时，明确指出拟解决的科学问题，并初步展示项目的创新性与必要性。

例如在撰写"面向复杂环境的结构健康监测方法研究"时，部分申报人表述为"本项目旨在提升结构健康监测系统的识别精度和稳定性。"这类表述较为宽泛，未具体说明"复杂环境"或"监测对象"的特征，也未交代监测手段或方法论路径。

通过 DeepSeek 输入提示词"生成结构健康监测项目的概况段落，包含研究对象、背景场景、核心问题与预期目标"，模型可输出文本"本项目聚焦于高湿、高腐蚀等复杂服役环境下的大型土木结构健康监测问题，针对现有传感技术在信号衰减、数据失真与系统稳定性方面存在的关键瓶颈，拟构建具备自适应滤波与多源信息融合能力的智能监测方法体系，以实现结构状态的实时、精准识别。"该段文字逻辑清晰，问题定位明确，突出了"复杂环境"条件与拟解决的具体技术障碍，具备良好的项目引导性。

国家自然科学基金标书结构具有高度规范性，其内容模块不仅对应项目评审的核心评价维度，还体现出从选题逻辑、研究设计到实施路径与经费管理的全流程控制要求。理解各模块的功能定位与写作要点，将有助于构建逻辑严密、结构完整的申报文本。表 2-1 总结了国家自然科学基金申报书的标准结构、主要内容及写作重点，可作为标书撰写与模型提示词设计的重要参考依据。

表 2-1 国家自然科学基金申报书结构主要内容与写作重点对照表

模块名称	内容说明	写作重点与建议
项目概况	总览研究主题、核心问题、技术目标	准确聚焦研究对象，突出问题导向，简洁明确
拟解决的关键科学问题	明确科学问题的来源、复杂性与研究意义	问题需具体化，结合学术空白或应用难题阐述
国内外研究现状	概述已有研究进展与不足，突出本项目切入点	避免堆砌，需结合文献逻辑分析差距所在

(续)

模块名称	内容说明	写作重点与建议
研究目标与内容	分阶段明确目标,结构化呈现研究任务	目标可操作,任务逻辑清晰,避免内容笼统
技术路线与研究方法	详细描述实施路径与关键技术手段	方法与问题匹配,步骤可执行,表达具有可控性与逻辑层级
可行性分析	展示团队能力、已有条件、资源保障等支持因素	强调前期基础与执行能力,合理推演项目实施的现实可行性
创新点与特色	提炼研究中的关键创新内容	与已有研究形成对比,突出技术路径、理论方法或应用模式的突破性
研究进度安排	描述各阶段任务、时间节点及预期成果	内容分年展开,成果量化具体,与研究内容形成内在一致
预期研究成果	列举论文、专利、平台构建、人才培养等预期产出	强调成果形式多样性与可考核性,兼顾学术与应用价值
项目经费预算	说明经费使用结构与用途分布	预算结构应与研究内容匹配,逻辑清晰,避免超范围使用

在 DeepSeek 的辅助下,项目概况段落的生成可通过设定核心要素清单(如"研究对象""问题来源""已有基础""拟解决内容")实现结构化表达,确保内容完整且逻辑顺畅。同时,模型可根据研究领域的语言风格自动适配语体,如在工程类项目中侧重"系统稳定性""传感精度"等术语表达,在基础学科中则加强"理论构建""机制解释"的表述深度,从而提升文本的学术性与针对性。

2.1.2 国内外研究现状与发展趋势

"国内外研究现状与发展趋势"部分是展示项目选题背景、凸显学术价值与创新空间的重要模块,要求撰写者在系统梳理已有工作的基础上明确本研究的独特切入点。该部分的常见问题包括文献罗列式描述、缺乏对比分析、趋势判断模糊或脱离申报主题,导致无法有效支撑选题的合理性。高质量的撰写需基于代表性成果进行归纳,并通过逻辑推进引出尚待解决的关键科学问题。

以"柔性电子器件中的导电聚合物界面调控"为例,部分申报书往往仅列举几篇中外代表文献并简单表述其研究内容,如"近年来,国内外学者在导电聚合物制备与性能调控方面开展了广泛研究。"这类写法缺乏结构与分析,难以体现研究价值。

DeepSeek 可通过输入关键词、研究方向与已知成果，辅助生成结构完整、逻辑清晰的段落，例如"在柔性电子领域，国外研究主要集中于高导电性与可拉伸性聚合物体系的设计，如美、德研究团队相继提出多段共聚与自修复界面策略以提升器件稳定性。国内近年来聚焦界面材料的结构调控与低温制备工艺，取得初步突破。然而，目前导电聚合物界面的应变适应性与界面耦合机制仍不清晰，限制了其在复杂动态环境下的稳定输出能力。"该段在对比已有工作的同时，明确指出尚未解决的关键问题，为后续研究内容铺垫了逻辑基础。

DeepSeek 还可以根据输入的参考文献摘要，自动提取研究主题与不足，并重构为申报文本所需的逻辑语言结构，避免堆砌、强化归纳，从而提高这一部分的条理性与评审可读性。

2.1.3 项目研究内容与技术路线

项目研究内容与技术路线是展示课题实施路径与科学逻辑的核心部分，需通过结构化描述呈现研究目标如何转化为具体任务，并明确完成这些任务所采用的方法与技术手段。该部分的撰写中常出现内容与目标脱节、任务表述抽象、技术路径缺乏层次等问题，影响评审专家对项目可执行性的判断。

高质量的研究内容通常应以任务模块划分的方式展开，结合研究对象与关键科学问题进行分项描述。例如在"高效热电材料微结构调控"项目中，DeepSeek 可基于提示生成结构清晰的段落："项目研究内容包括三方面：一，构建基于界面能量调控的晶粒取向方法，优化热导率分布；二，设计多尺度复合结构，实现载流子迁移路径的有序调控；三，开发集成测试平台，完成器件级热电性能的评价与验证。"该写法通过"任务+方法+目标"的逻辑框架实现研究内容的精炼表达，并避免了目标重述或内容泛化的问题。

技术路线应作为研究内容的实施逻辑补充，突出任务之间的推进次序、阶段划分与关键节点。DeepSeek 可根据输入的研究任务模块，自动生成路线段落，如"项目技术路线：首先建立热电材料的结构设计模型，随后开展界面调控实验并构建多尺度材料体系，最后完成器件级组装与系统性能测试，实现从理论设计到应用验证的全流程闭环。"此类结构不仅能强化内容层次，还可直接对接后续"进度安排"部分，提升整份申报书的结构一致性与表达规范性。

2.1.4 预期成果与项目预算

预期成果与项目预算是展示课题产出价值与资源配置合理性的关键部分，需同时体现成果的可量化特征与经费使用的逻辑匹配性。该部分在撰写中的常见问题包括成果表述空泛、目标与研究内容不对应、预算结构不清或支出用途模糊，易被评审认为缺乏计划性或执行可行性。预期成果部分应结合项目研究任务，明确计划产出成果的类型、数量与时间节点，同时体现其在学术、技术或应用层面的影响。

例如在"环境污染监测传感系统开发"项目中，DeepSeek 可根据研究目标与任务生成成果段落"预期发表 SCI 论文 3 篇以上，授权国家发明专利 2 项，构建一套具备自校准功能的便携式传感原型系统，并形成相关测试标准草案，为区域环境治理技术规范提供理论与技术支撑。"该段成果内容与研究内容高度对应，既包含学术产出，也突出工程应用与技术标准转化，增强了项目的综合评价指标支撑力。标书结构如图 2-1 所示。

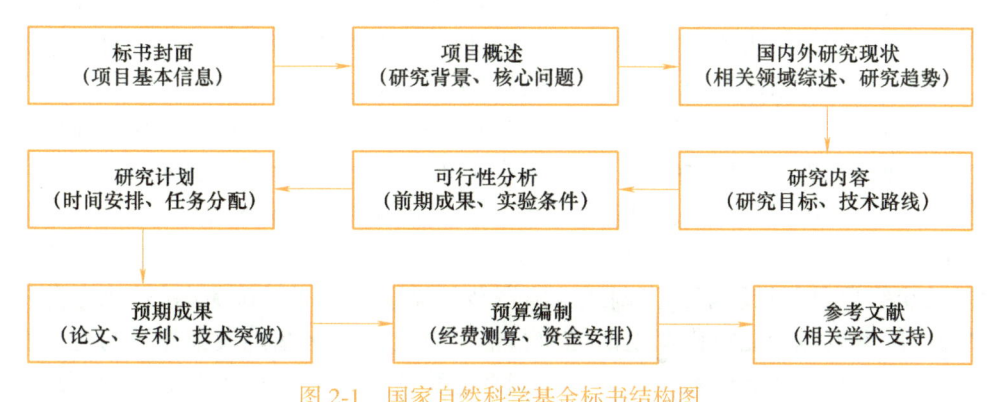

图 2-1 国家自然科学基金标书结构图

预算编制需以任务驱动为导向，明确每类支出项与研究任务之间的对应关系。DeepSeek 在输入"研究任务模块+资源类型+预算范围"等要素后，可生成结构规范的预算说明，如"为完成多源污染数据建模与现场采样分析，拟购置高精度光谱分析仪 1 套，预算 18 万元；用于核心器件封装的实验材料与定制模块预计支出 10 万元；差旅与会议费用 8 万元，用于野外测试与阶段性成果交流。"通过任务—用途—数额的三位一体表达，形成清晰的预算分配逻辑，避免支出重叠或结构失衡，提高申报材料的审查通过率。

2.2 各级课题申报差异

科研项目申报体系呈现出多层级、多渠道的特点，不同级别（市、省部、国家）的课题在申报要求、评审标准、资助目标与文本风格等方面均存在显著差异。市级项目通常侧重区域产业对接与应用导向，省部级项目强调学术创新与工程转化并重，而国家级项目则更注重科学问题的原创性、体系完整性与研究深度。

申报人在撰写申报材料时，如未能准确把握不同级别项目的定位要求与写作风格，往往会导致项目导向错位、内容层级不符或语言表达不适配，进而影响申报成效。本节将从资助目标、文本结构、内容深度、成果预期等维度出发，系统解析市、省部、国家级科研课题的申报差异，并结合 DeepSeek 在文本适配与风格生成方面的能力，提出符合不同项目类型的写作策略，以提升多级项目申报的针对性与成功率。

2.2.1 市级项目

市级科研项目通常围绕地方经济发展、产业升级与民生改善等现实问题展开，具有应用导向明确、技术落地性强、研究周期短等特点。其申报材料在语言风格上偏重实用性与对接性，强调研究成果在区域产业、教育、治理等具体场景中的转化价值。市级项目在撰写中的常见问题包括立项依据泛化、技术内容过于理论化或成果形式空洞，未能充分展现项目与地方发展的紧密联系。

在立项背景撰写时，若申报主题为"中小企业数字化转型路径研究"，常见表述如"本项目关注中小企业发展问题"则稍显抽象。使用 DeepSeek 输入提示"生成市级项目背景段落，强调地方经济转型需求与技术适配策略"，则模型输出为"随着区域产业结构调整的加速，中小企业在数字基础设施建设与生产流程智能化方面面临显著短板，尤其在制造、物流等行业，对成本敏感型信息系统的需求持续上升。本项目聚焦区域中小企业数字化转型中的技术适配与管理协同问题，力求提出可推广、可复制的典型路径模型。"该段结合了区域现实，表达具有政策对接性与实践紧迫感。

市级科研项目在目标定位、内容组织与语言风格等方面具有明显的地方属性与应用导向特征，撰写时需围绕区域发展需求展开，强化技术可落地性与成果可转化性。表 2-2 中对市级项目申报材料的关键写作要素、常见问题与 DeepSeek 辅助优化方法进行了归纳总结，可作为申报准备与模型提示构造的参考指南。

表 2-2 市级科研项目申报要点、常见问题与写作优化策略

写作维度	常见问题表现	DeepSeek 优化方式与应用策略
项目背景	表述空泛，缺乏对接地方政策或产业场景	输入区域背景关键词，引导生成具备现实紧迫性与政策契合度的段落
研究主题设定	选题模糊，未体现区域特色与应用方向	通过提示嵌入"聚焦地方发展问题"类语言，生成具体可实施研究标题
立项依据	资料堆砌，无逻辑结构，未明确项目缘起	使用"问题—现状—需求"结构生成背景逻辑，增强立项合理性

（续）

写作维度	常见问题表现	DeepSeek 优化方式与应用策略
研究目标	描述抽象，缺少指标化目标或实践导向	提示结构分项输出，明确技术目标、服务对象与预期成效
技术内容	过度理论化，脱离实际应用环境	指定"强调适配性与工程场景"，生成贴近产业逻辑的研究方法段落
成果形式	表述笼统，未列出具体成果或交付内容	明确成果类型，输出可量化的报告、平台、工具包等成果列表
应用场景	与区域需求脱节，未突出典型使用情境	输入"行业/产业/领域+应用问题"，生成明确场景化的研究意义表达
写作风格	语言冗杂，缺乏条理，段落结构混乱	提示"逻辑清晰、语言务实"，生成总—分—合式结构段，增强可读性

在研究目标与预期成果方面，市级项目应体现阶段性、局部性与可视化的应用成果，如系统平台、调研报告、技术手册或服务模型等。DeepSeek 可根据"应用场景+任务类型+成果形式"自动生成成果内容，如"预期输出覆盖企业数字能力评估工具包 1 套，撰写区域典型案例调研报告 2 篇，完成数字化转型指导白皮书 1 份，服务对象包括本地制造类中小企业不少于 20 家。"此类成果设置贴近实际情况，有助于提升地方政府或项目主管单位对项目的认可度。通过结构提示与内容优化，DeepSeek 可显著提升市级项目文本的针对性与表达规范。

2.2.2 省部级项目

省部级科研项目通常具有较强的战略引导性和区域技术储备导向，既要求申报内容体现科研创新，又强调成果的工程转化能力与对省域经济社会发展的服务价值。此类项目在撰写时需兼顾学术深度与政策适配，常见问题包括研究内容过于学术化而忽略实际落地路径，或成果承诺笼统、不具可考核性，影响项目的执行可信度与评审通过率。

在撰写立项依据时，申报人易陷入仅罗列国家战略与行业热点的误区，缺少对地方产业结构与技术短板的分析。借助 DeepSeek 输入"面向省级先进制造专项，强调本地产业对技术的依赖性"，可生成段落"当前，××省在高端数控装备制造领域面临关键部件自主化率偏低、系统集成能力不足等问题，严重制约本省装备制造产业链的自主可控发展。为此，亟须依托区域技术优势，开展面向应用场景的关键系统集成与功能优化研究。"该段聚焦地方技术痛点，增强了项目与区域战略的关联性。

省部级科研项目在我国科研体系中扮演着承上启下的重要角色，既要求具备一定的科学研究深度，又强调成果对区域发展、行业技术升级与政策导向的支撑能力。相较于市级项目，其技术难度、产业适配性与组织实施能力要求更高，申报材料需在结构完整性、任务分解合理性与语言风格专业性方面满足更高规范。表 2-3 从写作维度、项目申报要求与常见问题及 DeepSeek 辅助策略与优化提示方式三方面总结了省部级项目的核心特点及撰写建议。

表 2-3　省部级科研项目申报重点与写作优化策略

写作维度	项目申报要求与常见问题	DeepSeek 辅助策略与优化提示方式
项目选题	需体现区域重点领域、产业支撑或"卡脖子"技术方向	输入"聚焦区域优势产业+关键技术瓶颈"，生成方向精准的立项概述
立项背景	容易泛化为国家战略，缺乏对地方或行业现状的分析	提示"结合本省产业链短板+政策引导"，生成具有区域针对性的背景段
研究目标	描述笼统，易与任务内容重复	明确"成果指标+阶段目标"，结构化生成可量化的目标表达
研究内容结构	缺乏任务分工或模块间逻辑	指定"3～4 项子任务+上下游技术关系"，生成层次清晰的内容框架
技术路线	路径安排模糊，方法表述抽象	提示"分阶段+实验与验证并重"，生成具有实施逻辑的研究路径段落
应用场景与产业对接	内容笼统，难体现项目落地能力	嵌入"结合本地龙头企业/工程平台"，强化成果转化与技术服务表达
成果形式	易偏向论文与专利，忽视工程与标准化产出	指定"技术方案、平台系统、标准草案"等成果类型生成预期内容
经费结构合理性	预算与任务匹配不清，评审易提出质疑	结合"任务+预算比例"输入，生成条目清晰、用途明晰的经费说明段落

在研究任务描述中，省部级项目通常需要设置若干具备技术深度的子课题模块，辅以阶段性应用目标。DeepSeek 可依据"多模块+工程化路径"的提示自动生成"研究内容包括：一，开展××核心构件的参数化建模与快速制造工艺研究；二，建立复合功能单元的集成仿真平台；三，在省内重点企业开展样机验证与应用性能评估。"通过结构清晰的任务拆解，呈现项目技术复杂度与落地路径，有助于提升申报材料的系统性与说服力。结合合理提示与结构控制，DeepSeek 能有效支撑省部级项目在文本撰写中的技术准确性与逻辑完整性表达。

2.2.3 青年科学基金

青年科学基金作为国家自然科学基金体系中的重要类别，旨在支持具有科研潜力的青年学者在独立开展研究的早期阶段确立稳定的研究方向。其申报强调科学问题的创新性、研究设计的可行性，以及申报人已有工作的积累和发展潜力。青年科学基金申报撰写中常见的问题包括研究问题设置过大、方法论不清晰、前期基础描述不足或成果承诺与研究能力不匹配，容易影响评审人对申报人独立开展研究的信心。

在立项内容方面，项目需聚焦明确、具体的问题，不宜选择技术难度过高、周期过长或资源依赖性强的方向。DeepSeek 可根据关键词与阶段性目标提示生成目标适中的研究主题段落，例如"本项目拟围绕低维能量转换材料的界面热输运机制展开，重点研究界面结构与声子散射行为的关联规律，旨在揭示热阻调控的物理机制并构建简化建模框架。"该段既体现了科学问题的基础性，又具备明确的研究边界，适配青年项目的定位。

前期基础撰写中，需强调申报人的代表性工作或学术储备，避免空泛陈述。DeepSeek 可辅助将已有成果转化为项目背景支持，如输入"已完成二维材料热输运仿真分析，有会议论文1篇"，模型生成"前期已开展基于分子动力学模拟的二维材料热输运研究，初步建立了稳定的建模流程与计算分析框架，并完成相关成果汇报，为本项目研究提供理论支撑与计算平台基础。"

青年科学基金项目以"扶持青年科研人才，培养自主科研能力"为导向，申报材料需体现申报人独立思考的能力、研究问题的可操作性与研究路径的科学性。与其他类别项目相比，青年基金在选题尺度、研究深度、资源配置等方面具有显著差异，写作时需精细把握尺度与逻辑平衡。表2-4从写作要素、常见问题与 DeepSeek 辅助方式等维度总结青年基金的申报特点，供参考使用。

表 2-4 青年科学基金申报特点与写作策略对照表

写 作 维 度	青年项目常见问题或写作要求	DeepSeek 辅助生成策略与提示设计建议
项目选题	选题过大或缺乏聚焦，易超出可控范围	提示"问题明确、边界清晰、周期可控"，生成聚焦性高的选题表达
科学问题定义	问题背景泛化、难以建立逻辑支撑	输入"已有基础+研究空白"，输出"问题—差距—目标"逻辑链结构段落
研究内容结构	表述散乱，任务分解不清	设置"3项以内任务+对应技术方法"，生成紧凑、逻辑清晰的内容框架
方法论表述	方法笼统，缺乏适配性或细节支撑	通过"问题类型+适用手段"的提示，生成明确、可执行的技术路径段落

（续）

写作维度	青年项目常见问题或写作要求	DeepSeek辅助生成策略与提示设计建议
前期基础描述	缺乏支撑，成果数量不足或语言弱化	提示"基于代表性论文/初步实验结果"，生成强调积累性的表达
成果预期设定	过度承诺、成果与研究内容不匹配	指定"成果形式+阶段目标"，控制成果范围与表达语气
语言风格控制	表达口语化或过度修饰，缺乏学术正式性	提示"风格严谨、术语规范"，生成学术化表达段落
逻辑一致性控制	研究目标、内容、方法、成果之间逻辑脱节	输入段落结构相关关键词，提示生成"目标—内容—成果"一致性结构段

通过研究问题聚焦、任务路径明确与成果表达合理等写作策略，并结合DeepSeek对语义逻辑与风格适配的控制能力，可有效提升青年科学基金申报材料的专业性、针对性与可行性。

2.2.4 国家自然科学基金

国家自然科学基金是基础研究领域最具代表性的资助项目，申报材料需突出科学问题的原创性、研究方案的系统性以及研究团队的科研能力与资源保障水平。该类项目强调理论创新、技术前沿与学术贡献，撰写中的常见问题包括研究内容泛化、创新点提炼不清、技术路线与研究目标脱节，导致文本在逻辑上缺乏深度或体系性。

在申报项目中的科学问题表述上，往往存在描述冗长、主次不分的问题。DeepSeek可通过精细化Prompt控制"聚焦问题+表述创新"，如输入"生成国家基金研究问题段落，突出结构耦合机制尚不清晰"，模型可生成"当前，多相介质中微观结构与宏观性能之间的非线性耦合关系尚缺乏系统建模框架，特别是在动态载荷作用下，其能量传递路径与结构稳定性之间的作用机制仍不明确，限制了该类材料在复杂工况下的理论预测能力。"该段体现出科学问题的复杂性与研究价值，具备较强的学术说服力。

在研究内容撰写中，需以理论问题为牵引，展开模块化研究设计。DeepSeek通过"目标+方法+路径"的结构提示，可生成结构合理的研究内容段落，如"项目研究内容包括三方面：一，建立多尺度结构—性能关联模型，解析非线性响应机制；二，开展多场耦合实验，验证理论预测准确性；三，开发可扩展的仿真平台，实现关键参数的反演与优化设计。"该段内容以理论为引领、方法严谨、路径闭环，符合国家自然科学基金申报材料的核心要求。

国家自然科学基金项目是我国基础研究支持体系中的核心资助形式，具有研究问题定位高、学术规范要求严、评价标准体系化等显著特征。其申报材料需从科学问题、研究内容、方法体系到成果形式等方面全面展示项目的理论价值与创新潜力。撰写过程中需充分体现逻辑严密性与学术表达的完整性。表 2-5 归纳了国家自然科学基金在写作维度上的核心要求、常见问题与 DeepSeek 辅助生成的优化策略，供参考使用。

表 2-5　国家自然科学基金项目申报特点与写作优化路径

写作维度	项目申报要求与常见问题	DeepSeek 辅助生成策略与提示建议
科学问题定位	需突出原创性与基础性，问题描述易泛化	提示"聚焦核心科学问题+未解机制"，生成具有学术深度的逻辑问题段落
理论体系支撑	缺乏理论基础或未形成系统性结构	引导生成"已有模型—理论不足—拟建构框架"的完整逻辑链
创新点提炼	常见表述空泛、与已有成果区分不清	设置"与现有方法对比+技术/理论突破"，生成对比清晰的创新内容
研究内容结构	内容组织混乱、层次不清或任务间脱节	指定"模块划分+每项目标+研究手段"，生成有逻辑推进的内容体系
技术路线安排	步骤间的逻辑不严密，方法论不匹配研究目标	提示"阶段划分+每阶段目标与验证机制"，确保技术路径具备闭环结构
方法与目标匹配	方法笼统、路径与目标间缺少对应关系	输入目标关键字，生成"目标—方法—验证"的逻辑关联段
学术语言表达	存在冗余、堆砌或语义重复问题	提示"控制语义重复、优化句式结构"，生成语义清晰、风格规范的段落
研究成果设计	表述与基础研究项目定位不符，如偏重应用或过度承诺	通过"基础研究导向+阶段性理论成果"提示，生成成果合理、表述科学的内容

通过语义层次控制与结构逻辑提示，DeepSeek 可显著提升国家自然科学基金项目文本的表达规范性、学术深度与逻辑完整性。

2.3　写作规范与格式要求

课题申报书不仅是科研思想与研究计划的展示载体，也是高度格式化与规范化的正式文书。不同类型与级别的科研项目在写作过程中均要求严格遵循申报单位提供的模板格式、字符规范与语言风格标准。写作不规范、结构不统一、风格不匹配等问题常导致评审体验下降，进而影响材料的学术说服力与专业形象。高水平的科研文本撰写不仅要具备内容上的科学性与逻辑性，还要体现出在结构呈现、语言表达、引文规范及版式排布等方面的合规性与精细度。

本节将围绕科研项目申报书写作中的关键格式要求与语言规范进行系统阐述，涵盖字数控制、段落布局、语体风格、引用格式等具体细节，并结合 DeepSeek 在写作结构控制、格式提示约束与语言一致性生成方面的功能，提供实用的规范写作方法与模型辅助路径。

2.3.1　字数控制与段落结构

科研项目申报书在写作过程中对字数有明确限制，常以整体篇幅或模块字数上限进行控制，既要求信息表达充分，又需语言简洁、结构清晰。常见问题包括内容堆砌、要点分散、段落长度失衡或结构松散，影响申报材料的可读性与专业呈现。合理的段落结构应体现"总—分—合"的逻辑模式，单段字数控制在 200 至 300 字为宜，避免出现大段叠加或句群堆积现象。

在撰写"可行性分析"时，若段落过长且无层次，例如"本项目具备较好实施基础，团队成员拥有丰富经验，研究设备完善，前期已取得相关成果，有利于项目顺利开展。"此类表达在申报材料中常被视为堆砌式写作，缺乏信息分层。通过 DeepSeek 输入"生成可行性分析段，分三点展开，每点不超过 100 字"，可输出结构紧凑的段落："项目团队拥有在复杂系统建模与实验验证方面的多年研究积累。依托本单位先进的智能制造实验平台，可支撑关键测试环节顺利实施。前期已在核心技术路径上取得初步成果，具备扎实的数据支撑与方法准备。"模型在输出中自动构建了逻辑分层，实现语言浓缩与结构优化的双重效果。

此外，通过在提示中加入"限定字数""控制段落层级"等参数，DeepSeek 可有效协助撰写者在保持逻辑完整的同时压缩文本体量，实现高质量、结构规范的内容生成，满足申报书对篇幅与可读性的双重要求。

2.3.2　引用与参考文献规范

科研项目申报材料中的文献引用不仅体现研究的理论基础与学术来源，也直接影响文本的可信度与专业性。规范的引用应突出代表性、时效性与准确性。引用的常见问题包括文献数量堆砌、引用格式混乱、来源模糊或与申报主题关联性不足。高质量的参考文献应围绕研究问题展开，并在文本中合理嵌入，不可孤立堆列或表述笼统。

在撰写"研究现状"部分时，常见表达如"国内外已有大量研究涉及×××问题"，这类表达未给出具体出处，导致缺乏学术支撑。通过 DeepSeek 输入

"生成带有文献引用的研究现状段落，参考两篇文献，风格规范"，模型可输出"近年来，×××机制在材料力学领域受到广泛关注。Smith 等人（2021）提出多尺度建模框架，有效揭示了结构响应规律[1]；国内研究方面，李某团队（2022）从实验路径构建出热—力耦合演化模型[2]，为本项目提供理论基础。"此类表达在内容与引用之间形成紧密衔接，体现学术对话关系。

参考文献格式应严格遵循申报平台的指定规范，如 NSFC 常采用顺序编码制。DeepSeek 可根据文献元数据（作者、标题、期刊、年份）生成符合标准格式的文献条目，并通过提示词"统一为中文科技论文格式""按顺序引用格式输出"等，完成大批量文献格式的规范转换，提高整体文本合规性与编排效率。合理引用不仅增强文本的学术密度，也有助于评审专家快速理解申报内容与现有研究之间的差异性与延展性。

2.3.3 行文语气与学术风格要求

课题申报书的行文语气需保持严谨、中性与客观，避免口语化、主观化或推销式表达。学术风格应逻辑缜密、术语准确、语义清晰，避免语言浮夸、论述空泛、表达重复或语体不统一。有效的写作应以问题为导向，基于已有研究基础展开，注重实证与逻辑支撑，语言风格需符合科研文体规范。

在描述研究意义时，常见表述如"本项目非常重要，将极大推动相关领域发展"，此类表达夸张，缺乏具体逻辑依据。通过 DeepSeek 输入"以学术风格撰写研究意义段落，强调应用前景但避免口语化"，模型可生成"本研究有望为复杂介质中的界面热传导机制提供新的理论解释框架，并为柔性电子器件的热管理设计奠定基础，具备在高性能器件工程化开发中的潜在应用前景。"该段内容语言中性、表达规范，既展示了研究价值，又不脱离科学语言标准。

此外，在全文生成中易出现主观词汇如"相信""很有希望""将会显著"，需通过提示词"消除主观性""提升语言中性度"优化语调表达。DeepSeek 还能辅助完成语体统一，例如对比初稿与正式风格后提示"统一学术语体"，自动调整不规范句式，如将"我们打算测试该材料的性能"改写为"本项目拟开展该类材料性能的系统性测试"。规范化语气与风格不仅可以提升申报书的专业表现力，也可以体现撰写者对科研语言逻辑的基本掌握。

2.4 项目申报逻辑链的构建方式

科研项目申报书不仅是研究内容的表述载体，更是逻辑结构的集中体现。高质量的项目申报材料必须在整体结构上形成逻辑闭环，实现从问题提出、研究目标设定、研究内容展开、技术路线设计，到成果预期与资源配置等各环节之间的有机衔接。申报逻辑链的构建不仅体现撰写者的科研思维能力，也是评审专家评估项目可行性、创新性与科学性的核心依据。实际写作中，常见问题包括研究目标与任务对应不清、技术路径与问题脱节、成果形式与内容支撑不足，这些问题导致申报材料逻辑跳跃、结构松散。

本节将系统梳理项目申报逻辑链的构建方式，围绕"问题—目标—内容—方法—成果"的结构主线，解析如何在段落层级与文本表达中建立清晰一致的逻辑通道，同时结合 DeepSeek 在逻辑链重构与跨模块一致性控制中的应用方法，提升材料的整体连贯性与评审说服力。

2.4.1 问题提出与研究背景

问题提出与研究背景是项目申报逻辑链的起点，其撰写质量直接决定后续目标设定与研究内容的合理性。背景部分需基于真实科学问题、技术瓶颈或应用需求展开，不可流于宏观政策堆砌或空泛表述。有效的问题提出应聚焦具体研究对象，通过分析现状与不足，引导出具有学术价值与应用前景的研究课题。

实际写作中，常见表达如"随着科技的发展，×××越来越受到关注"，此类表述内容空洞，无法构成问题陈述。通过 DeepSeek 输入"撰写锂电池热失控研究项目背景，聚焦问题导向与研究空白"，模型可生成段落"近年来，高比能锂电池在储能与电动交通领域应用广泛，但其热失控问题仍未得到系统解决。现有研究多集中于材料层面的热稳定性改性，缺乏对电池运行过程中热—电—力多物理耦合机制的深入建模，限制了高安全性电池系统的设计与调控。"该段以现实问题为导向，明确指出已有研究不足，为后续研究目标与路径提供逻辑支点。

在撰写时结合结构提示如"现状—差距—问题定位"，可引导 DeepSeek 输出结构严谨、语义递进的背景段落，提升逻辑完整性。通过问题导向式背景撰写，项目选题的合理性、前沿性与必要性将得到有力支撑，从而在评审环节中形成清晰的问题驱动型申报逻辑。

2.4.2 研究目标与研究内容

研究目标与研究内容是构建项目逻辑链的核心环节，两者之间应形成清晰的"目标—任务"对应关系。研究目标需精准凝练，体现拟解决的科学问题或技术难点；研究内容则应围绕目标展开分解，构建系统性的任务体系。常见问题包括目标表述宽泛、内容描述堆砌、目标与任务之间缺乏结构匹配，导致项目缺乏逻辑支撑力。

例如，在一个聚焦"智能结构健康监测算法"的项目中，研究目标若仅写作"提升结构监测精度与可靠性"，则显得抽象且不具操作性。通过 DeepSeek 输入"生成结构健康监测方向的研究目标，结合算法优化与系统集成两个方面"，可生成"本项目旨在构建具备自适应学习能力的结构健康监测算法体系，提升复杂工况下损伤识别的精度与实时性，并实现算法在多源感知平台上的工程部署，以满足实际环境中长期监测的需求。"该段表述内容具体、逻辑清晰，明确了技术维度与应用场景。

在研究内容撰写方面，应将总目标拆分为若干子目标，每项内容需对应明确的研究路径。DeepSeek 可在提示"输出三项研究内容，匹配上述目标"后，生成段落"研究内容包括：①构建面向动态响应数据的高鲁棒性特征提取方法；②开发融合图卷积与长序列建模的损伤识别算法；③实现嵌入式系统平台的算法集成与现场测试验证。"这种结构化内容设计有助于评审者迅速识别任务路径，并判断项目实施的可行性与系统性。

通过目标精确设定与内容分项结构设计，并借助 DeepSeek 的模块化生成能力，可有效建立研究目标与任务之间的逻辑闭环，提升项目申报材料的整体逻辑严密性与表达清晰度。

2.4.3 技术路线与可行性分析

技术路线与可行性分析是评估项目实施路径科学性与落地能力的重要环节，撰写内容需体现研究方案的结构完整、阶段明确与执行保障。撰写过程中，常见问题包括路线描述缺乏阶段划分、方法与任务不匹配、可行性论证逻辑空泛或无数据支撑，导致项目可信度下降。高质量的技术路线应呈现研究任务的推进次序、关键节点与方法逻辑，形成清晰的阶段性执行框架。

例如，在撰写"基于新型多孔材料的污染物吸附机制研究"项目时，申报人往往直接列举制备方法与测试技术，忽略阶段设计与任务协同关系。通过输入"生成污染物吸附机制研究的三阶段技术路线，包含制备、表征、建模环节"，DeepSeek 可输出"项目技术路线分三阶段推进：第一阶段，构建多孔材料调控模型并完成系列样品制备；第二阶段，开展结构与吸附性能之间的多尺度表征实验；第三阶段，结合吸附数据建立量化机制模型并进行模拟预测与对比验证。"该段内容结构清晰、逻辑递进，便于评审专家把握技术实施逻辑。

在可行性分析中，需论证研究方案的基础条件、数据支撑与团队能力等。若表述为"已有相关经验，具备实验条件"，则显得笼统。输入提示"撰写技术可行性分析，强调实验平台与前期成果"，模型生成"团队已建立完整的多通道表征平台，具备精密吸附测试能力。前期完成的吸附热力学实验为本项目提供了稳定的参数边界与样品数据库，具备可靠的实验与数据积累。"通过条理清晰的数据与条件支撑，有效强化项目可实施性表达。

DeepSeek 可通过结构提示与内容映射的方式，生成具备阶段推进逻辑与任务执行基础的路线与可行性文本，提升项目文本的逻辑闭合度与实施说服力。

2.4.4 成果产出与项目影响力

成果产出与项目影响力是评审专家判断项目实际价值与资助必要性的关键指标，要求申报内容不仅展示可量化的科研成果，还需体现项目在学术发展、技术推广或社会应用等方面的辐射效应。撰写过程中，常见的问题包括成果表述泛化、过度承诺或与研究内容不对应，影响成果可信度与逻辑连贯性。

在成果设定方面，应围绕研究任务匹配设置，避免一味堆砌论文、专利数量。以"图像识别中的低维特征优化算法研究"为例，常见表述如"计划发表高水平论文若干篇、申报多项专利"，这类表述往往显得内容空泛。使用DeepSeek 输入"撰写图像识别方向项目预期成果段，包含论文、工具与数据集"，模型可输出"项目预期在国际计算机视觉领域期刊上发表论文 3 篇以上，构建低维特征提取工具包并开放源代码，同时形成高分辨图像数据集 1 套，服务于后续算法开发与评测需求。"该段内容将成果内容与研究路径相匹配，增强了可验证性与应用潜力。

影响力描述不仅局限于学术贡献，还应体现项目对行业标准制定、产业支撑或人才培养的推动作用。DeepSeek 可基于提示"突出领域辐射能力与区域应用推广"，生成表达如"本项目成果有望为智能图像识别核心算法设计提供理论支持，同时为智能制造与公共安全领域提供关键技术储备，并推动本地区人工智能算法的标准化建设，形成可推广的技术规范模板。"

通过结构引导、成果类型匹配与语义扩展控制，DeepSeek 可输出具备逻辑支撑、量化表达与多层次影响力的成果与推广内容，提升材料的整体说服力与评价优势。

2.5 DeepSeek 辅助校核与格式匹配

科研项目申报材料不仅需要内容准确、逻辑清晰、语言规范，还必须在格式层面严格符合各类申报平台的技术性要求。格式不一致、结构错位、字数超限、术语混用等问题常见于实际撰写过程，往往会在形式审查环节直接影响材料受理，或在评审阶段削弱项目的专业表达效果。在这一背景下，基于大语言模型的辅助写作工具逐步拓展至文本校核与格式匹配领域。其中，DeepSeek 不仅具备自然语言生成能力，还能够对结构层级、语义一致性、格式规范性等进行高效校对与风格重构。

通过对段落样式、模板要求、字段限制等方面的提示控制，DeepSeek 可在撰写后期执行批量化的逻辑检查与结构匹配任务，协助解决人工校改效率低、标准不统一等问题。本节将围绕项目申报书的结构规范、格式控制与校核流程，介绍 DeepSeek 在文本一致性审查、术语规范重构与格式模板映射中的具体应用方式，构建科研写作从生成到校核的全流程智能支持体系。

2.5.1 标准模板的 Prompt 设计

以下为面向科研项目申报的标准化 Prompt 模板，结合 DeepSeek 的结构控制能力，能帮助使用者在撰写不同板块内容时实现条理清晰、逻辑严密、风格规范的文本输出。

1. 标准模板一：研究目标撰写提示词

Prompt 模板如下。

> 请撰写国家自然科学基金项目的"研究目标"部分，要求以问题导向为基础，结合具体研究对象与拟解决的技术或理论难题，明确列出 2~3 个结构化研究目标，每项目标表述不超过 60 字，语言严谨、风格正式，避免使用主观词汇和过度修饰。

2. 标准模板二：研究内容模块设计提示词

Prompt 模板如下。

> 根据以下研究目标，撰写对应的研究内容结构段落，要求逻辑清晰、内容分项明确，每一项研究内容需包含技术路径或理论方法的简要描述，语言风格需符合国家自然科学基金申报书的正式书面语体。请生成总述段落后列出 3 条分项内容，每条控制在 80 字以内。

3. 标准模板三：可行性分析校对提示词

Prompt 模板如下。

> 请对以下可行性分析段落进行语言结构优化，确保段落内部逻辑一致、术语统一、表达不冗余，同时遵循国家自然科学基金申报书的语言风格。若发现术语混乱、内容重复、表述模糊，请直接重写段落并保持原意完整。

4. 交互案例：研究内容生成与结构分项

用户提问如下。

> 项目研究目标为："本项目旨在构建多尺度结构材料的力学响应模型，揭示其微观结构与宏观性能之间的耦合机制。"请根据该目标生成"研究内容"部分，要求内容结构化清晰，每项控制在80字内，采用正式科研语体。

DeepSeek 回答如下。

> 研究内容包括以下三方面。
> （1）开展多尺度材料建模方法研究，构建结构响应耦合框架。
> （2）开展微观结构—性能关系的实验表征与数据分析。
> （3）开发预测模型与仿真平台，支持材料结构优化设计。

在使用 DeepSeek 辅助课题申报文本撰写过程中，有效提示词的构造是实现高质量输出的核心。建议在提示词中明确定义写作模块、语体风格、字数限制、结构层级及逻辑要求，并尽可能结合具体研究方向或目标描述进行内容限定。

此外，可使用"请分点输出""控制术语统一性""避免口语化""基于以下输入重写"等表达引导模型理解任务语境。通过不断迭代提示、提供补充信息及明确输出结构，可以有效控制 DeepSeek 输出的写作质量与风格一致性，从而显著提升申报材料的专业表现力与规范性。

2.5.2 一致性检查与术语规范

项目申报书的撰写不仅要求内容逻辑严谨、结构完整，更强调术语使用的一致性与全篇表达风格的统一。术语混用、命名前后不一致、概念表述漂移等问题极易出现在较长篇幅的科研文书中，尤其在涉及交叉学科或复合研究路径时更为常见。这类表达不一致往往会造成评审专家对项目内容理解的困扰，削弱材料的专业性与可信度。

例如，在描述"多尺度耦合模拟平台"时，部分段落使用"多物理域模拟系统""复合仿真平台"等近义术语，若未对这些术语进行统一，可能导致读者误解为多个不同子系统，破坏技术路线的清晰度。通过 DeepSeek 输入"请检查全文中与'多尺度耦合模拟平台'相关术语的使用一致性，并规范命名"，模型可返回术语列表及建议修订结果，输出如"建议统一使用'多尺度耦合模拟平台'作为主术语，其他表述可作为次级替换出现于段内，但需明确指代关系。"

DeepSeek 还可根据输入全文，标识术语前后变化，如将"界面迁移机制"与"边界扩散模型"识别为潜在同义项，并提供结构化提示："建议在技术路径中统一为'界面迁移机制',并在首次出现时加注简明定义,避免重复解释"。模型还可通过提示"检查表达风格是否保持学术语体一致"输出段落改写建议,将散文化表达调整为标准科研语句结构。

通过 DeepSeek 的术语追踪与语言风格重构能力,可实现跨模块表达统一与术语系统一致性检查,提升申报书整体的语言质量与专业一致性,有效降低因表达混乱导致的评审误判风险。

2.5.3 段落平衡与语言润色

课题申报书在结构安排中强调段落之间的内容均衡与逻辑统一,不合理的段落长度、表达密度差异或句式结构杂乱,往往会影响整体的可读性与学术表现力。撰写过程中,常见问题包括某些段落内容密集且语句冗长,而其他段落则过于简略,缺乏信息支撑,导致文本结构失衡,影响评审专家对研究计划整体性的判断。

例如,在"研究内容"部分,部分申报人会对第一项任务展开详细叙述,而对第二、第三项内容仅作简要陈述,导致任务层级失衡。通过 DeepSeek 输入"请检查以下三个研究任务段落的结构与长度是否均衡,必要时进行补全或精简",模型会分析段落结构并输出建议改写后的版本,如"第二项任务表达略显简略,建议补充研究方法与验证方式;第三项任务表述与首段长度差异过大,建议调整为不超过 120 字的概述性内容。"

在语言润色方面,DeepSeek 具备句式变换与语义浓缩能力,能对科研文本进行语体标准化处理。例如原句为"本项目团队将努力提高算法的泛化能力,并在实际场景中进行多次反复测试以确保效果",经模型润色后输出为"本项目拟提升算法泛化能力,并在实际场景中开展多轮测试以验证性能。"改写后的句式更为紧凑,风格更贴合科研文体,去除不必要修饰性表达的同时保留核心信息。

通过段落结构控制与语言层级优化提示,DeepSeek 可有效辅助解决段落不平衡、语义过载或表述乏力等问题,提升申报材料在表达节奏与语言规范层面的整体质量,使文本更具专业阅读体验。

03 第3章 前期成果统计及课题选定

课题申报的前期准备不仅关乎研究内容的设计，更直接关系项目立项的可行性与说服力。申报人在提出研究问题与目标之前，必须对自身及团队的科研基础、已有成果、相关经验与技术储备进行系统性梳理与表达。研究基础不仅是项目可执行性的核心依据，也是评审专家判断申报团队能力与项目落地可能性的关键参考。

本章将围绕科研成果统计、团队能力构建与研究方向确定等核心内容，系统解析如何通过结构化方式展示前期积累，并借助DeepSeek辅助识别研究空白、提炼选题逻辑、生成具有定位感与创新性的课题方案。通过数据驱动、语义匹配与学术表达的深度融合，构建选题与基础之间的逻辑桥梁，从而提升申报材料的完整性、针对性与评审认可度。

3.1 研究基础与成果梳理方法

研究基础是科研课题申报材料中的关键构成部分，直接决定项目实施的可行性、研究路径的合理性与成果产出的可信度。在实际评审过程中，项目是否具备良好的前期积累、申报人及其团队是否拥有相关研究的代表性成果与支撑性资源，往往是立项决策的重要考量因素。

研究基础的撰写不仅要求全面呈现已取得的科研成果，还需准确体现其与申报课题之间的逻辑关联与技术延续性。材料罗列、项目列表或成果堆砌等方式，若缺乏结构梳理与逻辑重组，极易削弱文本的专业性与说服力。

本节将聚焦于研究基础的梳理方法、成果归类逻辑与关键能力要素的提取策略，系统讲解如何借助DeepSeek进行成果提炼、结构生成与逻辑重构，提升研究基础在课题申报中的表达深度与呈现效果。

3.1.1 教研项目与纵向成果整理

以下是针对教研项目与纵向成果整理内容场景的标准化提示词模板，结合DeepSeek在科研信息结构提取、成果逻辑归类与语言优化方面的能力，为课题申报材料中的"研究基础"模块撰写提供实用辅助路径。

1. 模板一：整理教研项目与纵向成果的结构化清单

提示词如下。

> 请根据以下提供的项目名称、年份、类别与资助单位信息，生成国家自然科学基金申报书中"前期研究基础"部分段落。要求按时间倒序排列，聚焦纵向科研项目（国家级、省部级、市厅级），每项内容包括项目名称、起止时间、资助级别、申报人角色及与本课题的关联价值，语言风格需正式、简洁、逻辑清晰。

2. 模板二：整合科研项目成果并构建逻辑表达

提示词如下。

> 请根据以下列表中已完成的教研项目，撰写科研成果总结段落，突出与申报课题的技术或理论延续关系。要求控制段落长度在200字以内，避免机械罗列，语言需结构化并具备逻辑连接，可适当使用连接词（如"在此基础上""进一步拓展为"等）。

3. 模板三：筛选代表性成果并转换为申报文体

提示词如下。

> 请对以下科研项目清单进行筛选，选择与当前申报课题关联性最高的3项，撰写1段申报书风格的描述内容。描述中需包含项目要点、研究主题、主要结论与为本课题提供的技术/理论支撑。语言风格要求正式、精炼，句式多样，避免表述重复。

4. 交互对话示例

用户提问如下。

> 以下是我主持或参与的项目清单。
> 国家自然科学基金青年项目（2019~2022年）：基于多尺度方法的金属疲劳裂纹扩展机制研究。
> 教育部人文社科项目（2020~2023年）：工程课程中跨学科建模能力的培养路径研究。
> ××省科技厅重点项目（2021~2024年）：大型结构损伤检测中多源数据融合算法的应用研究。

> 请基于以上内容，生成"研究基础"段落，用于自然基金申报，语言需符合申报语体，突出项目支撑价值，避免直接列举。

DeepSeek 回答如下。

> 申报人近年主持多个纵向科研项目，积累了坚实的理论与实验基础。国家自然科学基金青年项目深入研究了金属疲劳裂纹的扩展机制，构建了面向多尺度模型的预测方法，为当前课题中的微观响应建模提供了理论框架。省科技厅重点项目围绕结构损伤检测中的数据融合策略开展了系统实验，验证了多源算法的稳定性与适用性，为本课题后续方法的集成与优化提供了关键支撑。此外，教育部社科项目促进了跨学科工程能力培养的路径建设，间接推动了研究团队的任务分工协作效率。

在使用 DeepSeek 辅助撰写"研究基础"类段落时，提示词的核心在于明确逻辑结构与表达方式。可通过关键词设定（如"时间顺序""研究支撑""成果延伸"等）引导模型聚焦成果内容的演绎关系，避免简单堆砌。建议在输入项目清单时附加项目信息要素，如项目主题、研究方法、代表结论等，以提升生成内容的针对性。

通过"归纳+比较+承接"式提示结构，DeepSeek 能有效完成成果筛选、语言整合与逻辑串联任务，生成具备可评估性与专业风格的"前期基础"内容。

3.1.2 论文、专利、著作

论文、专利与学术著作是课题申报中展示科研积累与研究能力的核心材料，通常作为研究基础的重要组成部分，直接用于支撑项目可行性与团队实力的评估。高质量的成果不仅体现在数量上，更在于其与拟申报课题之间的关联程度、理论延续性和技术承接性。

撰写中常见的问题包括成果堆砌无层次、文体风格与申报书不匹配、缺乏对成果与申报课题之间的逻辑关系梳理，这些问题往往会导致文本表达空泛，削弱评审说服力。

在展示代表性论文时，应避免简单列出题目与期刊信息，而应结合研究内容，说明论文在理论构建、方法创新或实证支撑方面对当前申报课题的贡献。例如，仅列出"×××等，2022，《基于多尺度建模的复合材料损伤预测》《复合材料学报》"并不能体现研究的支撑价值。通过 DeepSeek 输入"将以下论文转换为项目申报书中研究基础段落的一部分，突出研究内容与本项目的衔接关系"，可生成："申报人在《复合材料学报》发表的研究成果提出了一种多尺度建模方法，系统揭示了界面缺陷对材料力学性能的影响机制，该研究为本课题中的微观结构建模提供了理论基础与建模路径的先验经验。"模型自动构建了研究内容与申报方向之间的承接逻辑，从而提升文本的条理性与说服力。

在专利方面，申报材料需突出专利技术与项目研究之间的转化关系，不宜仅作"已授权"性质的罗列。例如针对"用于结构损伤识别的多传感节点分析系统"发明专利，通过 DeepSeek 输入"请将以下专利转化为与项目技术路径相关的基础支撑段落"，模型生成"申报人所获发明专利'基于多传感节点的结构损伤分析系统'构建了高时效性数据采集与处理框架，为本课题在多源传感数据融合与实时响应机制构建方面提供了关键技术基础。"

著作类成果应重点展示其在理论系统建构、研究方法总结或应用实践推广方面的贡献价值。例如撰写"在《结构智能诊断系统方法论》一书中，系统总结了结构监测系统的核心架构与演化模式，相关章节内容已被本课题用作理论模型设计与验证平台搭建的理论支撑。"这一表达形式避免了传统著作堆列的方式，建立了与研究内容的对应关系。

DeepSeek 在撰写"研究成果"段落时，能够通过输入成果清单与研究方向自动判别每项成果的归属领域、技术关键词与内容要点，并生成语言规范、逻辑清晰的结构化文本。若提供的成果编号或条目内容较多，模型还能自动按"理论构建—方法创新—工程实践"分类输出，强化表达层次。

通过合理设置提示结构，例如"请以'论文—方法—作用'三段式输出""请按'发明专利—已转化—关联机制'逻辑生成"，可进一步提升生成内容的针对性与专业性。在长篇成果展示中，模型还能辅助识别冗余条目、合并近义表达，提升段落整体节奏与信息密度。这样，最终形成的研究成果描述段落不仅信息准确、风格统一，还能在篇幅控制与语义表达之间实现平衡，为课题申报提供高质量的科研积累支撑。

3.1.3 团队科研背景

团队科研背景是课题申报材料中展示研究群体能力、资源整合水平与任务分工逻辑的重要部分，不仅能体现申报人的学术积累与研究方向，还能突出团队整体在相关领域的技术经验、协同能力及平台支撑条件。评审专家在判断项目是否具备良好实施基础时，通常会从团队结构、成员专长、历史协作经历等角度综合评估。撰写中若仅围绕申报人展开、内容堆砌无层次、未能体现团队合力与课题契合度，则极易导致评审方对项目执行能力产生疑虑。

团队背景的撰写应突出三个核心要素：结构合理、能力互补、任务契合。例如某工程材料类课题，团队成员中包含一名力学建模专家、一名实验测试专家及一名大数据分析工程师，若申报材料中未明晰分工逻辑，仅简单列举"某教授长期从事结构力学研究，某副教授擅长实验平台构建"，则无法有效体现团队与课题之间的协同关系。通过 DeepSeek 输入"请生成科研团队背景段落，需包括人员结构、研究方向、合作经历与对本项目的支撑作用"，模型可输出如下段落："本项目团队由三位长期工作在多尺度结构力学与数据驱动材料研究领域具有协同经验的核心成员组成，涵盖理论建模、实验验证与数据分析等关键环节。其中，项目负责人擅长材料损伤建模，已主持相关国家级项目 2 项；合作人 A 具备丰富的微观结构实验测试经验，曾与项目负责人联合完成多项课题；合作人 B 专注于人工智能算法在材料特性预测中的应用，将为本项目提供算法设计与模型训练的支撑。团队在前期已完成相关领域高水平论文 8 篇，构建了稳定的协同研究机制。"

除了结构性描述，团队背景还应体现平台优势或工程支撑能力，如实验平台、测试基地、校企联合中心等。DeepSeek 在输入"团队具备 X 设备、Y 平台"后，可生成平台与任务之间的逻辑衔接文本，例如"依托本校高性能结构实验中心，团队具备开展复杂载荷条件下材料响应测试的能力，可实现项目中相关参数的系统获取与过程监测。"

在复杂团队结构下，DeepSeek 还可基于"成员职称+研究方向+参与任务"的三元输入格式，输出带有功能划分的段落。例如提示"请按负责人—子课题负责人—研究骨干顺序，撰写团队背景介绍，突出协同机制与技术互补"，模型自动生成结构分明、语言统一的段落，避免描述混乱或角色重叠问题的出现。

团队科研背景的撰写不宜仅限于"人"的维度，还需兼顾"平台""经验""机制"三个层面，通过结构化表达展现团队整体执行力与科研组织能力。DeepSeek 在段落组织、任务映射与逻辑串联方面具备高效生成能力，能够在多角色多任务场景中输出风格统一、重点突出、逻辑完备的团队支撑性文本，为课题申报提供强有力的执行保障论证。

3.2 学术积累与问题导向之间的桥接

课题申报不仅是一项写作任务，更是研究者长期学术积累的系统性呈现与研究问题逻辑结构的集中建构。在实际申报过程中，研究基础的丰富程度虽可体现科研能力，但若未能与当前选题形成明确的逻辑衔接，往往会削弱项目的说服力与整体评价。

学术成果的有效转化，关键在于是否能够通过问题导向的结构进行重新整合，进而形成针对性强、逻辑闭环清晰的选题表达。

本节将聚焦于"学术积累"与"研究问题"之间的桥接机制，分析如何从已有研究中提炼选题基础、辨识理论空白与技术缺口，构建清晰的问题指向与研究焦点。同时结合 DeepSeek 的语义识别与结构重构能力，探索其在问题抽象、逻辑建桥与文本重组中的实际应用方式，为构建高质量、目标导向型课题申报方案提供方法支撑。

3.2.1 如何通过成果衍生出研究方向

通过既有成果衍生出具有逻辑连贯性与理论延展性的研究方向，是课题申报中实现"积累转化"的关键步骤。科研成果本身具有多维度特征，如理论创新点、方法实现路径、实验验证数据与技术应用场景，这些内容若能被重新整合，提炼出未解决的问题链条与学术空白，即可构成新课题的逻辑支点。

在实际写作中，常见的问题是仅列成果而未分析其未尽问题或生硬切换研究主题，致使学术缺乏连贯性，导致评审专家难以判断课题提出的合理性。

例如，某申报人在前期研究中完成了一项关于"高性能纤维增强复合材料界面力学性能测试"的国家青年基金项目，已发表论文3篇。若在新的课题申报中希望切入"界面微观结构调控机制"方向，不能简单写作"基于前期研究的基础，进一步拓展界面行为的调控"，而应深入分析原成果中的理论不足与尚未解决的问题。通过 DeepSeek 输入"请根据前期关于'界面力学性能测试'的研究成果，提炼出新的研究方向，要求突出问题延续性与理论创新空间"，模型可生成表达："前期研究围绕高性能纤维复合材料的界面剪切行为开展了系统测试，明确了界面失效模式与加载条件的响应关系，但在界面微观结构调控机制及其对损伤演化路径的影响规律方面仍存在理论空白。鉴于此，本课题拟进一步聚焦界面层级结构设计与性能演化机制，探索其在增强材料多尺度性能协同中的作用路径。"

该段不仅承接了原研究成果，还自然引出了新的研究方向，并对其理论价值与可探索空间进行清晰界定。这种表达方式通过"成果—不足—拓展"的三段式结构，实现了选题逻辑的严密性与研究连续性的统一。

在成果量较多的情况下，DeepSeek 可进一步输入"请从以下三项研究成果中，提炼一个共同研究方向，构建新课题选题依据"。模型可提取关键词如"热—力耦合行为""非线性界面失效模型""微观结构调控"，据此整合生成一个以"复合材料热—力环境下的界面演化机理"为中心问题的新选题方案。这种基于语义聚类与逻辑映射的操作，能有效提升多成果背景下的选题精度，避免主题发散或堆砌。

在实际写作中，还可借助 DeepSeek 将代表性成果转化为问题导向段落。例如输入一段论文摘要，提示"请从该论文结果中提取尚未解决的问题，输出为基金申报语言风格段落"，即可生成结构严谨、语体一致、问题清晰的内容，有助于实现成果内容与选题逻辑之间的桥接。

研究方向的确立通常需要基于已有的研究成果进行推导，而非凭空构想。研究者可以通过分析过去的科研工作，识别其中的不足、未解问题或新的应用场景，从而衍生出新的研究方向。例如，一项关于人工智能在自动驾驶中的研究可能发现现有算法在极端天气下的鲁棒性不足，从而催生对具有更强适应性深度学习模型的探索。

DeepSeek能够在这一过程中提供辅助，包括自动提取现有研究的关键成果、分析未解决的问题、生成新的研究方向建议，并确保研究选题符合学术前沿和实际需求。

关于确定新研究问题的用户提问如下。

> 我已经在强化学习方向上做了一些研究，发表了几篇论文，涉及自动驾驶决策、强化学习算法优化和对抗环境下的训练方法。但现在要申报新的基金项目，想基于这些成果衍生新的研究方向，应该如何确定新的研究问题？

DeepSeek回答如下。

> 可以从以下几个角度分析已有成果，并推导出新的研究方向。
> 成果优化：当前强化学习算法在实际应用中可能存在的局限性，如计算成本高、收敛速度慢、样本效率低等，可以作为新研究的切入点。例如，是否可以探索新的训练范式以提升样本效率？
> 跨领域应用：已有方法是否可以推广到新的应用场景？如自动驾驶中的强化学习能否适用于工业机器人？
> 理论扩展：是否可以基于已有研究进一步发展理论体系，例如建立更严格的收敛性分析或提出新的策略优化方法？
> 挑战问题：是否有未能解决的问题，如对抗性攻击的防御、可解释性增强等？
> 基于这些思路，输入具体的研究成果，即可生成详细的研究方向建议。请提供已发表论文的标题或核心内容，以便进一步分析。

用户提问如下。

> 我的一项研究是关于"基于层次化强化学习的自动驾驶策略优化"，主要目标是将任务分解为多个子任务，提高决策的可控性和计算效率。然而，实验发现该方法在复杂交互环境下仍然存在局部最优的问题，特别是在多车混合交互情况下，策略有时会失效。我如何基于这一成果提出新的研究方向？

DeepSeek 回答如下。

可以从以下几个方向深入。

复杂交互建模：现有方法可能未能充分建模多车交互行为，例如，缺乏考虑车辆之间的博弈关系或长期影响。一个可能的研究方向是引入博弈理论或多智能体强化学习，使多个智能体之间的策略协同优化。

自适应层次结构：当前层次化强化学习方法可能基于固定的任务分解方式，但实际驾驶环境中的任务划分可能需要动态调整。一个新的方向是研究自适应的层次结构，使策略能够根据环境变化自动调整决策层级。

对抗性场景优化：由于策略可能在特定交互情况下失效，可以考虑设计对抗训练机制，让策略在高风险交互场景下提升泛化能力，例如，模拟极端情况（急刹车、非正常变道）以提高系统鲁棒性。

安全性增强：可以引入形式化验证方法，确保强化学习策略在所有情况下都不会做出不安全决策。例如，可以结合强化学习与规则约束，确保决策的可解释性与安全性。

基于这些方向，可以从实验数据中进一步分析哪些情况导致策略失效，以便优化研究选题。可以提供实验数据摘要吗？

用户提问如下。

我的实验数据表明，在多车密集交互情况下，策略失败的主要原因是长远规划能力不足，算法难以预测未来几步的交互演化，因此容易陷入局部最优。此外，不同车辆的驾驶风格不一致，导致同样的策略在不同环境下表现不稳定。是否可以基于这些问题提出更具体的研究方案？

DeepSeek 回答如下。

这两个问题提供了很好的切入点，可以提出以下具体研究方案。

改进长远规划能力

采用基于 Transformer 或记忆网络的模型，使智能体能够更好地理解长期依赖关系，预测多步后的交互影响。

引入逆强化学习，通过模仿人类驾驶行为，提高策略的远见性。

结合模型预测控制（MPC），在强化学习的基础上增加显式的轨迹规划，以提升长远决策能力。

应对驾驶风格不一致问题

采用个性化强化学习，根据不同类型驾驶员的数据动态调整策略，例如构建一个驾驶员风格分类模型，使策略能自适应调整。

研究多模态学习方法，引入视觉、雷达、交通流量数据，提高策略的环境适应性。

结合迁移学习方法，使训练好的策略能够更快适应新环境，而不需要大量新数据重新训练。

这些方案可以进一步细化，并结合已有研究验证可行性。如果有兴趣，可以尝试先在模拟环境中测试改进的规划模型，以评估其潜在效果。

用户提问如下。

基于这些新的研究方向，如何撰写基金申报书的研究内容部分，使其具有创新性和可行性？

DeepSeek 回答如下。

基金申报书的研究内容部分需要突出以下关键点。

问题提出：说明当前强化学习在自动驾驶任务中的局限性，特别是多车交互情况下的局部最优问题。可以引用已有研究数据，说明问题的实际影响。

研究目标：明确提出本研究的核心目标，例如"构建基于长期规划的多智能体强化学习框架，提高自动驾驶策略的交互适应性。"

技术方案：分阶段介绍研究计划，具体如下。

第一阶段：改进强化学习模型，使其具备长远预测能力，并结合逆强化学习提高决策质量。

第二阶段：开发个性化驾驶风格建模方法，使策略能够自适应调整。

第三阶段：在模拟和真实测试环境中验证改进方法的有效性，并与现有方法进行对比。

创新性：强调本研究在长期规划、风格适应性、强化学习方法改进等方面的创新之处，并说明如何突破现有方法的局限性。

可行性：基于已有研究成果，说明研究方案的可行性，例如提供实验数据支持，证明现有研究方法可进一步优化。

可以根据上述结构撰写研究内容部分，持续进行优化润色，使其更加符合基金申报的写作规范。

通过上述方式，科研成果不再是申报书中的静态陈列物，而成为推动研究问题提出的逻辑起点。借助 DeepSeek 的结构解析与语言重构能力，可将散落的科研积累转化为面向未来的选题方案，使研究方向具有明确来源、真实延续性与评审可信度。

3.2.2　DeepSeek 辅助识别"问题空档"

科研课题的设立必须基于清晰的问题识别，尤其是在已有研究成果广泛覆盖的背景下，如何精准定位"尚未解决"或"被忽略"的问题空档，是选题逻辑构建的关键。传统方式依赖人工比对大量文献内容，识别差距耗时且主观性强；而借助 DeepSeek 的语义分析与逻辑生成能力，可显著提高问题识别的系统性与结构清晰度。

在整理相关领域的文献综述时，研究者常会面临问题交叉、定义模糊、方法趋同的复杂局面，难以准确识别创新空间。例如，在材料疲劳寿命预测领域，已有研究多集中于统计回归方法，而新兴的机器学习方法尚未形成机制解释体系。输入提示为"请根据以下文献摘要内容，识别该领域中尚未系统展开的研究问题，提炼成申报书风格的空白识别段"，DeepSeek 可生成内容"当前针对金属疲劳寿命的研究主要集中于基于应力—寿命曲线的回归建模方法，尽管部分研究已引入机器学习模型提升预测精度，但其在高维输入参数条件下的物理机制解释能力仍显不足，尚缺乏数据驱动模型与微观损伤演化过程之间的映射机制。"该段内容不仅指出现有研究的局限，还形成可申报的研究切入点，具备明确的问题导向属性。

DeepSeek 还可通过对同一领域高被引论文的语义对比，自动归纳共性问题的处理方式，并推演出未被系统覆盖的主题区间。输入提示"请基于以下三篇研究内容，比较其研究对象与方法，并识别未涉及的核心变量或研究维度"，模型能输出"现有文献均聚焦于等温载荷条件下的疲劳性能评估，尚未涉及复杂温—力耦合工况下的裂纹扩展行为预测机制"。

这种由语义识别驱动的问题空档发掘机制，能够帮助研究者在课题提出前快速厘清领域中的研究边界与剩余空间，提升申报项目的原创性与选题针对性。DeepSeek 不只是信息汇总工具，更能通过结构分析与语义推理，辅助构建具有战略前瞻性与逻辑深度的科研选题基础。

3.2.3　利用已有成果支撑立项可行性

在课题申报中，立项可行性的阐述不仅取决于项目设计的合理性，更高度依赖已有成果的技术支撑与研究延续。评审专家在评估可行性时，往往会关注申报团队是否具备完成该项目所需的理论储备、技术路径验证能力及前期试验数据。若已有成果未能在文本中体现其在方法、平台或模型方面的支撑价值，容易造成项目立项基础薄弱的印象。

有效的写作方式是将成果"嵌入"项目关键环节中，构建"已验证—可扩展—待深入"的逻辑链。例如，在"基于视觉识别的自动缺陷检测"课题申报中，部分申报人仅列出"已发表图像识别相关论文3篇"，却未说明该成果对后续研究的具体支撑作用。

通过DeepSeek输入"请将以下成果内容转化为可行性支撑段落，突出与本项目目标之间的对应关系"，可生成如下表达。

> 项目组已完成基于卷积神经网络的工业表面缺陷图像识别算法构建，并通过典型场景图像测试验证了模型在多类干扰下的稳定性。该研究为本课题中复杂纹理背景下缺陷定位方法的进一步提升提供了算法基础与数据集支持，同时验证了技术路径的可实施性。

该段不仅展示了已有成果，还通过方法、数据、应用路径与拟开展研究之间的衔接，形成逻辑闭环。DeepSeek还可在多个成果之间生成任务对照表，输出如"成果A支撑目标一的基础参数设定""成果B对应第二阶段的实验平台搭建"等结构化说明，提升文本的工程可读性与实施可信度。

科研课题的立项可行性通常需要基于已有研究成果，包括发表的论文、已授权的专利、实验数据、前期研究报告等。这些材料不仅可以证明研究者在该领域的积累，还能作为新课题的理论基础，增强立项的说服力。

合理利用这些成果能够有效回答评审专家对研究可行性的质疑，提高申报书的通过率。DeepSeek可以在这一过程中提供辅助，自动提取已有研究的核心内容，归纳研究价值，分析研究的创新性，并生成立项可行性说明，使研究背景更加充分，从而增强立项的逻辑连贯性。

用户提问如下。

> 目前正在准备一个人工智能在医学影像分析方向的科研立项申报，过去的研究主要集中在基于深度学习的肺部CT影像分析，并已发表了几篇论文，也申报了一项专利。但现在的新项目拟研究如何利用多模态医学数据提高影像诊断的准确率，如何利用这些已有成果来支撑新项目的可行性，使申报书更有说服力？

DeepSeek回答如下。

> 已有的研究成果可以从多个方面支撑新项目的立项可行性。首先，论文和专利能够证明研究团队在该领域的经验积累，展示研究者对关键技术的掌握程度，使评审专家确信团队有能力开展新课题。其次，已有的研究数据和

实验结果可以作为新研究的初步验证，说明新的研究方向并非空想，而是基于实际研究问题的延续。最后，通过已有研究的局限性分析，可以自然引出新课题的必要性，例如，单一影像模态的局限性、数据融合的挑战等，从而增强研究方案的合理性。根据提供论文的核心内容或专利技术说明，即可自动生成可行性说明文本。

用户提问如下。

我的论文主要研究基于卷积神经网络的肺部影像分类方法，主要贡献是提出了一种多尺度特征融合的模型，在公开数据集上的表现优于传统方法。专利涉及一种自动化的影像预处理流程，可以提高模型的鲁棒性。但目前的研究局限于 CT 影像，未能结合其他数据类型，如基因数据、病理切片等。

DeepSeek 回答如下。

基于这些研究成果，可以在申报书中构建以下立项可行性说明。首先，团队已在影像分类方法上取得突破性进展，提出的多尺度特征融合模型在公开数据集上的优越表现证明了研究思路的可行性，这为扩展至多模态数据融合提供了坚实的技术基础。其次，影像预处理的专利技术提高了模型的鲁棒性，这一经验可以直接应用于多模态数据的融合优化，减少数据噪声对模型的影响。此外，已有研究的局限性自然引出了新课题的研究需求，由于单一影像模态的信息有限，结合基因数据、病理切片等多模态数据成为提高诊断准确率的关键方向。这样，研究方案既建立在已有成果的基础之上，又具有明确的创新点，能够形成严密的逻辑链条。如果希望进一步增强可行性论证，可以提供实验数据摘要，以分析新方法的可行性。

用户提问如下。

目前实验数据包括 CT 影像数据集的分类结果，如肺结节检测的准确率指标，以及影像预处理对模型性能的提升情况。但还没有基因数据和病理数据的实验数据。是否可以在申报书中说明如何利用现有数据推导新研究的可行性？

DeepSeek 回答如下。

可以在申报书中采用两种方式推导新研究的可行性。第一种方式是数据方法论的迁移，即基于已有的影像分析技术，说明如何扩展至多模态数据，例如，现有研究已验证多尺度特征融合对影像分类的有效性，推测这一方法在融合基因和病理数据后仍可能保持其优势。第二种方式是利用影像数据的实验结果进行间接验证，例如，通过分析不同影像模态的互补信息，推导多模态数据可能带来的增益效应。可以在研究方案中设计一系列预实验来进一步支持这一假设，例如，先采用影像数据进行多任务学习实验，观察不同模态的数据融合是否提升模型泛化能力。这样，即便当前缺少完整的多模态数据，仍能通过已有数据和理论支持新研究的可行性。如果需要，可以进一步优化这一论证逻辑，使其更符合评审专家的关注点。

用户提问如下。

基金评审专家可能会关注实验数据的可靠性，如何在申报书中强调已有成果的可靠性，使新研究方案更具说服力？

DeepSeek 回答如下。

可以在申报书中从数据来源、实验方法、评价指标等方面强调已有成果的可靠性。首先，明确指出实验数据来源于权威医学数据库，并使用标准化的数据处理流程，确保数据质量。其次，详细说明研究采用的实验方法，包括数据预处理、模型训练、超参数优化等，使评审专家相信实验结果的科学性。再次，强调评价指标的合理性，例如，CT 影像分类的准确率、灵敏度、特异性等关键指标，说明这些指标如何衡量模型的性能。可以附上实验数据摘要和部分关键结果表格，使研究成果的可靠性更加直观。这样，既能增强评审专家对现有研究的信任，也能使新研究方案更加可信。

在利用 DeepSeek 支撑立项可行性时，可以先输入已有研究成果，让 DeepSeek 自动分析成果的关键贡献，并识别研究局限性，从而形成新的研究方向。提供实验数据后，DeepSeek 可以分析数据支持的结论，并推导出新研究的可行性逻辑。此外，DeepSeek 还可以根据基金评审专家的关注点，优化研究方案的论证方式，使其更符合科研项目的评审标准。

有效的交互方式包括先描述已有研究成果，让 DeepSeek 归纳其研究价值和局限性，提供实验数据；然后让 DeepSeek 分析数据对研究可行性的支撑作用；最后让 DeepSeek 优化基金申报书的可行性说明，使其更加符合评审专家的关注点。通过这种交互方式，科研人员可以快速构建合理的研究方案，提高基金申报的成功率。

结合成果与任务路径的映射、关键技术节点的验证记录，DeepSeek 可辅助构建高密度、逻辑严密的可行性论证文本，使已有研究成果不仅成为申报资历的象征，更转化为项目执行力的有力证据。

3.3 DeepSeek 在选题分析中的应用

选题是科研项目申报的核心起点，直接决定研究目标、技术路径与成果导向的合理性与创新性。高质量的课题选题不仅应体现对领域前沿问题的精准识别，还需回应实际需求、政策导向或技术空白，具备理论价值与应用潜力的双重属性。在当前科研写作与申报环境中，选题分析已不再依赖单一经验判断或人工归纳，而逐渐转向基于大规模语料理解、学科结构识别与多维度逻辑建构的系统化策略。

借助大语言模型，特别是 DeepSeek 在学术语义提取、关键词聚类、研究趋势识别与选题逻辑构建方面的能力，科研人员可以实现高效、结构化的选题分析流程。本节将围绕选题生成的关键机制，系统阐述 DeepSeek 在问题识别、语义映射、政策适配与可扩展性预评估等维度的应用场景，构建一种数据驱动、逻辑清晰、语体规范的智能化选题分析方法。

3.3.1 输入关键词与研究方向生成建议

在课题申报前期阶段，研究方向的明确往往需要围绕一组关键词进行系统展开，将技术术语、研究对象、应用场景等核心要素转化为具备逻辑结构与研究价值的选题建议。传统方式依赖人工组合或经验归纳，容易出现范围过广、逻辑跳跃或语言表达不规范等问题。通过 DeepSeek 构建关键词到研究主题的智能转化路径，可以实现从学术语言出发的语义聚合与目标导向明确的选题生成。

例如，在智能制造领域，若研究者提供关键词"多源感知""工况识别""故障预测"，通过 DeepSeek 输入提示"基于以下关键词，生成三个具有科研选题价值的研究方向建议，要求语言符合课题申报语体，控制在每项 80 字以内"，模型可输出如下内容。

（1）基于多源感知数据的复杂工况下制造设备健康状态识别方法研究。
（2）融合时序特征与图结构建模的设备故障预测机制构建与优化。
（3）面向动态工况场景的工业信号自适应感知框架设计与验证。

这些输出不仅体现技术路径的明确性，还具备良好的学术语言规范，符合国家自然科学基金申报中"问题清晰、术语准确、逻辑完整"的标准要求。研究者还可通过调整提示结构，如加入类似"请限定研究周期三年内可完成""应包含实验验证"的语句，进一步控制选题规模与研究内容的可实施性。

DeepSeek 还能对关键词进行主题聚类与方向延伸，输入提示"请将以下关键词按研究层级进行分类，并在每类中生成一个研究主题"时，其输出结果常包含"基础理论研究""算法机制研究""系统集成研究"等层次划分，方便申报人在构建项目内容结构时完成任务模块的预设。

这种基于关键词到选题建议的智能转换机制，能够在提高生成效率的同时，显著增强申报项目在语义精度、研究边界与逻辑表达方面的完整性与专业性。借助 DeepSeek 的语言建模能力，选题设计过程可从直觉判断转向系统分析，从而提升科研立项的起点质量与申报命中率。

3.3.2 模拟评审思维对选题进行预评估

课题申报过程中，选题的科学性、创新性与可行性往往需要经受多维度评审判断，提前模拟评审专家的评价逻辑进行预评估，可有效提升选题的针对性与命中率。常见评审视角包括：研究问题是否聚焦、是否具有原创性、研究内容与目标是否匹配、项目执行路径是否清晰，以及预期成果是否可考核。基于评审逻辑进行选题反向检视，能发现立项论证中常被忽视的问题，如目标泛化、方法弱化或路径不闭环等。

通过 DeepSeek 输入"请基于以下选题，模拟评审视角输出三条评价意见，涵盖创新性、可行性和成果预期"，可对项目命题进行语言层面的风险预判。例如，针对"基于图神经网络的多场耦合结构性能预测研究"，模型输出的预评估如下。

> 该选题具备理论前沿性，但缺乏具体工况限定，存在可行性风险；未明确图模型与多场物理参数之间的关联机制，创新点表述尚不充分；成果形式建议明确为理论模型与仿真平台，增强评审信度。

这种反馈机制可作为选题迭代修改的重要依据。研究者还可通过输入多个候选题目，并提示"请对比以下三个选题，指出在创新性与学科前沿性方面的差异"，以获取从语言风格到研究重点的差异性分析，从而筛选出最具评审竞争力的命题方案。

科研选题的合理性直接影响基金申报的成功率，而在提交申报书之前，利用评审专家的思维进行选题预评估能够有效提高申报的通过率。模拟评审思维的核心在于站在基金评审专家的角度，评估研究选题的创新性、可行性、研究价值、学术贡献以及与当前研究方向的匹配度。

评审专家通常关注的问题包括：选题是否聚焦于学术前沿？是否解决了重要的科学问题或技术瓶颈？研究方案是否具有合理性和可行性？申报人是否具备完成该研究的能力？是否存在已被深入研究的现象，导致选题缺乏新颖性？

DeepSeek 能够在这一过程中自动生成评审思维下的关键问题，模拟专家的评审反馈，并提供优化建议，从而帮助研究者在选题阶段规避潜在问题，提高申报书的竞争力。

用户提问如下。

目前正在规划一个关于脑机接口技术的基金申报，研究方向是基于机器学习优化脑电信号解码。已有一些初步的实验结果，但不确定这个选题是否足够有竞争力，希望能够模拟基金评审专家的思维，对该选题进行预评估，并指出可能存在的问题。

DeepSeek 回答如下。

根据当前科研基金评审的标准，选题的竞争力可以从创新性、可行性、科学价值、应用前景等角度进行评估。以下是模拟评审专家的几个关键问题，这些问题可能会在正式评审中出现，需要在申报书中有充分的解释。

该选题是否具有足够的学术创新性？目前脑机接口领域已经有大量关于脑电信号解码的研究，尤其是在机器学习优化信号处理方面，是否能提供一种全新的方法，或者在现有方法的基础上进行重要突破？

研究方案是否可行？是否有足够的数据支持该方法的有效性？例如，是否已有脑电数据集进行训练？实验方案是否合理？如果研究涉及临床试验或人体实验，是否具备伦理审批条件？

研究目标是否明确？研究内容是否过于宽泛？如果研究方向过于宽泛，可能会导致研究目标不聚焦，建议细化研究目标，例如从特定任务（如运动想象解码）入手，而不是泛泛地讨论脑电信号优化。

该研究是否有明确的应用价值？例如，该方法能否在实际应用中提升脑机接口的性能？是否有具体的应用场景支撑，如医疗康复、神经工程、脑控设备等？

研究者是否具备完成该项目的能力？是否已有相关研究成果？是否具备必要的研究基础，如实验设备、数据、团队支持等？

用户提问如下。

关于创新性的问题，我的研究重点是开发一种新的深度学习架构，结合时间序列建模和自监督学习，提高脑电信号的解码准确率。目前的主流方法大多采用 CNN 或 RNN，而我的方法能够更好地捕捉长时间依赖关系，提高脑电信号的鲁棒性。但评审专家可能会质疑该方法的真正创新性，如何优化研究设计，使其更具说服力？

DeepSeek 回答如下。

在基金评审中，仅仅提出一种新的方法是不够的，还需要证明该方法相较于已有方法的优势。可以从以下几个方面优化研究设计，使其更具竞争力。

强调已有方法的不足：在申报书中，需要明确指出当前 CNN 或 RNN 方法在脑电信号解码中的局限性，例如难以捕捉长时间依赖关系、对噪声敏感、数据需求量大等问题。通过引用相关文献，证明这些问题是当前研究的瓶颈，并说明为什么新的方法能够突破这些局限性。

提供初步实验数据支持创新性：如果已有实验数据，建议在申报书中加入初步实验结果，例如比较 CNN、RNN 与新方法的解码准确率，并展示新方法的优势。此外，可以说明该方法在小样本学习、自监督特性上的独特之处，以增强创新性论证。

结合具体应用场景：如果该方法可以在某些特定场景下展现明显优势，例如运动想象、脑控轮椅、神经康复等，可以在申报书中强调这一点，使评审专家认识到该研究不仅有理论创新，也有实际应用价值。

用户提问如下。

研究目标的问题，是否有方法可以让目标更加聚焦，使申报书更具可行性？

DeepSeek 回答如下。

研究目标需要在科学问题的背景下进行精确限定，避免过于宽泛或空泛的描述。可以采取分阶段目标设定的方法，使研究计划更加可操作。例如，可以将研究目标拆解为以下几个方面。

研究目标 1：提出基于时间序列建模的脑电信号解码方法，优化模型架构，提高信号处理能力。

研究目标 2：开发自监督学习机制，减少对大规模标注数据的依赖，提高模型的泛化能力。

研究目标 3：验证新方法在特定任务（如运动想象）中的有效性，进行算法实验，并与现有方法进行对比分析。

研究目标 4：搭建实验平台，采集新数据，进行真实环境测试，评估方法在临床或工程应用中的可行性。

这种拆分方式能够让评审专家清楚地看到研究的逻辑链条，并理解各阶段目标如何支撑最终的研究成果。

用户提问如下。

如果评审专家关注研究的可行性，如何在申报书中增强实验设计的合理性？

DeepSeek 回答如下。

可行性通常涉及数据来源、实验方法、技术可行性、伦理审查等方面。可以在申报书中做以下优化。

说明数据来源：如果已有公开数据集可用，建议提供数据集名称、数据规模、数据特点等信息，并说明如何使用这些数据训练和测试新方法。如果计划采集新的数据，建议详细描述数据采集方案，包括样本数量、实验条件、数据标注方式等。

描述实验方法：列出具体的实验步骤，例如数据预处理方法、模型训练流程、参数优化策略等，并提供初步实验方案，使评审专家确信研究设计是可行的。

解决伦理审批问题：如果涉及人体实验，需说明如何获得伦理审批，并确保研究符合相关法规和伦理规范。例如，如果计划采集受试者数据，可以在申报书中说明实验将经过伦理审查委员会批准，并采取数据匿名化保护措施。

在使用 DeepSeek 进行选题预评估时，可以先输入研究方向，让 DeepSeek 自动生成模拟评审专家的关键问题，并提供针对性优化建议。在优化创新性时，可以让 DeepSeek 分析现有方法的局限性，并帮助构建研究方案，使其在学术上更具竞争力。在可行性论证方面，可以输入实验设计方案，让 DeepSeek 分析可能存在的漏洞，并提供补充建议。此外，还可以让 DeepSeek 优化研究目标的表述，使其更聚焦，符合基金申报书的写作规范。

有效的交互方式包括：先输入研究背景，让 DeepSeek 模拟评审专家的提问；随后输入研究方案，让 DeepSeek 提供优化建议；最后让 DeepSeek 优化申报书的内容，使其更加符合评审标准。通过这种交互方式，研究者可以提前发现潜在的评审质疑点，并优化研究设计，从而提高基金申报成功率。

通过模拟评审式选题预评估，DeepSeek 不仅能够复现标准化的评议语言逻辑，还可动态识别申报方向与表述策略中的潜在问题，使研究者在命题初期就完成一次系统化的自检，从而提高整体课题设计质量。

3.3.3 主题热度与政策倾向

科研选题既需回应学术前沿问题，也应契合政策导向与国家战略需求。主题热度反映的是某一领域的研究活跃程度与资源聚焦趋势，而政策倾向则体现资助机构在特定阶段对方向性的引导与偏好。在实际课题设计中，若忽视热点趋势与政策匹配，易导致选题边缘化，降低项目通过率。因此，识别高频研究主题并结合政策意图进行内容微调，是提升申报竞争力的重要策略。

以"碳中和背景下的能源材料研究"为例，若仅描述材料结构优化与性能提升，而未能与国家"双碳"战略或新型储能政策相结合，则难以体现申报价值。通过 DeepSeek 输入"请将以下研究主题调整为更贴近国家能源政策导向的申报语言"，可得到输出"围绕碳达峰、碳中和战略目标，拟构建面向高效能量转化的储能材料调控机制，服务于多场景低碳能源系统建设。"此类表达强化了与政策关键词的逻辑联动，提高了立项匹配度。

科研选题的确定不仅需要基于学术领域的研究现状，还需关注当前的主题热度和政策倾向。一个选题如果处于学术热点区域，就意味着其相关研究具有较高的学术价值和影响力，容易被同行关注并接受。此外，政策导向对于科研资金的分配具有重要影响，符合国家科技发展战略、产业政策和社会需求的选题通常更容易获得资助。DeepSeek 可以在这一过程中提供辅助，包括自动检索当前领域的高被引论文、分析研究趋势、归纳政策导向，并结合科研基金指南优化选题，从而使其更符合当前学术和政策环境的需求。

用户提问如下。

> 目前计划申报一个关于可再生能源优化调度的研究课题，但不确定这个方向的主题热度是否足够高，也不确定是否符合当前的政策倾向，希望能提供分析，帮助确定选题的前沿性和政策契合度。

DeepSeek 回答如下。

> 研究主题的热度可以通过多个指标进行评估，包括近期发表的高被引论文数量、重要会议和期刊对该主题的关注度、行业应用需求等。政策倾向则主要参考国家科研基金指南、政府发布的科技发展规划、产业政策等。
>
> 根据当前能源领域的研究趋势，可再生能源优化调度仍然是一个热门方向，尤其是在智能电网、多能源互补、分布式能源管理等方面。过去五年，该方向的高被引论文数量持续增长，特别是在人工智能优化算法、能源市场动态调控、储能系统优化等方面，相关研究论文的增长率超过 20%。此外，近期多个国际学术会议（如 IEEE Power & Energy Society General Meeting、Energy Conversion and Management 等）均设置了可再生能源优化相关专题，表明该方向的研究仍然具有较高的学术热度。
>
> 从政策角度来看，可再生能源优化调度契合多个国家的能源发展战略。

例如，欧洲的"绿色协议"、中国的"双碳目标"，以及美国的可再生能源投资计划均强调提高可再生能源的利用率、优化电力调度，以减少碳排放。近期中国国家自然科学基金的能源相关指南中，也重点提到基于人工智能的能源调度优化、智能微电网、分布式能源管理等方向。结合这些因素，该选题具有较高的政策契合度，但如果想提高竞争力，可以结合近期政策热点，比如考虑如何结合"新型电力系统"或"储能技术"来优化研究方案。

用户提问如下。

如果要进一步细化研究方向，使其更符合当前热点，是否可以基于近期的高被引论文和政策文件，提供更具体的建议？

DeepSeek 回答如下。

可以从近期的研究热点中筛选出更具竞争力的方向。根据过去两年的高被引论文分析，以下几个方向在可再生能源优化调度领域具有较高的学术关注度。

深度强化学习在能源优化调度中的应用：近年来，多智能体强化学习在电网优化、负荷预测、储能管理等方面取得了一定进展，并成为高影响力论文的关注点。例如，近期发表的一篇论文提出了一种基于多智能体强化学习的微电网调度方法，在 IEEE Transactions on Smart Grid 上获得了较高的引用率。

结合储能技术的能源调度优化：由于储能系统的成本逐步降低，如何将储能系统更高效地整合到电力系统中，成了近期的研究热点。研究表明，基于机器学习的储能优化策略可以显著提高新能源的消纳能力。

碳交易与能源市场优化：随着全球碳交易市场的逐步完善，如何在能源调度过程中考虑碳交易成本、碳排放约束等因素成了新的研究方向。近期一些研究提出了基于博弈论和优化算法的碳交易能源调度模型。

从政策角度来看，建议参考近期发布的国家科技发展规划，重点关注以下几个方向。

新型电力系统建设：2023 年发布的国家"十四五"能源发展规划中提到，未来电网需要适应更高比例的可再生能源接入，这意味着研究方向可以围绕"高比例可再生能源接入的电力调度优化"展开。

储能技术的智能化应用：2024 年的储能产业发展政策鼓励通过智能调度、人工智能优化等手段提高储能系统的经济性和调度效率。可以考虑研究"基于智能优化的储能调度策略"。

碳中和与能源调度：碳中和目标要求能源系统减少碳排放，可以研究"低碳导向的智能电力调度优化"。

综合来看，如果希望提高研究的竞争力，可以考虑在申报书中突出智能优化方法的应用，结合储能调度或碳交易模型，使研究方向更贴合当前的学术和政策热点。

用户提问如下。

如果要撰写基金申报书的研究背景部分，如何表述选题的学术价值和政策契合度？

DeepSeek 回答如下。

基金申报书的研究背景部分需要从学术需求和政策需求两个角度进行论证，使选题具有充分的理论和现实依据，可以采用以下结构。

研究背景和问题描述：近年来，全球能源结构加速向低碳化、智能化方向转型，可再生能源的大规模接入为电网运行带来了新的挑战。风能、太阳能等能源具有间歇性和随机性，导致电网负荷波动加剧，传统的优化调度方法难以适应复杂多变的能源环境。因此，探索智能优化调度方法，提高可再生能源的利用率，成为当前学术研究的重要方向。

在利用 DeepSeek 分析选题热度和政策契合度时，可以先输入研究方向，让 DeepSeek 自动检索近期的研究热点，筛选高被引论文的核心内容，分析学术界对该方向的关注程度。然后，可以让 DeepSeek 基于政策文件和基金指南，归纳该方向的政策支持力度，并提供针对性的选题优化建议。在撰写基金申报书时，可以利用 DeepSeek 优化研究背景部分，使其更加符合当前的学术和政策趋势。有效的交互方式包括：先输入研究领域，让 DeepSeek 分析当前热点；再输入具体研究方案，让 DeepSeek 提供学术价值和政策契合度的优化建议；最后让 DeepSeek 优化基金申报书的研究背景，使其更加符合评审专家的关注点。通过这种交互方式，就可以增强基金申报书的竞争力，提高选题的成功率。

研究现状和热点分析：现有研究在机器学习的能源调度、储能优化、碳交易优化等方面取得了显著进展，但仍然存在一些关键问题。例如，传统优化方法难以应对新能源接入带来的高动态性和不确定性，而人工智能方法虽然在实验环境中表现良好，但在实际系统中的适用性仍有待提高。此外，储能系统的经济性优化、碳交易机制对电力调度的影响等问题仍需深入研究。因此，结合智能优化方法提高能源系统的鲁棒性和经济性，是当前该领域的研究热点之一。

政策契合度分析：根据中国"双碳"目标要求，国家大力支持新能源和智能电网技术的发展。国家能源局发布的"十四五"规划中明确提出，要加快构建新型电力系统，提高新能源消纳能力。2024年出台的储能发展政策则进一步鼓励智能调度技术的发展。本研究的目标正是围绕智能优化方法，提升新能源调度的效率和稳定性，与当前国家政策高度契合。

DeepSeek还可根据输入的关键词，检索并生成基于近年科技政策的研究热点列表。例如输入"碳材料、电催化、储能"，并提示"请结合当前政策导向生成三个符合基金选题趋势的研究方向"，模型可输出"一，面向绿氢制备的高稳定性碳基电催化剂设计；二，适配分布式储能系统的碳纳米结构材料构建；三，基于碳基功能材料的双碳场景下能量转化路径建模与优化。"生成内容语言规范、结构完整，具备较强的政策贴合性与申报适配性。

借助DeepSeek识别研究热度并嵌入政策语言，既能提升课题选题的时代紧迫感，也可以增强项目在评审过程中的战略响应度，推动选题从技术问题向国家任务的有效对接。

3.3.4 可拓展性与后续项目设计评估

课题的可拓展性是衡量项目长期研究价值与后续发展潜力的重要维度，直接影响申报人在未来申报后续项目、构建研究体系及推动成果转化中的持续竞争力。若能在申报材料中清晰呈现课题的理论延展、技术演进或应用场景拓展等方面的发展空间，往往更易获得评审认可。常见问题包括研究内容边界封闭、成果应用路径模糊或后续发展逻辑缺失，导致项目被误判为"一次性"研究方案。

以"高性能传感薄膜材料的结构设计与制备"为研究主题，若申报书仅围绕某一特定材料体系展开，缺乏从材料到器件，再到系统集成的拓展路径，易使评审专家认为该课题的深度与广度有限。通过DeepSeek输入"请根据该项目的研究内容，撰写一个可用于申报材料中的'研究拓展前景'段落"，模型可生成内容"本课题拟建立的高性能薄膜材料构效关系可进一步拓展至柔性器件界面调控与多场信号响应材料的协同构建，为后续智能传感系统的构型优化与结构一体化设计奠定技术基础。"这一表达不仅指向后续研究领域，还形成从基础研究到应用集成的自然过渡。

研究者还可输入多项子课题结构，提示"请判断该研究体系是否具备未来申报面上项目或重大专项的基础"。DeepSeek基于语义逻辑与结构分析，输出如"当前任务模块已具备从机制建模到功能验证的完整路径，若配套技术平台与数据资源进一步整合，可形成国家重点项目申报的基础框架。"通过这种方式，不仅能验证当前课题设计的系统性,也为长线科研布局提供了参考路径。

DeepSeek 在可拓展性表达与后续项目结构分析中的应用,有助于构建清晰、可持续的研究发展逻辑,使课题从单一项目迈向研究方向建设,为未来科研成果的持续输出与项目资源的系统配置提供基础支撑。

3.4 拟题技巧与命题策略

课题名称作为项目申报书中最先呈现的语言信息,承载着高度浓缩的研究意图、技术路径与理论焦点。题目的专业性、清晰度与逻辑结构,不仅直接影响评审专家的第一印象,也是判断项目选题成熟度、研究范围精准性与执行可行性的重要依据。高水平的课题命题应体现"问题导向—路径明晰—领域定位"的语言特征,避免出现表达空泛、结构冗长、术语失当等常见问题。

命题不仅是语言修辞层面的任务,更是一种学术判断与科研战略的前置表达。在当前文本智能生成技术不断发展的背景下,借助 DeepSeek 等大模型工具,可以通过关键词重组、语义压缩、术语优化与句式重构等方式,对课题名称进行多轮设计与逻辑微调,提升标题在专业传达与评审接受中的表现力。

本节将围绕课题拟题的基本策略、命名结构类型与模型辅助方法展开,系统讲解如何构建精准、规范、识别度高的课题名称,为项目整体写作奠定基础。

3.4.1 标题结构优化与信息浓缩

课题标题作为申报文本的首要信息承载体,具有研究问题聚焦、技术路径展示与学科定位传达的多重功能。高质量标题需具备术语规范、结构紧凑、逻辑清晰与可识别性强等特点。在实际撰写中,常见标题过长、关键词冗余、研究范围模糊、句式结构不清等问题,容易削弱评审专家对项目的第一印象与学术聚焦判断。

优化标题结构的核心在于把握"对象—行为—目标"或"变量—机制—应用"的逻辑顺序。以"基于机器学习的复合材料力学性能预测研究"为例,该标题具备明确的研究手段与研究对象,但若换为"多源数据驱动下复合材料多尺度性能建模与预测机制研究",则在信息浓缩的同时增加了研究层次与技术路径,提升了选题深度的传达效果。

借助 DeepSeek 可实现对初稿标题的结构分析与语义压缩。输入提示词"请对以下课题标题进行结构优化,突出技术路径与研究目标,控制在 25 字以内",模型可从术语提炼、顺序调整与句式重构三方面优化表达。例如,对原始标题"基于多尺度模拟的结构材料疲劳寿命预测方法研究"进行优化,生成标题"多尺度建模驱动的材料疲劳寿命预测机制"。优化后的标题在保留原意的基础上显著增强了语义清晰度与学术表达密度。

DeepSeek 还可对冗长标题进行多版本生成。通过提示"请生成三个不同句式结构的课题标题，体现相同研究主题"，可获得"行为型""结构型"与"目的型"三种命题方式供对比选择，有助于在多轮标题打磨的过程中提升表达的准确性与可识别度。

通过结构优化与信息浓缩控制，标题能够从语言形式上预设项目逻辑，建立评审者对研究内容的基本认知框架。模型工具在此过程中不仅提供语言修饰功能，更嵌入了科研表达结构化的知识判断，显著提升课题名称的专业表现力。

3.4.2　DeepSeek 生成标题的 Prompt 模板

利用 DeepSeek 生成科研项目标题的关键在于设计具备逻辑约束与语义明确性的 Prompt 模板，使模型在输出过程中能够准确识别研究主题、技术路径与目标对象等要素。有效的 Prompt 不仅应包含学科关键词，还需明确输出风格、长度限制与表达结构，避免生成语言结构冗长、术语混杂或逻辑不清的命题。

例如，若研究方向为"城市交通拥堵预测中的深度学习模型构建"，可设计 Prompt 为"请基于以下研究方向，生成三个课题申报书风格的标题，要求包含研究对象、方法路径与核心目标，每个标题不超过 25 字。"DeepSeek 会输出以下内容。

（1）面向城市交通拥堵预测的深度建模方法研究
（2）基于时空特征的交通流自适应预测机制构建
（3）城市复杂路网条件下的智能预测模型设计与验证

这些标题不仅覆盖研究要素，还具备明确的问题导向与学术表达规范。若研究者希望使语言风格更偏向"工程应用型"，可进一步在 Prompt 中添加"突出工程化场景与实际应用，风格偏向应用导向"，DeepSeek 会相应调整术语选择与结构重心，输出如"复杂交通场景下的预测模型部署与性能优化研究"。

当研究任务较为复杂，可提示模型生成"多分支结构"的标题，如"请生成包含'方法+机制+目标'三层结构的科研标题"，输出可能为"基于图卷积网络的拥堵传播机制分析与预测策略研究"。模型会根据提示完成信息层级组合，使标题具备学术深度与逻辑清晰度。

通过优化 Prompt 模板结构与表达目标，DeepSeek 可实现高质量科研课题标题的快速生成与风格匹配，提升选题表述的表达效率与专业完整性。

3.4.3 不同学科项目的命名规律解析

不同学科的科研项目在命题方式上存在显著差异，这些差异反映了各领域在研究范式、表达重心和技术路径上的固有特征。理工类项目强调技术方法与功能目标的清晰呈现，常采用"基于××的××模型/系统/方法研究"结构，突出算法路径、材料机制或工程实现。例如"基于图神经网络的多场耦合结构性能预测"就体现了典型的理工类命名逻辑：方法、对象与目标紧密对应。

人文社科类课题则更重视理论视角、社会问题与价值导向的表达，常采用"××视阈下的××现象研究"或"××机制的演化逻辑与现实影响"类结构，强调问题背景、话语视角与研究维度。例如"数字乡村建设中青年群体的认同转化路径研究"就是通过"社会现象+群体对象+行为过程"的组合方式表达研究聚焦。

生命科学与医学领域则多采用类似"××因子调控××通路在××中的作用机制研究"的命名，注重生物机制、作用路径与病理模型三者之间的耦合结构。工程管理、计算机、材料等交叉类课题则更趋向功能导向型命名，如"面向复杂场景的实时路径规划算法优化与系统实现"。

通过对不同学科命名模式的语义抽取与结构归类，DeepSeek 可辅助生成与对应学科风格契合的命题建议。输入"请按理工类风格生成与以下内容匹配的课题名称"，模型会自动聚焦于方法路径与应用目标；若提示"请转换为社科风格命名"，则会调整结构为"问题驱动+理论视角"，输出如"数字平台治理视阈下的基层协同机制演化研究"。借助与学科风格适配的语言模型建构能力，课题命名不仅表达准确，还能贴近评审认知模式。

最后，通过表格总结本章的全部内容。在科研课题申报准备阶段，前期成果的统计整理与课题方向的确定构成了项目设计的逻辑基础与实施保障。高质量的成果展示不仅体现在数量与等级，更在于其与申报课题之间的逻辑衔接与支撑关系是否清晰。而课题选定则要求从已有研究中凝练问题空档，结合热点趋势与政策导向提出具备创新性与执行可行性的研究主题。

表 3-1 从成果展示结构、问题空档识别、选题逻辑构建及拟题风格不统一等维度，归纳总结了本阶段的问题、错误与优化策略，便于申报人有针对性地优化前期工作流程。

表 3-1 前期成果统计与课题选定的对照结构及优化策略

写作/分析维度	常见问题表现或错误做法	优化策略与 DeepSeek 辅助功能
成果展示结构	列表堆砌，未体现成果对课题的支撑作用	使用 Prompt 将成果嵌入可行性分析段落，突出理论或技术承接关系

（续）

写作/分析维度	常见问题表现或错误做法	优化策略与 DeepSeek 辅助功能
论文成果表达	仅罗列题目，无研究内容提要或贡献说明	提示生成"研究内容—核心结论—与课题关系"的段落结构
专利与著作处理方式	强调授权数量，缺乏技术细节或实际转化路径	提取关键技术点，提示"生成与技术路径相关的专利支撑内容"
团队背景撰写	描述分散、职能不清、未对应研究任务分工	用 DeepSeek 生成结构化"人员—专长—任务对应"段落
选题逻辑构建	成果与问题之间逻辑跳跃，未形成清晰衍生路径	输入成果内容，生成"衍生研究问题"段落，搭建问题导向结构
问题空档识别	依赖主观判断，容易遗漏领域研究已覆盖内容	使用文献段落输入，提示"识别未被解决的研究维度与变量"
政策热点匹配	与当前国家/行业重点方向脱节	输入关键词+政策文件，生成趋势契合型选题建议
拟题风格不统一	结构混乱、用词冗余、研究对象与方法表达失衡	通过 Prompt 控制标题结构长度、术语规范与研究路径清晰度
选题可拓展性论证	缺乏后续发展逻辑或平台集成思路	提示生成"基于当前研究的后续拓展方向"段落，展现研究体系潜力

该表为前期成果与选题设计阶段的常见问题与智能写作解决策略提供了系统性参考。借助 DeepSeek 在文本结构生成、语言风格控制与逻辑建构方面的能力，可有效提升项目起始阶段的表达质量与研究定位准确性，为后续申报撰写打下坚实基础。

04 第4章 项目可行性论证分析

可行性论证是课题申报材料中的核心支撑模块，直接关系项目实施的可信度、研究路径的科学性与资源配置的合理性。在科研资助日益注重实际产出与执行闭环的背景下，单纯依赖研究目标的表述已无法构成有效的申报逻辑说服力，必须通过系统性的可行性论证，构建从研究能力、技术条件、数据支撑到团队协作的多维度保障体系。高质量的可行性分析应建立在充分掌握已有研究基础、实施条件与研究路径复杂度的基础上，强调逻辑闭合、环节衔接与过程控制。在撰写中，常见问题包括论证内容空泛、任务—资源脱节、方法路径支撑不足，严重影响项目立项的可信性与执行评估。

本章将围绕可行性论证的结构逻辑、关键要素与表达策略进行系统阐述，结合 DeepSeek 在任务识别、技术路径建构与语言生成等方面的应用能力，探索模型在提升科研项目可行性表达质量中的实用价值。

4.1 可行性论证的核心逻辑与基本结构

可行性论证作为课题申报材料中最综合性的部分，需在有限篇幅内系统展现项目在技术路线、学术支撑、资源保障与实施路径上的全方位可操作性。高质量的可行性论证不仅能体现申报团队对研究问题的充分理解，还能体现其对解决方案的成熟把握和对任务执行过程的系统掌控。有效的论证结构需具备清晰的逻辑主线，从技术层面界定研究路径的可执行性，从学术层面说明研究内容与理论体系之间的耦合机制，并进一步明确资源配置是否合理、团队能力是否匹配、管理机制是否健全。

申报材料中常存在论证内容散乱、要素缺失或支撑不充分等问题，易导致评审专家对项目实施的可控性与成果产出的可靠性产生疑问。本节将围绕可行性论证的基本结构与写作逻辑进行深入分析，结合任务分解、方法支撑与组织实施三类要素，构建逻辑闭环式论证框架，为后续项目结构化表达提供逻辑与写作支持。

4.1.1 技术可行性：核心技术路径论证方式

技术可行性论证是项目可行性分析中最具实证性的环节，其核心在于对所选研究方法、关键技术路线及其执行逻辑进行充分阐释，并论证这些方法在当前研究条件下是否具备操作性与预期达成能力。撰写过程中，技术路径如若表述模糊、结构缺失或与研究目标脱节，往往会使评审专家对项目执行的可靠性产生疑虑。有效的技术可行性应构建"研究任务—技术手段—实施路径"之间的清晰映射关系，形成层次递进、逻辑闭环的论证结构。

在"基于多源传感的复杂结构状态识别"类项目中，若申报人仅简单陈述"将采用数据驱动方法实现状态判别"，则过于空泛。使用 DeepSeek 输入"请根据任务目标构建'数据采集—特征提取—状态识别'的技术路径段落，语言规范、逻辑清晰"，模型可输出段落"项目拟构建基于多源传感数据的结构状态识别技术体系。首先依托现有布设平台完成振动、电磁与应力等多类信号的同步采集，其次基于时频分析与特征选择算法提取关键响应指标，最终通过图神经网络实现结构状态的高维映射与分类判别。各子模块已在前期项目中完成初步验证，具备良好实施基础。"

该段通过模块化表达构建了清晰的技术路径，并指出与前期基础的衔接，增强了可行性的逻辑支撑。DeepSeek 还可根据多阶段任务提示自动生成阶段路径描述，如输入"任务一为数据预处理，任务二为建模，任务三为预测验证"，可输出结构统一、语言规范的技术路径论证段落，避免表达跳跃与结构松散问题。

技术可行性的核心，不仅在于方法本身的合理性，更在于研究过程的系统性、可控性与可验证性。借助 DeepSeek 构建技术路径段落，可在内容精度与结构完整之间取得平衡，显著提升申报材料的专业表达质量与评审信任度。

4.1.2 学术可行性：研究目标与内容的合理性

学术可行性主要用于论证研究目标设定是否具有明确的学术支点、研究内容是否在合理范围内可实现，以及研究逻辑是否体现了科学问题的内在演进关系。评审专家在审核该部分时，往往关注研究设问是否具有理论深度、内容安排是否具备系统性，以及研究目标与研究方法之间是否形成有效匹配。若研究内容表述零散、任务设置与问题无关或存在理论与方法错位的情况，容易被判定为学术架构不清或研究逻辑薄弱。

以"面向不确定载荷环境下的结构性能演化建模"为课题，若目标表述仅为"提升建模精度"，而未明确学术起点与方法归属，则论证显得空泛。使用 DeepSeek 输入"请根据该研究主题，撰写体现学术可行性的段落，涵盖目标的理论基础与内容的结构安排",模型可生成如下文本。

> 本课题以不确定载荷作用下结构性能演化为核心科学问题,拟在已有材料响应建模的基础上,引入多源扰动条件下的响应特征分析框架,构建描述微观损伤演化与宏观力学行为耦合的理论体系。研究内容包括三部分:一是构建多因素影响下的响应指标体系;二是发展非线性演化建模方法;三是开展理论模型的对比验证与适应性扩展。各研究任务紧密围绕核心目标设定,具备明确的科学演进逻辑。

该段通过目标阐释与任务分项,清晰展现了研究从理论起点到内容展开的学术闭环。DeepSeek 还可通过提示"对研究目标进行可达性分析""从理论体系结构角度重写研究内容",输出具备逻辑耦合的段落表达,提升任务描述的学术严谨性。

高质量的学术可行性论证不应仅限于陈述研究内容的存在性,而应突出其科学性、系统性与逻辑一致性。借助 DeepSeek 进行结构设计与语言控制,有助于在申报材料中形成兼具理论厚度与结构完整性的学术论证体系。

4.1.3 条件可行性:研究资源与团队能力支撑

条件可行性聚焦于项目执行所需的物理资源、技术设备、数据平台及团队能力等基础保障要素,强调研究任务能否在现有条件下顺利推进。评审专家通常从实验平台的匹配程度、已有基础数据的覆盖性、研究团队的结构合理性与任务契合度等方面判断项目的实施可能性。若资源描述流于形式、团队职责模糊或无关键技术支撑,容易被认为存在执行风险。

以"多尺度结构响应建模与仿真"为例,若申报人仅说明"具备一定计算与测试能力",将难以支撑复杂模型验证需求。输入"请撰写与该课题相匹配的研究资源与团队能力支撑段落,语言正式",DeepSeek 生成如下内容。

> 项目依托本单位先进制造研究中心,配备高性能数值仿真服务器、数字图像相关系统与多通道加载装置,可支撑多尺度响应实验与数据采集工作。申报人具备多年复合结构建模研究经验,已主持相关国家级课题 2 项。团队成员覆盖理论建模、数据分析与平台开发等核心环节,并与某重点实验室建立稳定合作机制,形成了明确分工与高效协同的任务推进体系。

该段从平台、设备、人员与协作机制多维度展开,突出了资源与任务之间的高度匹配。DeepSeek 还可通过"成员—任务—成果"三元输入方式自动构建任务分工逻辑,并基于现有资源清单输出"资源—任务映射"型段落,强化条件可行性论证的逻辑闭合。

合理构建条件可行性不仅是对团队能力的展示，更是申报人科研组织与执行管理能力的体现。利用 DeepSeek 实现要素结构化表达与语言风格统一，有助于提升材料在评审过程中的专业信任度与可执行性认知。

4.1.4 管理可行性：任务安排与计划落实能力

管理可行性强调项目实施过程中的组织能力、任务安排逻辑与计划执行的可控性，是评审专家判断项目能否如期完成的重要依据。高质量的管理安排不仅需要体现各阶段任务的科学分解，还应体现时间节奏、人员分工与成果节点的协调机制。常见问题包括任务计划笼统、阶段目标模糊、人员职责不明，这些容易导致评审专家对执行可控性产生怀疑。

以"基于多源感知的设备状态识别算法研究"为例，若仅陈述"项目周期为三年，按年度推进"，则无法体现项目推进的具体路径。输入"请撰写与该课题匹配的任务安排与阶段计划段落，突出人员分工与时间逻辑"，DeepSeek 可生成如下表达。

> 项目研究周期为 36 个月，划分为算法设计、模型构建与系统集成三个阶段。前 12 个月完成多源数据特征提取方法与初步模型开发，由数据处理组负责；中期开展模型训练与性能评估，交由算法小组主导；后期进行系统集成与现场验证，由应用组与平台开发组联合完成。项目设有月度内部评估机制与季度成果审核节点，确保研究任务按计划推进并实现阶段性目标。

该段通过明确阶段目标、任务划分与责任主体，展示了项目运行的可组织性与结果导向。DeepSeek 还可通过输入"任务结构+时间段+成员列表"，生成完整的管理计划表述段落，语义紧凑、风格一致，具备良好的可提交性与结构展示效果。

有效的管理可行性论证应突出计划设计与执行保障的结合，通过时间控制、职责明确与进度节点的协同，增强项目整体实施路径的清晰度。利用 DeepSeek 进行任务计划段的表达优化，有助于提升申报材料的结构严整性与过程控制力，增强评审认可度。

4.2 DeepSeek 辅助撰写可行性报告的策略

可行性报告在科研项目申报材料中承担着多维度验证项目可执行性的任务，需系统整合技术路径、研究内容、团队条件与资源保障等要素，构建逻辑自洽、证据充分、表达规范的论证体系。该类报告不仅是项目结构的深度展开，更是研究组织能力、实施策略与阶段管理计划的集中体现。可行性报告的撰写在内容精度、语言规范与逻辑层级方面要求极高，传统人工撰写常面临结构重复、要素遗漏、术语不统一等问题。

随着大语言模型在科研写作中的广泛应用，DeepSeek 可通过语义识别、结构抽取与逻辑重构能力，在可行性报告撰写中发挥核心辅助作用。无论是核心技术要素的自动提取，还是阶段任务结构的条理生成，抑或是报告语言风格的学术标准化输出，模型都能为撰写提供高效、可控的技术支撑。

本节将围绕 DeepSeek 在可行性论证模块的写作策略展开，系统解析其在逻辑生成、内容重组、风格控制与输出迭代方面的实用方法，为构建高质量、规范化、具备评审优势的可行性报告提供操作路径与技术范式。

4.2.1 自动识别项目关键技术要素

科研项目申报中的可行性论证通常依赖对关键技术要素的精准识别与系统表达。关键技术是指决定研究任务是否具备实现路径的核心支撑环节，通常包括模型构建方法、实验平台技术、数据处理机制或算法创新点。在实际写作中，若未明确提出关键技术结构、功能定位与实现边界，容易导致技术路径泛化、研究逻辑断裂或支撑力度不足。

以"复杂工况下结构状态识别算法研究"为例，若段落仅表述"项目将开发识别模型并进行测试"，则技术内容显得单薄。通过 DeepSeek 输入"请基于该项目识别其关键技术要素，并输出为项目可行性报告风格段落"，模型可生成如下内容。

> 本项目涉及的关键技术如下。
> （1）面向多源工况数据的高鲁棒性特征提取方法，旨在解决工况扰动下特征失效的问题。
> （2）融合图结构建模的状态识别算法框架，提升模型在复杂拓扑条件下的泛化能力。
> （3）基于真实工况的模型验证系统，支撑算法性能的多指标评估。"该段通过三项技术路径构成清晰结构，突出问题定位、功能目标与支撑价值。

DeepSeek 还可通过语义解析，对研究任务书中的自然语言描述进行自动结构化抽取，将关键技术按功能模块归类，如"识别算法—数据处理—验证平台"，并生成逻辑清晰的文本用于申报正文。提示语如"请提取以下任务中的三项关键技术，并补充对应实现目标"，可进一步加强输出内容的工程化风格。

借助 DeepSeek 进行技术要素识别，不仅能提升文本的表达效率与技术逻辑完整度，还可以避免遗漏核心构成，增强项目方案的实施可信度与评审接受度。该过程有效实现了从自然语言陈述到标准化技术模块表达的转化，是提升科研文本结构质量的重要环节。

4.2.2　根据研究目标生成匹配性论证段落

在项目申报中，研究目标的提出需要通过相应的技术路径与内容安排加以匹配与支撑，而匹配性论证段落的撰写正是实现这一衔接的关键环节。匹配性论证强调目标与研究任务之间的结构一致性、技术可达性和资源依托合理性，通常表现为将每一项研究目标映射到具体任务安排和方法执行路径中，形成结构严密、表达清晰的逻辑链条。

以"构建适用于复杂工况条件下的智能损伤识别算法体系"为研究目标，若申报书仅列出"进行算法开发与测试验证"作为研究内容，则缺乏对目标实现过程的过程拆解。通过 DeepSeek 输入"请根据该研究目标撰写一段可行性论证，体现研究内容与目标之间的逻辑匹配"，可生成如下表达。

> 项目提出的核心目标为实现复杂工况下结构损伤的精准识别。为此，研究内容设置包括：开展多源数据特征提取与抗干扰机制研究，以支撑数据驱动路径的构建；开发结合图结构建模的损伤识别算法，确保在拓扑变化条件下保持预测稳定性；构建可重复验证平台，实现识别算法在真实工况下的实验评估。研究内容均围绕核心目标设定，技术路径清晰、逻辑闭环，具备良好实施基础。

该段通过结构映射方式，将目标拆解为三个具象路径，并强调每项内容的逻辑起点与功能落点，增强了目标的可达性论证。若研究者提供了目标分项，DeepSeek 可根据提示"请为以下三个研究目标生成一段逻辑一致的技术实现路径论证"，自动生成带有结构对应关系的内容，使整篇申报书形成"目标—路径—成果"的逻辑对称。

匹配性论证段落不仅提升了申报文本的逻辑强度，也为后续任务结构、资源配置与成果形式的表述提供了标准表达模板。借助 DeepSeek 生成此类内容，可显著降低结构构建难度，提升项目申报中目标体系的严密性与实施路径的清晰度。

4.2.3　构建团队能力支撑逻辑链

构建团队能力支撑逻辑链是科研项目可行性论证的重要组成部分，其核心在于通过清晰的"任务—人员—能力"映射，展示项目团队在学术背景、技术专长、协同经验和资源支撑等方面对研究任务的完整覆盖。评审专家通常关注团队构成是否合理、关键岗位是否具备任务执行能力，以及内部协作机制是否高效。若团队介绍仅为成员列表或描述笼统，缺乏与任务体系的匹配关系，极易被评审专家视为项目实施风险点。

以"基于遥感数据的生态变化预测模型构建"为项目背景，若团队仅描述"项目组由4名成员组成，涵盖数据分析与生态建模方向"，则信息量不足，难以体现技术覆盖范围。通过DeepSeek输入"请构建该项目团队能力与任务之间的支撑逻辑链，语言正式"，模型可生成如下段落。

> 本项目团队由遥感图像处理、生态建模与机器学习三个方向的研究人员构成，具备结构互补与经验协同优势。项目负责人在生态系统变化模拟与空间数据融合方面拥有十年以上研究经验，曾主持国家重点研发项目并取得多项研究成果。遥感数据处理负责人熟悉多源影像预处理、特征提取与时序变化分析，已构建成熟的数据处理流程。算法专家专注于深度学习在地理数据建模中的应用，承担模型结构设计与训练任务。团队成员职责分工明确，并通过共建实验平台实现数据共享与协同优化，确保任务实施的高效推进。

该段通过"专业领域—关键任务—能力匹配"三层结构，实现对团队能力的全景化表达。研究者还可提供成员信息、研究方向与任务模块，使用DeepSeek提示"请将以下成员按研究任务映射输出段落"，让模型自动输出职能清晰、语义紧凑的能力支撑链结构。

高质量的团队支撑逻辑不仅是能力的展示，更可以体现科研组织与项目管理的成熟度。利用DeepSeek构建此类段落，可实现内容一致性、逻辑完整性与语言规范性的统一，增强申报材料在项目实施维度的可信度。

4.2.4 提示优化：结构性可行性报告输出模板

在撰写科研项目的可行性报告时，结构性模板的应用有助于统一逻辑表达、增强段落完整性，并显著提升申报材料的专业性与可读性。结构性报告通常包括研究目标与关键问题概括、技术路径与方法论描述、资源条件与实施基础说明、研究团队支撑与任务分工，以及项目执行保障与计划安排五个基本要素。若表达层级不清、内容堆叠无序、结构松散，则极易在评审中被判定为执行逻辑不明或组织能力薄弱。

使用DeepSeek进行结构化输出时，输入提示"请按照可行性报告的五段式结构输出以下项目信息，每段控制在100字以内，语言正式、逻辑清晰"，模型可自动生成符合申报要求的段落内容。例如，对于"基于多源传感的城市热岛监测平台构建"类项目，模型生成内容如下。

本项目以多源数据驱动的城市热岛分布精细监测为核心目标，解决传统监测空间解析度不足的问题。

研究路径包括多源遥感数据融合算法开发、城市地表参数建模与动态热场可视化系统设计。

平台建设依托本单位遥感处理中心与高性能计算环境，已完成多时相数据预处理模块部署。

项目团队由遥感工程、地理信息与算法建模三类人员构成，职责清晰，协同机制成熟。

项目设有三阶段执行计划，涵盖算法研发、系统集成与实地测试，实施路径明确可控。

该类模板化生成能够确保申报人在有限篇幅内完整覆盖所有关键论证点，同时保持语言风格统一、逻辑主线贯通。研究者还可通过 Prompt 添加"段落之间不重复术语""避免口语化表达""结尾统一归纳性语句"等细化要求，进一步优化输出内容。

结构性模板与生成式写作工具的结合，不仅提高了写作效率，更显著增强了科研文本的规范性与逻辑强度，为高质量项目申报提供稳定、可复制的表达范式。

4.3　数据与先导研究成果的整合方式

在科研项目的可行性论证中，数据支撑与先导研究成果的有效整合，既是研究基础的延伸呈现，也是评审专家判断研究路径可实施性与阶段成果可信度的重要依据。申报材料中的相关数据不仅需要具备科学性与代表性，还应与项目任务紧密关联，体现出参数设定的合理性、模型选择的适配性及实验路径的技术可控性。

先导性研究成果则包括前期试验结果、技术验证原型、初步理论建构及系统开发原型，其功能在于为项目关键路径提供现实依据，降低技术风险。在实际撰写中，常见问题包括数据孤立、成果罗列无结构、研究内容与结果之间缺乏逻辑连接等，导致支撑材料弱化、论证效果不佳。

本节将围绕数据表达策略、先导成果转化方式与文本结构组织方法展开，结合 DeepSeek 在数据整合、结构生成与术语标准化方面的能力，系统探讨如何将离散信息转化为结构清晰、逻辑严密、风格统一的科研论证语言，增强材料的逻辑力量与技术说服力。

4.3.1 前期实验数据的表述策略

前期实验数据是科研课题申报中验证研究路径可行性的重要支撑要素，其表述方式直接影响评审专家对研究方案可实施性与成果预测性的判断。高质量的实验数据表达应聚焦在与申报课题紧密相关的实验设计、核心指标、关键趋势与参数区间，避免出现大量无结构的罗列或结果堆叠。数据不仅要真实可溯源，还应以逻辑化方式嵌入研究路径中，使其成为任务推进的理论前提或方法验证的实践基础。

以"高温服役条件下多尺度材料损伤机制研究"为项目背景，若申报书仅写作"前期在600℃环境下完成材料试验，获得部分性能数据"，则显得模糊且缺乏学术说服力。通过 DeepSeek 输入"请将以下实验信息整理为申报书风格段落，突出实验条件、参数变化趋势与研究意义"，模型可输出内容："前期在600℃、800℃两种温控环境下，完成20组高温拉伸实验，获得的应变响应曲线显示高温条件显著加剧了界面脆性断裂趋势，材料临界应力下降幅度达18%。该结果验证了高温服役环境对多尺度损伤行为的影响机制，支持本课题提出的微观结构演化建模路径。"

该段不仅呈现了实验设置与核心结果，还明确了数据与后续模型构建之间的关系。DeepSeek 还可通过提示"请以'实验条件—测试结果—理论支撑'顺序生成段落"，实现多组数据在段内的结构性嵌入，避免表述散乱或缺乏逻辑过渡的问题。

前期实验数据的表达应服务于项目任务论证与研究假设建构，强化数据的逻辑承载功能。借助 DeepSeek 进行结构控制与语言优化，可提升数据表述的条理性与专业度，使其在申报文本中形成可评估、可追溯的技术论证支撑。

4.3.2 预实验结论对研究目标支撑的写法

预实验结论在科研项目申报中具有验证研究思路、支撑研究目标与降低实施风险的重要作用，其撰写关键在于强调实验结果与研究目标之间的因果关系与逻辑映射。优质表达不仅应指出实验结论本身，还需进一步明确该结论对核心问题解决路径的验证作用，体现研究设想的可操作性与理论方向的合理性。常见写作误区包括仅罗列预实验结果而未嵌入目标逻辑，或对结论概述过于模糊，难以形成有效的任务支撑链条。

以"构建基于微观结构参数的损伤演化预测模型"为目标，若实验验证段仅陈述"初步结果显示微观裂纹扩展具有规律性趋势"，则过于宽泛。通过 DeepSeek 输入"请撰写一段突出预实验对研究目标支持作用的段落，语言正式、结构清晰"，可生成内容"项目组前期通过扫描电镜观测对比了不同加载周期下微观界面裂纹的扩展形态，发现界面粗糙度参数与裂纹进展速率呈稳定关联关系。该结论为本课题拟构建的基于微结构特征的损伤演化预测模型提供了参数提取依据，有效验证了研究目标中的建模可行性与指标选取合理性。"

该段落实现了"结果—机制—目标支撑"的逻辑闭环，不仅呈现实验数据，还强化了其在建模指标选定与路径确认中的功能。若提供多个目标与多项实验基础，DeepSeek 可按"实验对应任务编号"的方式进行结构匹配，生成多段对应关系明确、语言风格统一的支撑性描述。

通过结构化呈现预实验结论与研究目标之间的逻辑转化，可有效提升申报材料的可信度与理论推进张力。借助 DeepSeek 进行语义抽取与支撑逻辑建构，有助于实现从数据描述到研究支撑的写作转化，使实验基础真正成为研究目标设定的内在动力来源。

4.3.3 DeepSeek 如何整合数据并转化为论证

在科研项目申报中，原始数据的整合能力决定了支撑性论证的质量与说服力。数据本身如未经过有效归纳与结构化处理，往往难以直接支撑研究路径、验证技术方法或强化目标设定。DeepSeek 具备跨段抽取、多维归类与学术语言生成能力，可对输入的离散实验数据、先导研究结果与统计描述信息进行语义关联重组，将其转换为具备逻辑层级的可行性论证段落。

以"城市热岛效应智能监测系统构建"为课题，研究者提供了数百组遥感影像数据的温度变化参数与时序分布表格。使用提示"请将以下原始数据转化为申报材料中的可行性论证段落，突出数据趋势与技术路径支持关系"，DeepSeek 可生成表达"基于 2021~2023 年获取的卫星热红外影像数据，项目组提取了夏季高温时段城市中心与周边区域的日均温差指标，结果表明高密度建成区与绿地边界区的热岛效应幅度存在稳定空间差异分布。该趋势验证了本课题所设监测区域划分逻辑与动态热场建模参数选取的科学性，支撑了系统平台模块化设计路径的可行性。"

在上述表达中，模型不仅将数据趋势提炼为定量证据，还准确嵌入研究内容与模型结构之间的连接点，实现从数据到逻辑论证的语言转化。如提供不同类型的数据源，模型还可规范化处理术语、统一表述风格，自动排除冗余指标，纠正量纲混用问题，并整合为符合申报风格的段落输出。

通过 DeepSeek 进行数据向论证的转化操作，可显著提升实验内容在文本中的结构表现力，增强研究基础的实证可信度，使申报材料实现从数据积累到逻辑建构的升级，形成具有评价维度的科研支撑语言。

4.3.4 文本匹配协同输出技术

科研项目申报中涉及大量跨模块内容的逻辑协同，若不同章节在术语、数据表达或结构逻辑上前后不一致，容易导致文本割裂，削弱整体说服力。文本匹配协同输出技术的核心在于确保研究目标、任务路径、技术方法与支撑数据在不同段落中保持术语一致、语义衔接和表达风格统一。通过语义识别与结构控制，DeepSeek 可辅助构建内容一致性强、逻辑流畅的多段式科研文本。

例如在"研究内容"部分提出"构建基于图神经网络的复杂结构状态识别模型"，而在"可行性论证"部分使用"图算法模型"或"识别系统设计"等模糊术语，可能引起评审者对研究路径一致性的疑问。输入提示"请匹配研究内容中的核心术语并对以下可行性段落进行术语统一与结构对齐"，DeepSeek 可自动识别术语变体，并输出统一后的表达，如"本项目所构建的图神经网络识别模型已在典型结构样本中完成多轮性能测试，验证其在噪声干扰下的稳定识别能力。"

此外，模型还能通过"任务—方法—结果"三段联动模式，对不同模块的内容进行协同输出。如输入"请生成与任务二匹配的实验支撑段落，保持术语一致并补足结果说明"，模型会输出风格统一的实验验证语句，并嵌入原有技术路径，避免表述跳跃或结构重叠的问题。

文本匹配协同技术尤其适用于长篇项目申报材料中存在版本迭代或多人撰写的情况。借助 DeepSeek 实现段落间术语对齐、结构一致与语言统一，可有效提升材料整体连贯性与专业水准，增强文本在逻辑结构与阅读体验上的一致性与完整度。

4.4 典型可行性问题与 DeepSeek 的应对机制

在科研课题申报中，可行性论证作为评审过程中最具决策影响力的部分，往往是判断项目是否具备实际执行能力与成果产出潜力的关键依据。然而，受限于表达方式、结构设计与逻辑构建的差异，不少申报材料在可行性模块中暴露出了内容模糊、论证失衡或支撑不足等典型问题。例如，研究路径跨度过大、任务目标与资源条件脱节、实验数据缺乏可信验证、团队分工逻辑不清、成果形式与阶段计划失配等问题，均可能导致可行性判断为"不明确"或"风险较高"。

在可行性表达从"经验归纳"向"结构建构"转变的过程中，如何借助智能工具识别风险点、重组表达逻辑并生成结构清晰、逻辑一致的文本，已成为申报写作中亟需解决的现实问题。本节将从典型问题出发，结合 DeepSeek 在任务压缩、术语对齐、结构改写、评审预警与反馈生成方面的能力，系统阐释模型如何介入可行性写作全流程，提升科研文本的表达力与可信度，帮助项目实现从"技术设想"到"执行可达"的可信论证建构。

4.4.1 常见质疑点识别与文本优化

科研项目申报中的可行性论证常因内容模糊、结构松散或逻辑跳跃而引发评审专家的质疑。典型问题包括研究目标泛化、技术路径缺乏具体实现细节、任务分工不清、成果与路径脱节、资源匹配度不足等。这些质疑点往往集中体现在段落层面的表述模糊与术语不统一，而非内容本身的不合理。因此，通过精准识别文本中的潜在弱项并进行逻辑重构与语言优化，是提升申报可信度的关键环节。

以"面向复杂场景的图结构识别算法研究"为例，段落原始表述为"本项目将通过图结构算法提升识别精度，目前已有一定的理论基础和实验数据。"该表达存在目标不具体、方法无细节、数据价值未说明等问题。输入提示为"请识别该段落的可行性表达弱项，并进行专业化改写，控制在 100 字内"，DeepSeek 可优化输出为"本项目将基于异构图结构构建多尺度节点特征融合机制，已在典型样本数据集上完成算法初步训练，识别精度提升达 12%，验证了核心技术路径的可行性。"

该重写段落不仅增加了技术细节，还明确了成果指标与路径验证关系，显著增强了文本的论证说服力。研究者还可输入整段可行性内容，提示"请标注并优化其中存在的目标泛化、术语不一致或数据支撑不足的问题"。模型可返回段落中存在问题的定位说明与优化建议，支持内容结构逐步修正。

常见质疑点的有效识别与专业重写，是从文本层面提升可行性可信度的重要路径。借助 DeepSeek 进行自动化诊断与优化改写，不仅可以提升写作效率，更能从语言逻辑与学术规范层面系统增强材料质量。

4.4.2 拟人化模拟评审质询逻辑与回应生成

在科研课题申报中，模拟评审专家的质询逻辑并生成响应性答复内容，是提升项目论证严密性与申报材料应对力的重要策略。拟人化的质询模拟不仅有助于发现论证中的潜在风险与表达漏洞，还能推动研究者提前构建更具防御性的逻辑链条。利用 DeepSeek 进行"角色转换式"交互提示，可生成带有评审语言风格的质询语句与针对性回应，使申报材料在内容设计阶段即完成一轮"拟态评审"。

以"构建多源异构数据驱动的城市洪涝风险预警模型"为项目背景，若申报内容中仅提到"数据来源包括遥感、监测站与气象系统",而未具体说明数据精度或时效性,极易引发评审质询:"该项目的数据支撑体系是否具有时效性与空间完整性?是否足以覆盖极端气候事件?"针对这些质询,DeepSeek生成回应段落"本项目将基于2020~2023年高频次遥感影像与15分钟分辨率的自动气象站数据构建多源数据体系,覆盖范围涵盖主要洪涝高发区,并通过空间插值算法修正监测空白区域,实现对极端天气事件的动态捕捉,确保模型构建具备完整性与时效保障。"

该段落通过细化数据结构、明确时间尺度与空间分布策略,回应了专家的质疑并补强了原始论证。研究者可使用提示"请基于以下研究内容,模拟评审质询并生成针对性回应段",让DeepSeek根据逻辑漏洞、术语模糊或支撑缺失自动生成批判性问题并构建回应语言。

拟人化质询与回应生成不仅是一种写作优化手段,更是对科研逻辑成熟度的反向检验机制。通过DeepSeek实现模拟评审的语境转换与逻辑回补,可增强材料在评审体系中的抵抗力,提升项目文本对关键问题的结构应答能力。

4.4.3 研究跨度过大时的收缩建议

科研课题在设计阶段若覆盖范围过广、任务模块过多或试图解决多个领域的复合问题,则极易造成研究目标分散、路径过长、实施资源不足等执行风险,从而在可行性论证中被评审专家质疑"研究跨度过大"。此类问题常表现为任务堆叠、方法泛化、目标重叠或成果边界模糊,导致申报文本逻辑张力不足。

压缩研究跨度并保持研究深度,需要通过重构研究焦点、优化目标链条与精简任务路径的方式,确保项目在既定周期与资源条件下具备可控性与完成度。以"基于多源数据融合的城乡生态系统协同演化机制构建与预测模型研究"为例,该题目本身涵盖了"数据融合—机制分析—预测建模"三条复杂路径,且研究对象横跨城乡区域。

使用提示"请识别该选题存在的研究跨度风险,并提出聚焦性改写建议",DeepSeek输出建议段落"原项目内容覆盖城乡生态系统的多层级建模与机制推演,存在任务耦合过多、变量维度过高的问题。建议将研究范围聚焦于城市生态子系统,围绕遥感数据驱动的动态演化建模开展研究,并取消协同预测模块,使项目内容在三年周期内具备可实现性与技术聚焦度。"

该优化方案通过区域范围压缩与任务链条调整,实现研究重心前移,突出了"建模路径"的可达性与评审可接受性。若提供项目任务清单,DeepSeek还可按"任务—资源—时间"三维指标评估执行压力,并生成"压缩路径建议段",帮助研究者判断任务模块是否过密、方法是否重复或成果产出是否超限。

对研究跨度的合理收缩不意味着削弱项目内容，而是在研究目标不变的前提下，重构更具落地性的实施方案。借助 DeepSeek 进行内容聚焦、逻辑再建与任务调整，可确保项目具备结构收敛性与执行可控性，增强申报材料的专业可信度与方案执行力。

4.4.4 数据不足时的可行性逻辑补全方案

在课题申报过程中，前期数据不足是常见的可行性弱项，尤其在新兴领域、交叉研究或技术路线首次应用的情境下，难以提供完整的实验数据或系统验证成果。面对这一情况，仅以"计划开展相关实验"进行模糊性表述，往往会被评审专家质疑缺乏研究基础与实施保障。而解决此类问题的关键在于通过理论模型、已有文献、算法验证、模拟试验或相关领域的类比研究，构建合理的逻辑支撑链条，间接补全数据空白，实现从"事实佐证"到"理论可达"的论证转化。

以"基于边缘计算的城市交通流实时调度优化"为例，若申报团队尚未建立实际交通数据接入平台，仅有初步方案设计，通过 DeepSeek 输入"请生成一段用于数据不足场景的可行性补充段，强调路径逻辑与验证机制"，模型可输出内容"尽管本项目尚未全面获取实地交通流实时数据，但前期已完成基于开源交通仿真数据集（如 METR-LA）的算法训练与初步测试，验证了所提调度优化模型在突发流量冲击下的响应稳定性。同时，项目拟依托合作单位在建交通监测系统，逐步实现数据接口对接。路径设计具备阶段可实施性，研究机制已在类比场景下完成技术初验，具备良好拓展基础。"

该段落通过数据替代、算法验证与阶段接入计划三个逻辑支点补全数据缺口，构建了合理、可信的实施路径。研究者还可使用提示"在前期数据不足情况下，请生成一段结合模拟验证与平台对接的阶段性可行性描述"，让 DeepSeek 进一步生成多源补强型文本，从而提升评审接受度。

数据不足并不一定削弱项目的论证强度，关键在于补强逻辑支撑路径、明确阶段验证机制并构建目标达成的理论闭环。借助 DeepSeek 进行结构填补与逻辑再构，有助于在条件限制下保持材料的论证完整性与方案的执行可信度。

第5章 初期研究方案及项目指南拟定

初期研究方案的构建，是科研课题从立项设想到系统推进的关键环节，也是整个申报书中体现研究设计能力与任务组织逻辑的核心内容。在申报评审的过程中，方案结构是否合理、目标是否可分解、路径是否可执行、内容是否与指南对齐，均直接影响项目的评审评价与立项潜力。与此同时，科研项目指南作为政策导向与技术需求的浓缩文本，不仅提供资助方向与申报要求，也规定了研究边界与评审重点。

实现初期方案与指南精神之间的精准匹配，需依赖对学科知识、政策逻辑与写作语言的三重把握。在此背景下，基于大模型的智能写作工具为研究方案构建带来了全新的表达路径与设计范式。DeepSeek 可辅助构建阶段目标、拆解任务逻辑、生成进度计划、匹配指南要点，并实现语言风格的政策化与学术化统一。

本章将围绕研究方案的结构设计原则、目标分解方法、项目指南分析策略与文本生成实践展开，系统探讨模型技术如何服务于研究方案撰写与政策对接，为课题申报的逻辑严密性与写作规范性提供技术支撑。

5.1 项目研究目标与技术路线的设计方式

项目研究目标与技术路线是科研课题申报材料中最为核心的内容之一，是评审专家判断研究任务科学性、创新性与可实施性的重要依据。研究目标的设置不仅要明确聚焦科学问题，还需具备逻辑可分解性、阶段可推进性及成果可验证性；而技术路线则需紧扣研究目标，体现方法选择的合理性、路径设计的清晰性与任务组织的系统性。

项目研究目标与技术路线二者之间必须构成严密的目标—路径—成果闭环，避免目标空泛或路径失焦所导致的评审风险。在实际撰写过程中，研究目标常因层次结构不清、表述缺乏定量指标而影响可达性判断；技术路线则可能因结构松散或与目标脱节而弱化论证力。依托 DeepSeek 的任务识别与逻辑重构能力，可实现研究目标的分阶段拆解与技术路径的逻辑化生成，同时辅助控制段落结构与语言风格的一致性，使申报文本具备条理性与表达专业性。

本节将系统梳理研究目标设定与技术路线表达的结构原则与模型应用路径，为构建标准化、高质量的研究设计方案提供理论依据与实践范式。

5.1.1 分阶段目标拆解技巧

科研项目在撰写研究目标时，常因表述过于宏观、逻辑跨度过大或层次不清而导致实施路径模糊，进而影响评审专家对其可行性与执行能力的判断。分阶段目标拆解是一种将总体目标进行逻辑递进、结构分层的表达策略，既有助于展示研究内容的系统性，也便于任务进度控制与成果节点设置。有效的拆解应体现时间维度、技术演进、研究深度三个方面的递进关系，并保持目标之间的逻辑闭环与术语一致。

以"构建基于图神经网络的结构损伤识别模型"为课题总体目标，若仅表述为"完成结构状态预测模型开发与实验验证"，则缺乏层次与操作性。使用 DeepSeek 输入以下内容。

> 请将以下研究目标拆解为三个阶段性目标，突出技术演进路径与研究深度递进。

可生成如下内容。

> 阶段一，构建多源结构响应数据的标准化处理与特征提取机制，形成高质量输入数据集；阶段二，设计结合结构拓扑特征的图神经网络识别模型，实现微损状态的高精度分类；阶段三，基于实验平台进行模型验证与泛化能力评估，形成应用可推广的识别算法框架。

该段将任务合理划分，突出前中后期技术焦点的变化，展示了项目推进的计划性与严密性。

研究者还可输入项目时间周期与成果形式，提示"请生成与三年周期匹配的阶段性研究目标，每阶段配套可量化成果"，模型可同步生成逻辑匹配的目标分段与成果标定方案。

分阶段目标的清晰拆解不仅增强了研究逻辑，也为技术路线构建与进度安排奠定了基础。借助 DeepSeek 进行结构生成与语言优化，可系统提升申报材料的条理性、逻辑性与执行可控性，增强整体论证的专业表现力。

5.1.2 技术路线结构

技术路线是科研项目申报书中承载研究实施逻辑与方法体系的核心段落，具有连接研究目标与研究内容的桥梁功能。高质量的技术路线不仅要体现方法合理性和路径完整性，还需明确各子任务之间的逻辑关系、时间序列与技术衔接。常见问题包括研究步骤缺乏顺序性、方法选取与任务不符、路径跨度与周期不匹配或缺乏阶段性成果节点，致使技术路线无法支撑项目的完整推进。撰写时应以"研究目标—技术步骤—任务节点—结果输出"为主线，构建结构严密、术语规范、逻辑闭环的内容体系。

以"基于多源遥感数据的城市热环境智能感知与预测模型构建"为研究项目，若技术路线仅写作"获取数据、建立模型、进行验证"，则显得笼统。通过 DeepSeek 输入以下内容。

> 请生成一段完整的技术路线段落，涵盖数据处理、建模、验证三个阶段，控制在 200 字以内，语体正式。

模型可生成如下表达。

> 项目将以多源遥感与地面气象数据为基础，构建统一时空尺度下的城市热环境指标体系，采用多任务卷积神经网络实现高精度感知模型训练，并通过交叉验证与实际监测数据进行精度评估与泛化性能测试。技术路径包括数据融合预处理、模型结构设计、参数调优与性能验证四个阶段，环节清晰、任务连续。

该段实现了"方法—流程—结果"的完整链条，并自然融合阶段安排与路径控制。若研究者提供多子任务结构，可通过提示"请按研究任务顺序输出相应技术步骤，每项任务配套核心方法与成果形式"，使 DeepSeek 自动生成多段式结构表达，并控制术语一致与风格统一。

在多阶段模型设计、复杂实验设计及交叉领域技术融合类项目中，技术路线段落往往是评审的重点关注内容。借助 DeepSeek 构建逻辑闭环、术语规范、层级清晰的技术路线表达，不仅可以提升文本的学术专业性，也增强了项目在任务推进、成果输出与阶段可控等方面的结构信度。

5.1.3 DeepSeek 自动提取"目标—方法—成果"逻辑链

科研课题申报文本的核心逻辑在于清晰传达"研究目标—技术方法—预期成果"三者之间的因果关系与实现路径。若目标表达宏观抽象，方法描述无针对性，成果呈现缺乏量化维度，将严重影响项目的可执行性评估与成果产出信度。在实际写作中，常见的问题包括研究目标与方法对应关系不清、方法选取与成果形式脱节，或三者逻辑链断裂，导致申报书结构混乱且空泛。构建一条完整且内在衔接的逻辑链条，是确保评审专家理解研究体系整体性的关键。

DeepSeek 可通过语言建模与语义解析能力，对输入内容中的研究目标信息进行逻辑抽取，自动构建"目标—方法—成果"三段式论证结构。研究者可提供一句或一段研究目标内容，使用提示"请基于该目标，提炼相应研究方法与预期成果，输出为三段逻辑链式表达"，使模型自动形成具有结构一致性与术语统一性的申报语言。

以"构建用于极端气候响应预测的城市热环境模型"为例，输入目标后，DeepSeek 可生成如下段落。

> 研究目标：本课题旨在构建适用于极端气候场景下的城市热环境预测模型，提升城市空间尺度热风险预警能力。
>
> 研究方法：基于多源遥感数据融合与深度神经网络算法，提取城市热场时空变化特征，结合气象边界条件构建嵌入式多变量预测框架，并通过不同季节与区域实验验证模型稳定性。
>
> 预期成果：形成一套具备区域适应能力的城市热环境预测方法体系，开发配套预测软件工具，拟在典型城市开展试点应用，成果可形成政策支撑型技术储备。

该结构通过固定模板快速构建出"目标—路径—成果"的闭环，适用于任务概要撰写、可行性支撑补强或研究内容概括类段落的快速生成。DeepSeek 还能根据不同学科背景进行术语适配与风格转换，如自然科学偏向模型与算法表达，工程项目更强调系统构建与应用场景，社科类项目则突出理论框架与解释路径。

在申报书撰写过程中，多数章节都涉及"逻辑链"的拆解与重构，通过将目标、方法、成果拆为独立语段并保持术语互通，申报人可有效提升文本的条理性、逻辑性与工程实施认知强度。借助 DeepSeek 在这一写作结构中的辅助能力，不仅能提升表达效率，更能在语言风格、逻辑控制与信息密度上达到申报标准要求，形成可交付、可读性强的研究体系主线表达。

5.2 DeepSeek 辅助构建研究计划与进度安排

研究计划与进度安排是课题申报书中体现项目执行节奏与管理能力的关键组成部分，其合理性直接关系到评审专家对项目组织能力、任务可控性与成果交付可行性的判断。计划设计应围绕研究目标、任务路径与阶段节点进行结构化分解，突出时间—任务—成果之间的动态关联。

在这一过程中，借助 DeepSeek 构建标准化进度表达结构，不仅有助于提高文本生成效率，还可以强化段落之间的逻辑一致性与术语统一性，为构建具备工程管理特征的科研推进框架提供技术支撑。

5.2.1 时间—任务双向逻辑建模

时间—任务双向逻辑建模是科研项目研究计划与进度安排设计的基本方法，旨在建立项目时间轴与任务执行结构之间的动态映射关系。高质量的进度设计不仅要体现任务推进的先后逻辑，还应在有限周期内合理分配关键节点与成果输出，实现过程控制与阶段考核的有机统一。常见问题包括任务顺序混乱、周期安排不平衡、阶段目标缺乏量化、子任务交叉重叠或成果节点模糊等，均会削弱评审专家对项目管理能力的信任度。

科学的时间—任务建模需明确研究任务的拆分逻辑，将复杂问题划分为若干相对独立、阶段推进的模块，同时明确每一阶段的关键目标、对应技术路径与成果形态。例如，某项目总周期为 36 个月，可分为三个阶段，每阶段设定技术焦点与任务主体，构建"阶段目标—任务结构—时间匹配"的可执行框架。

以"基于多尺度数据融合的智能结构损伤监测系统开发"为例，若研究任务包括数据采集算法构建、损伤特征提取模型训练、验证系统开发与集成测试等子模块，则在时间建模上需形成逻辑连续链条。输入提示"请将以下研究任务安排至 36 个月时间轴内，并匹配阶段目标与成果节点"，DeepSeek 可输出如下段落。

> "本项目研究计划分为三个阶段实施。第 1 阶段（第 1~12 月）：完成传感系统搭建与多尺度数据采集算法设计，形成高频监测数据集。第 2 阶段（第 13~24 月）：开展特征提取模型开发与参数优化，形成稳定识别模型，完成中期成果报告。第 3 阶段（第 25~36 月）：实现模型嵌入式集成与系统测试，完成系统验证与最终技术总结报告。任务推进按照模块耦合程度安排，阶段目标清晰、进度均衡，成果结构完整。"

该段内容通过任务—时间对位，实现了研究节奏、任务逻辑与成果计划的三维对齐，符合国家自然科学基金等标准化进度编排要求。研究者还可输入研究周期、关键任务与目标指标，提示"请生成一段可直接用于申报书的任务—时间进度结构段落"，使 DeepSeek 自动构建术语统一、语体规范、结构完整的研究计划段。

时间—任务双向逻辑建模不仅是一种进度控制方式，更是一种研究组织逻辑表达方法。通过 DeepSeek 对任务逻辑链条与时间节点的动态映射建构，不仅可以提升写作效率与表达条理性，还能增强文本的项目管理维度，使科研计划具备工程化特征与申报标准的形式感。

5.2.2 Gantt 结构下的任务分配写作方式

Gantt 结构是科研项目计划管理中常用的任务—时间可视化表达方式，其核心在于以条带式时间分布图的形式展示各研究子任务的起止时间、执行顺序与重叠关系。在申报材料中，虽无须直接绘图，但文本写作可依照 Gantt 图的表达逻辑，构建具有时间序列清晰、任务责任明确、阶段成果显性特点的研究进度段落。这种结构不仅有助于评审专家快速把握任务推进节奏，也能体现项目管理能力与执行可控性。

在实际写作中，常见的问题包括任务段落表述冗长、任务之间的前后逻辑关系不清、时间安排平均化或成果节点分布混乱，难以构建出有效的"任务—时间—责任"三位一体逻辑。通过 DeepSeek 生成 Gantt 逻辑下的研究任务段落，可在内容结构上实现进度控制与职责划分同步优化。

以"城市基础设施韧性评估模型构建与应用研究"为项目背景，研究任务分为四个阶段：基础数据采集、模型构建、验证实验、系统集成。

用户输入以下提示。

> 请基于以下四项任务，生成符合 Gantt 结构的进度安排段落，控制在 300 字以内，语言规范。

DeepSeek 可生成如下段落。

> 本项目周期为 36 个月，划分为四个任务模块并按照 Gantt 结构推进。任务一：基础数据采集与预处理（第 1~9 月），由数据小组负责，完成城市样本选取、指标提取与数据清洗。任务二：韧性指标体系构建与建模方法设计（第 6~18 月），由建模组实施，任务与数据阶段交叉重叠。任务三：模型实证验证与精度优化（第 15~27 月），由实验小组完成，多轮测试以确保结果稳定性。任务四：评估平台开发与综合集成（第 24~36 月），由系统组推进，完成模块联通与功能部署。

该段在语义上将起止时间、任务主体、任务交叉逻辑与成果要求统一纳入，结构清晰、术语规范、表达具备技术管理特征。研究者还可输入任务表、责任人列表与时间分段要求，通过提示"请将任务表与人员责任整合为项目进度描述段"，使 DeepSeek 进一步生成"人员—任务—阶段"三位合成型进度表述。

Gantt 结构的写作方式不仅是对进度图的语言重构，更是项目执行逻辑的一种叙述转化机制。借助 DeepSeek 实现任务交叉识别、阶段归并与语言优化，可有效提升项目申报文本的组织完整度与管理可视化表达，使研究进度段落达到专业、标准、易评的表达水准。

5.2.3 分阶段成果节点与计划校正机制

科研项目在计划设计中若缺乏明确的阶段性成果节点与可调节的执行机制，将难以在实际推进中实现对研究进度的有效监控与策略性修正。阶段成果节点的设置不仅是时间推进的标记，更是任务完成质量的检验点，需围绕研究目标逻辑、关键技术路径与成果输出形态进行精准锚定。

合理的节点设计应具备三要素：成果形式可量化、完成时间可追踪、技术意义可验证。同时，研究计划的灵活性亦不可忽视，项目推进中需具备依据成果完成情况动态调整任务路径与资源配置的能力。

常见问题包括节点设置模糊、成果描述无具体形态及时间界定不清，造成评审过程中认为任务推进不可控，或项目验收阶段难以进行成果确认。在实际写作中，可使用 DeepSeek 输入研究周期与分阶段任务，提示"请基于任务逻辑生成 3 个阶段成果节点描述段，并给出计划校正触发条件"，使模型自动生成以下段落。

> 本项目设置三类阶段性成果节点。第一阶段（第 1~12 月）目标为完成关键实验样本构建与初步方法建模，成果形态包括 1 套特征提取算法原型与 1 篇会议论文，节点评估标准为模型收敛率与验证误差指标。第二阶段（第 13~24 月）完成核心模型的集成训练与平台测试，形成 1 个稳定运行的系统子模块与中期报告，若训练误差大于设定阈值，将触发模型优化与数据补采机制。第三阶段（第 25~36 月）实现系统集成部署与实地应用测试，交付完整技术白皮书与结题验收材料，若平台性能不达预设指标，将调整系统参数配置并延长测试周期。

上述表达不仅明确了各阶段成果形态、评价标准与完成时间，也设置了成果未达成时的动态校正逻辑，使计划安排具备适应性与调整通道。研究者还可将项目进度表输入 DeepSeek，提示"请识别缺乏成果节点的阶段并生成适配的成果输出形式与时间控制段"，使模型精准插入结构性成果表达，提升进度控制的可执行性。

在多数科研资助项目中，成果节点不仅决定任务管理效率，也直接关联经费拨付节奏与阶段审核的合规性。借助 DeepSeek 构建分阶段成果结构与计划调整机制，不仅能实现任务管理文本的标准化，还能提升申报材料在动态执行力与过程可控性方面的整体表现，使计划设计部分在逻辑完整性与语言表达上具备工程管理文书的规范水准。

5.3 项目指南编写与申报书对接策略

科研项目指南作为资助机构发布的政策性技术文件，明确了资助方向、优先领域、技术边界与申报规范，是课题设计与文本撰写的重要依据。项目指南不仅决定选题空间，也直接影响研究内容组织方式与表达风格。在申报实践中，常因对指南理解偏差、响应策略不清或文本匹配不足，造成研究方案偏离政策导向或表达逻辑难以满足评审预期。

为确保申报内容与指南精神高度契合，需在申报设计初期将指南内容转化为结构模板与写作约束逻辑，构建任务映射、术语匹配与语言适配的系统表达策略。本节将围绕指南内容解析、结构响应建模与语言风格对齐展开，探讨如何利用 DeepSeek 辅助完成从政策指引到文本生成的全过程，提升项目申报文本的适配性、规范性与评审认可度。

5.3.1 DeepSeek 生成对齐指南要求的申报内容

科研项目申报的关键前提是内容需与资助指南高度契合，不仅要在选题方向上满足政策指向，更需在研究内容、方法路径与成果目标等方面形成回应式结构。实际写作中，申报人常因忽视指南条款的语义细节，或未能将其转化为研究设计逻辑，导致项目文本"看似合理"但"不符导向"，从而被评审专家判定为不合要求。

为提高指南响应度，需建立基于"条目—内容—表达"的转译结构（侧重于将内容的结构进行转换或重新组织内容）。DeepSeek 在此过程中可发挥文本解析、结构重组与语言生成等多重作用，辅助完成从政策要点到申报文本的精准生成。

以国家重点研发计划中的某指南条款为例，原文段为"支持开展高温极端气候背景下城市韧性评估体系构建与动态预测模型研究，鼓励融合多源数据与人工智能算法，形成可推广应用的平台化工具。"输入提示"请基于该指南内容生成一段对齐要求的申报书研究内容段落，语言正式、术语准确，控制在 250 字以内"，DeepSeek 可生成如下内容：

> 本项目围绕高温极端气候对城市系统的复合冲击机制，构建城市韧性评估指标体系与预测模型框架。项目以多源异构数据融合技术为基础，融合遥感、气象与城市运营数据，开发适用于高温极端场景的动态预测模型，采用

人工智能算法提升模型响应能力与泛化水平，最终形成具备部署能力的城市韧性监测与预警平台。研究方案全面响应项目指南提出的技术方向与方法路径，具备推广与示范应用价值。

该段落不仅严格提取指南关键词（如"韧性评估""多源数据""平台化工具"），还完成了研究内容与政策要求的逻辑重构，使项目表述具有明显的对齐属性。研究者亦可使用提示"请将以下指南条款分解为选题建议、研究任务要点与成果形式三部分，输出结构化内容段"，使 DeepSeek 通过格式重组形成完整的写作参考框架。

在多个指南条款并存或研究主题跨条目交叉的场景中，DeepSeek 还能通过"主题融合生成"能力整合多个政策方向，生成多目标协同结构下的研究方案表达。该能力适用于申报人需覆盖多个评审维度的复杂任务配置场景。

有效的项目指南响应能力是决定申报成功率的前置保障。借助 DeepSeek 进行政策文本理解、任务映射与学术表达转化，不仅可以提升项目语言的合规性，更可以实现从政策阅读到研究设计的结构型写作落地，从而构建高适配、高可信度的申报内容体系。

5.3.2 指南文本自动解析与政策提取模型

科研项目指南通常篇幅较长，语言政策化、术语密集且结构复杂，包含多个资助方向、优先领域与技术要点。对于申报人而言，从中准确提取与自身研究内容相关的政策要求，构建符合导向的研究路径，是实现有效申报的关键。

然而，在实际写作中，申报人常因缺乏系统的解析方法，仅凭关键词匹配或经验判断进行选题与内容构建，导致申报书内容偏离指南精神，出现导向错位、响应模糊或技术路径不符等问题。

借助 DeepSeek 构建的"政策解析—要素提取—研究映射"模型结构，可高效完成指南语义结构的拆解与导向逻辑的可视化，为申报书撰写提供结构化输入。

以《国家重点研发计划城市治理专项指南》为例，原文段为"支持基于城市精细化运行数据的智能分析与辅助决策研究，鼓励构建面向城市风险预警的多源信息融合机制，形成智能化、可迭代的治理技术系统。"输入提示为"请对以下指南段落进行结构性解析，输出'资助对象—研究重点—技术路径—成果要求'四类要素"，DeepSeek 可生成如下结果。

（1）资助对象：城市精细化运行数据背景下的治理决策系统。
（2）研究重点：风险预警、多源信息融合、辅助决策机制。

（3）技术路径：智能分析技术、数据融合算法、迭代式模型构建。
（4）成果要求：具备推广能力的智能治理平台、可支持城市管理系统的技术方案。

进一步输入以下提示。

请基于上述解析结果生成一段研究内容段落，控制在200字以内，语言正式。

可得到如下输出。

本项目拟围绕城市精细化运行背景下的治理响应需求，构建多源信息融合框架与风险预警模型，采用自适应神经网络与图结构建模方法，开发具备动态更新能力的智能治理平台系统。研究内容全面响应指南关于智能分析与决策机制构建的政策导向，具备良好应用转化前景。

DeepSeek 的语义解析机制不仅可以从指南文本中抽取关键研究要素，还能将其转化为结构化内容模板，为研究内容设计、技术路线构建与成果目标撰写提供高匹配度的输入基础。研究者亦可输入整段指南文件，并通过提示"请列出该指南所涉全部研究方向与推荐研究问题"，获取政策驱动下的选题推荐清单，辅助完成精准选题。

通过自动解析机制对指南内容进行逻辑还原与表达转化，DeepSeek 将原本高度抽象的政策语言转化为可写作、可执行的研究表达范式，解决了申报初期方向识别与写作起点不清的问题，为构建结构匹配、导向明确的课题方案提供决策支持。

5.3.3 结合申报方向设定目标引导策略

课题申报中的研究目标设定不仅需要围绕科学问题构建逻辑框架，更应主动对接申报方向的核心导向，在技术路径、成果产出与应用价值等维度形成明确回应。若目标设置脱离申报方向或泛化处理，不仅无法体现项目的政策契合度，也难以满足评审专家对选题针对性与可达性的双重要求。结合申报方向设定研究目标，需要将政策条款中所蕴含的"研究期待"转化为"执行语义"，形成"导向—逻辑—表达"三层递进的目标构建结构。

DeepSeek 可通过指南解析与任务逻辑建模能力，辅助提炼导向要点，并自动生成具备目标指向性的研究设定内容。

以某省科技厅专项中的"面向复杂自然灾害的基础设施韧性提升机制研究"为申报方向，申报人拟围绕城市排涝系统开展研究，输入提示"请基于该方向设定研究目标，并对接指南要求，控制在150字以内"，DeepSeek 可输出如下目标段落。

> 本项目旨在构建面向极端暴雨情景的城市排涝系统韧性分析与调控模型，揭示其结构冗余性、功能恢复性与风险传导机制之间的耦合关系，提出基于动态水文模拟与系统工程优化的多情景应对方案，形成面向灾前预警、灾中响应与灾后修复全过程的治理技术框架。

该段内容将"韧性提升机制"这一方向要求具体化为三个子目标：结构机制解析、优化模型构建与全周期响应技术，体现了研究内容的政策契合性与逻辑推进性。研究者还可提供申报指南条款与初步研究设想，通过提示"请将研究设想中的任务结构重构为对齐申报方向的三阶段研究目标"，模型可自动生成层级合理、语义衔接的研究目标链条，便于后续撰写技术路线与成果布局。

在申报策略中，目标设定不仅关乎逻辑完整性，更是评审专家判断项目是否"贴题"的核心依据。通过 DeepSeek 构建导向嵌入式目标结构，不仅可以解决传统写作中存在的目标抽象、方向不明、逻辑失衡等问题，还可以形成以政策语言为起点、以研究逻辑为中轴、以应用成果为落点的闭环目标体系，显著增强申报材料的方向响应力与评审接受度。

5.4　多主体协同方案下的结构设定

多主体协同已成为国家级与省部级重大科研项目组织结构中的常态机制，尤其在交叉学科集成、区域联合攻关或政产学研一体化背景下，申报方案往往涉及多个研究单位、技术机构或行业合作方。多主体结构的合理设计不仅影响任务分工的科学性与边界清晰度，更直接关系到项目执行的组织效率与成果产出的集成能力。

在申报文本中，若协同结构表达不清、职责划分模糊或任务重叠冗余，极易引发评审专家对项目执行机制的质疑。为此，有必要构建清晰的组织逻辑、任务支撑链与成果归属路径，形成多方协同、职责明确、边界清晰的协作结构。

本节将围绕多主体项目组织的责任划分策略、任务接口设计与文本表达规范展开，结合 DeepSeek 在任务识别与结构建模方面的能力，探讨多方协同结构在科研文本中的高效表达方式与工程化实现路径。

5.4.1　跨单位协作方案的责任结构安排

跨单位协作方案的责任结构安排是多主体科研项目中评审专家重点关注的组织设计环节。有效的责任结构不仅体现参与单位在技术能力、资源条件与任务契合度方面的系统分工，也直接影响项目执行的可控性、协调性与成果归属的清晰性。常见问题包括任务分配模糊、合作界限不明、职责重叠或协同接口混乱，易导致申报方案被认为存在管理风险或实施障碍。合理的安排需围绕"任务单元—协作接口—成果归属"三个维度进行结构化构建，并形成文本上的清晰表达。

以"区域智能交通平台开发"项目为例，若主申单位为高校，联合单位包括交通运营企业与城市规划研究院，通过 DeepSeek 输入任务结构与单位清单，并提示"请生成多单位协作方案段落，强调职责划分与任务接口"，模型可输出如下文本。

"本项目采用'高校—企业—研究院'三方协作机制，建立任务主导与接口支撑并重的协同体系。高校承担核心算法设计与模型验证，依托其在人工智能与交通系统建模方面的研究积累，完成平台智能模块开发与性能评估。交通运营企业负责实际场景的数据接入、系统部署与测试应用，确保模型在真实交通环境中的适应性与可推广性。城市规划研究院主导平台在区域交通政策框架下的规划适配，完成数据规范制定与管理机制建构，确保研究成果对城市治理具备制度支撑。各单位责任明晰、接口规范，形成'研发—测试—落地'一体化协同路径。"

该段落在内容上实现了三单位分工清晰、边界明确、接口配合顺畅的结构表达。研究者还可通过输入任务清单及单位职能，由 DeepSeek 自动识别重叠任务或遗漏接口，并提示"是否存在责任交叉""是否缺少支撑环节"，实现责任结构的逻辑审核功能。

在省部级、重点研发类或联合基金项目中，多单位参与虽是加分要素，但若责任划分不合理，便成了风险点。借助 DeepSeek 进行协作方案生成与结构重构，不仅提升了组织设计的清晰度，也为项目在实施阶段的计划分解、阶段管理与成果归属提供明确的逻辑支撑，使申报文本在多方协同结构层面具备专业表现力与执行可信度。

5.4.2 子课题结构与主课题逻辑统一策略

在多主体科研项目中，子课题的设置是实现任务分解、资源配置与成果组织的重要手段。合理的子课题结构应服务于主课题的研究目标与技术路径，构成"任务协同、逻辑闭环、成果集成"的结构体系。常见问题包括子课题目标表述与主课题脱节、研究内容重复交叉、技术路线不连续、成果边界模糊等。这些结构性断裂会直接导致项目整体论证逻辑失衡，影响评审专家对项目可实施性的判断。

统一策略需从结构层级、研究逻辑与成果输出三个层面进行设计，并在文本表达中突出"总控—协同—支撑"的任务组织逻辑。

以某面向城市地下空间安全管理的重点专项为例，该项目设立四个子课题：灾害风险建模、地下数据集成、智能感知技术研发与应急响应平台建设。主课题目标是构建城市地下空间灾害风险综合管控系统。

若子课题任务与成果描述独立成段，而未与主课题逻辑对应，极易导致"任务组装式结构"，从而使评审专家难以辨识主从关系。通过 DeepSeek 输入"主课题目标+子课题目录"，并提示"请输出一段体现主课题—子课题逻辑统一的项目结构描述段落"，模型可生成如下文本。

"本项目围绕城市地下空间灾害风险综合管控的总体目标，设置四个子课题协同支撑主课题任务。子课题一聚焦于多源地质与工程数据的风险特征提取与建模方法研究，为灾害预测模型提供输入基础；子课题二完成城市地下空间数据标准体系构建与集成平台开发，保障多源数据可融合、可调度；子课题三开展智能传感技术研发与部署测试，提升系统感知灵敏度与实时响应能力；子课题四基于前述成果构建应急响应决策平台，实现全流程灾害管控的系统集成与应用示范。各子课题职责清晰，研究路径衔接紧密，成果汇聚于统一的灾害风险管控平台，确保项目整体任务的目标可达与功能闭环。"

该段不仅构建了"主课题—子课题—研究路径—集成成果"的表达链条，也清晰呈现了任务协同逻辑与成果集成机制。研究者还可输入各子课题具体研究内容，由 DeepSeek 识别内容重叠、结构不均或逻辑缺口等问题，并自动生成结构优化建议，如"将子课题二与三在感知平台开发部分合并""子课题一需补强成果形态与主课题对接机制"等，实现结构层级调整与逻辑闭环补强。

在多数联合申报类课题中，子课题设置的质量直接决定申报方案的组织结构合理性与项目实施的系统控制力。借助 DeepSeek 进行子课题结构设计、逻辑检查与文本优化，不仅可以提升申报材料在结构表达层面的规范性，也为项目整体逻辑的完整性提供了语义支撑与工程化表达能力。

5.4.3　DeepSeek 辅助梳理合作单位任务边界

在多单位联合申报项目中，任务边界不清是导致评审风险的重要因素之一。若各合作单位的职责重叠、任务接口混乱或成果归属模糊，极易被评审专家质疑"组织结构混乱""协作机制不清"，从而影响项目立项评估。合理划分任务边界不仅能体现申报组织的管理能力，也有助于构建"目标—职责—成果"一致的执行机制。

任务边界的结构化表达应聚焦单位职能、技术能力、任务归属与成果落点四个核心要素，并通过逻辑表达方式将分工责任嵌入研究路径之中。借助 DeepSeek 的语义对位与结构建模能力，可实现任务内容与合作单位之间的映射建构，为多方协作结构提供清晰、可控的文本支撑。

以"构建区域数字孪生城市监测与预测平台"为联合申报项目，主申单位为科研院所，联合方包括数据公司与城市运营管理中心。研究任务包括数据采集与融合、模型构建、平台开发、测试部署及应用推广。若在任务描述中未区分技术侧与应用侧单位职能，评审将难以判断各参与方的能力边界。输入提示"请基于以下单位清单与研究任务，生成一段明确各合作单位任务边界的项目分工结构段落"，DeepSeek 可输出如下内容。

> 本项目联合三类单位开展任务分工式协同研究，明确边界、职责与成果归属。主申单位××研究院负责整体项目设计与核心模型研发，承担数据融合算法设计、预测引擎构建与系统架构优化等任务，形成模型算法成果并主导技术集成方案制定。联合单位××数据科技公司负责多源城市运行数据的接入、标准化转换与数据接口开发，支撑平台基础数据层建设，并承担平台前端展示模块的联合开发。××城市运营中心提供示范应用场景、参与模型参数校正及结果验证，并组织平台实地测试与后期推广演示。各单位按任务内容独立负责关键环节，协作节点保持接口清晰、边界稳定，构建"研发—工程—应用"三段式支撑结构。

该段文字不仅实现了单位—任务—成果的明确对应，还呈现了任务协作链的连续性与责任可追溯机制。研究者亦可输入单位职能列表与任务目标，提示"请识别单位职责重合风险并生成优化建议"，使 DeepSeek 自动进行内容比对与逻辑评估，生成边界不清的提示并建议任务重构方式。

通过对任务边界的结构性梳理，合作单位间的职责不再依赖笼统的陈述，而是以技术节点为切点，构建稳定协作路径。借助 DeepSeek 进行任务—单位映射与边界逻辑输出，不仅有助于提升协同设计的规范性，还可以为后期项目验收与绩效分解提供文本基础，使申报方案在结构表达上体现出清晰的管理设计与逻辑控制能力。

5.5 初期方案文本的多轮审核与改写机制

初期研究方案作为科研课题申报的核心文本，其质量直接决定项目申报的通过率与专家的认可度。然而在实际撰写中，初稿往往存在逻辑结构松散、内容表述不充分、术语使用不规范及未能精准对齐指南要求等问题，需经过多轮迭代优化与结构重构。有效的审核与改写机制不仅依赖专业判断，也需引入具备逻辑识别、语言建模与结构生成能力的辅助工具。

通过与 DeepSeek 的交互式写作，可在专家点评模拟、问题定位分析与结构性建议输出等方面实现智能化改进支持，提升文本在内容充实度、逻辑清晰度与风格统一性上的整体表现力。本节将系统阐述如何构建基于 AI 能力支持的文本审核机制，推动初期方案向高质量、可交付的标准版本持续演进。

5.5.1 专家模拟点评式 Prompt 设计

科研课题申报的初期方案文本往往需要经过多轮评阅与修改才能达到标准化、专业化的申报质量。专家在实际评审中会从研究目标明确性、内容逻辑性、方法可行性、政策匹配度等多个维度进行评价与批注。为了模拟这种多维度的评审反馈机制，可通过构造具备"专家语言风格""评审视角转换"与"问题定位输出"特征的 Prompt，引导 DeepSeek 生成类专家点评内容，从而辅助研究者进行结构调整、语义优化与内容增补。

以一段存在目标不聚焦、术语使用模糊问题的段落为例："本课题拟围绕城市智能感知系统的优化与算法研究进行探索，构建适应复杂城市场景的数据分析框架。"使用提示"请模拟评审专家，从研究目标清晰度与术语精确性两个维度，对下列段落进行专业点评，并提出修改建议"，DeepSeek 可输出如下内容。

> 该段表述存在两个主要问题。一是研究目标表述偏泛，仅使用"探索""优化"等模糊动词，缺乏具体技术路径与可达性指标，建议明确"拟解决的问题"与"期望达成的功能指标"。二是术语使用不够规范，"数据分析框架"未体现其技术特征或模型构成，建议界定所采用的算法范式或架构形式。整体段落尚需强化问题导向与路径清晰性，建议调整为以具体场景为引导的功能性目标结构。

该类点评不仅提供了批判性评价，还指出了修改方向，可有效代替传统的专家外审反馈。研究者还可扩展提示为"请模拟国家自然科学基金评审专家，从技术路线完整性、方法科学性与研究基础三个方面逐段点评以下文本，并提供可操作性修改建议"，DeepSeek 将基于科研逻辑模型输出三段式结构反馈，包含"问题识别—逻辑分析—建议修正"的完整流程。

此外，还可使用"评审身份嵌入式 Prompt"，如输入提示词"请以××领域正高职称专家身份，从评审角度评价该段目标设计是否具备技术聚焦性，并输出评语用于修改依据"，可进一步提升输出内容的专业性与领域适配度。

专家模拟点评式 Prompt 的构造，实质是对传统人工评阅机制在语言层面的智能模拟与结构转译（通常强调结构本身的转换）。通过这种设计模式，DeepSeek 不仅可作为生成工具，更具备文本评审、结构审核与问题发现的嵌入能力，构建从内容到结构、从语义到风格的全流程优化体系。该机制可有效应用于初稿撰写后的诊断阶段，帮助提升课题申报文本的逻辑一致性、术语准确性与政策响应度。

5.5.2 模型辅助生成结构化修改建议清单

科研课题申报文本往往存在内容层次不清、逻辑衔接松散、术语使用不统一或结构分段不合理等问题，尤其在初期版本中，这类结构性缺陷更为常见。传统修改方式多依赖经验判断与人工批注，但由于评阅维度不系统，常造成修改方向不集中、问题识别不彻底等现象。

构建结构化的修改建议清单，有助于申报人以任务清单的方式逐条修订内容，提高改写效率与逻辑针对性。DeepSeek 的段落解析与语义差异识别能力，可以自动生成涵盖结构、内容、逻辑与风格等维度的修改建议清单，增强文本优化的系统性。

以某一初稿段落为例："本项目基于数据驱动方法开展交通流预测研究，结合现有城市道路数据进行建模，拟形成一定实用价值。"此段表述的问题在于研究方法不具体、目标不明确、语言缺乏量化指标。输入提示"请分析下列段落存在的结构与内容问题，并生成一份结构化修改建议清单"，DeepSeek 可输出如下内容。

> 结构化修改建议清单如下。
> （1）研究目标不清晰，缺乏核心技术术语。建议在首句中明确技术路径，如"基于时空图卷积神经网络"或"融合多尺度特征的预测模型"。
> （2）数据来源描述笼统，"现有城市道路数据"未交代数据类型、来源渠道与数据精度，建议补充数据结构信息与使用方式。
> （3）语言表达含混，"拟形成一定实用价值"不具备评审参考性，建议用具体成果形式替换，如"开发可在城市路网部署的交通预测工具"。
> （4）段落结构不完整，缺乏目标—方法—成果之间的逻辑衔接，建议重组段落逻辑顺序，形成闭环表达链。

清单式输出方式不仅能直观地呈现问题，也为后续修改提供可操作模板。研究者亦可扩展提示"请生成基于下列文本的五项修改建议，每项对应'问题—影响—建议'三段结构"，获得更具逻辑层次与修改理由支撑的高质量建议内容。

DeepSeek 在生成结构化修改建议时，能够保持术语风格一致、任务逻辑连贯及政策导向适配，避免因片面修改导致内容错位或术语错配。结构化建议清单的输出，不仅可以辅助研究者系统修订文本内容，也为科研组织实施集体评阅、写作协同与版本迭代提供标准化接口，有效提升项目文本的整体可控性与写作效率。

06 第6章 项目预算与专项审计

科研项目的经费预算编制与专项审计，是保障项目实施合规性与资源配置合理性的核心环节。经费结构设计不仅需要满足财务政策约束，更应与研究内容、任务进度和成果目标形成逻辑闭环。预算执行过程中的透明度、配比合理性与可审计性，是各级管理单位评估项目绩效与风险控制能力的重要依据。

本章将系统梳理预算条目编制逻辑、经费测算方法与审计风险控制策略，并结合 DeepSeek 在标准条目生成、文本规范化与预算说明构建方面的应用，构建技术与合规并重的预算设计体系。

6.1 项目预算的基本结构与编制逻辑

科研项目预算的结构编制，需在遵循国家的财政政策和资助机构管理细则的前提下，紧密对接项目研究任务、阶段安排与成果目标。预算不仅是资金分配的技术工作，更是项目实施逻辑的外在体现。条目设置的科学性、比例分配的合理性与支出描述的规范性，直接影响申报材料的可审计性与项目后期的执行效率。本节将围绕预算构成要素、条目匹配策略与文本编制规范展开，构建可操作、可追溯、可评估的预算设计逻辑体系。

6.1.1 国家自然科学基金预算条目解析

国家自然科学基金预算条目的设置以"任务导向、支出合理、结构规范"为原则，要求经费配置与研究内容、技术路线和阶段成果形成明确映射关系。预算表一般包含直接费用与间接费用两大类，直接费用下设多个细化条目，分别对应科研活动中的关键支出环节，如设备费、材料费、测试化验加工费、差旅/会议/国际合作交流费、劳务费及专家咨询费等。每项条目的设定不仅体现了科研资源的投入结构，也传达出对任务可控性与资源组织能力的管理预期。

其中，设备费仅适用于确需新增且与研究目标紧密相关的仪器设备，不支持更新替代或日常办公用途。材料费应详细列出材料类型与采购依据，并与技术路径中的实验方案内容保持一致性。测试化验加工费通常与外协实验环节相关，需提供明确的外部合作单位和实验内容说明。差旅和会议费应服务于项目阶段实施安排，包括野外调研、现场测试、专题会议或学术交流。劳务费适用于无固定工资来源的参与人员，使用需以任务分解表为依据。专家咨询费用于课题研究中必要的外部专家评审与技术咨询，金额与次数需控制在合理范围内。

例如，某项目在申报中设定了"用于新型微结构复合材料的力学测试加工费"，在研究内容部分对应的表达为"拟通过外部高精密疲劳加载平台对不同界面厚度样本进行周期响应分析。"该条预算与研究任务直接对应，形成了"内容—实验—预算"的闭环结构。通过 DeepSeek 输入"请对以下研究任务生成与之相匹配的预算条目及说明"，可自动输出包括条目名称、预算金额建议范围与用途描述的完整文本段落，如"测试化验加工费：用于完成金属基复合材料在多轴应力加载条件下的疲劳测试，委托国家材料实验中心进行测试，涵盖样本预处理、传感器布设与全周期试验，支出预计 8 万元。"

该类条目生成不仅节省了撰写时间，还可以自动调用术语库与财务规范模板，确保语言风格一致、用途描述完整，增强预算文本的审查通过率。

科研项目预算的合理性直接影响项目的执行效率和资金使用合规性。预算结构通常涵盖人力成本、设备采购、实验材料、差旅会议、数据处理、外协支出等多个方面，各项预算需要与研究任务紧密对应，以确保资金使用的合理性和可追溯性。DeepSeek 可辅助预算编制，优化资金分配逻辑，检测资金使用描述的规范性，并生成合规的预算说明。表 6-1 总结了项目预算的主要组成部分，并结合 DeepSeek 的优化策略，为科研人员提供结构化参考。

表 6-1 科研项目预算的基本结构

预算类别	主要内容	DeepSeek 优化方式
人员经费	研究团队工资、博士后补贴、短期聘用人员费用	自动匹配人员名单与预算分配，优化工资标准说明
设备购置费	专用实验设备、大型仪器采购、计算资源租赁	生成设备采购清单，优化预算合理性描述
实验材料费	化学试剂、电子元件、生物样本、材料加工等	自动匹配实验需求，优化材料预算表述
测试与实验费	测试设备使用、实验样品制备、环境试验	归纳实验步骤，优化费用说明，提高合理性
数据采集与分析费	田野调查、数据库购买、数据存储与计算分析	生成数据处理预算说明，确保费用与研究内容匹配

(续)

预算类别	主要内容	DeepSeek 优化方式
软件与计算资源费	专业软件许可、计算平台租用、服务器使用	自动识别软件需求，优化预算分配，提高合规性
国内外差旅费	会议交流、调研访问、项目合作交流	生成差旅预算说明，优化行程安排，提高合理性
国际合作与交流费	国际会议参会费、境外合作机构访问、学术交流活动	自动匹配国际合作需求，优化预算合理性表述
论文出版与专利申报费	期刊审稿费、论文发表版面费、专利申报与维护费用	归纳发表论文，优化经费申报，提高合规性
外协与技术支持费	其他科研单位、企业合作研究，数据服务采购	生成外协经费说明，优化支出结构，提高合理性
劳务费	项目聘用学生、技术助理、临时人员的劳务报酬	匹配研究人员名单，优化劳务支出表述
管理费	机构管理费、财务审计成本、研究支持服务费用	自动匹配机构规定，优化管理费合理性说明

在国家自然科学基金申报中，预算条目的设置既是财务规划，也是科研逻辑的延伸表达。借助 DeepSeek 完成条目解析与文本生成，有助于提升经费编制的专业化水平，构建可溯源、可评审、可执行的预算支撑体系，使科研计划与财务资源高度融合，形成任务驱动型的资金结构表达。

6.1.2 成本归类与用途说明写作标准

成本归类与用途说明是科研项目预算编制中的关键环节，其功能不仅在于呈现经费使用的计划性与合理性，更在于构建与研究内容相匹配的支出逻辑结构。科学的成本归类应依据研究任务类型、实施路径与资源消耗方式进行分类，常见条目包括设备费、材料费、测试加工费、劳务费、差旅与会议费、出版与知识产权费等。每一条费用的设置均需明确其与项目任务的关系，体现目标导向与环节支撑，而非泛化描述或模板化列举。

在实际撰写中，常见的问题包括用途描述不清、条目用途与任务逻辑不符、同类条目在多个任务中重复或遗漏、文字表述缺乏条理等。为提升预算说明的规范性与审查通过率，建议采用"条目名称—支出范围—技术支撑—成果目标"的四要素构建表述结构。例如某项目设有材料费条目，在用途说明中若仅写作

"用于购买实验材料",则显得模糊且难以评审。

经结构化重写后表达为"用于制备多孔陶瓷样本的前驱体粉体、助剂、成型模具等原材料采购,支撑课题一中陶瓷微结构构型优化实验,预计形成两种稳定孔径结构的对比样本。"该段文字不仅明确了材料类型、任务支撑关系,还指出了实验目标,具备清晰的科研用途链条。

使用 DeepSeek 可进一步优化预算说明的写作方式。例如输入"请生成与以下任务相对应的材料费用途说明,要求语言规范、任务对应明确",模型可输出内容"材料费将用于采购石墨烯复合液、超声分散剂及定制电极基底,进行课题二中微观电极结构调控实验,从而支撑结构性能调优研究。"此类生成不仅风格符合国家级申报格式要求,还可自动匹配学科术语与任务编号,提升文书系统性。

在联合课题或子课题结构中,成本归类还应体现单位分工与任务对应关系,例如"课题三由××大学承担,设立专项加工费用于委托第三方机构完成微观断层扫描,形成图谱数据输入模型训练模块。"通过明确条目支出责任主体,确保预算结构具备组织边界与管理可追溯性。

标准化的成本归类与用途说明撰写,有助于将科研实施意图转化为财务结构表达,既回应项目任务需求,也满足审计合规要求。借助 DeepSeek 实现条目级语言生成与任务级预算嵌套逻辑重构,可显著提升预算文本的专业度、结构清晰度与评审通过率,为科研项目构建高透明度、高逻辑性的预算支持体系。

6.1.3 预算与任务匹配机制

科研项目预算的核心价值不在于数字本身,而在于其是否能够与研究任务形成有效的结构映射关系。预算条目若无法清晰对接任务环节,将被评审专家视为"财务逻辑脱节"或"实施支撑薄弱",从而影响项目的可行性与合规性评判。构建预算与任务的匹配机制,需从研究目标出发,对任务拆解、阶段安排与资源消耗结构进行系统识别,并以此为基础形成"任务—条目—用途—金额"的闭环表达体系。

在申报实践中,常见问题包括某任务需外协测试但未设置加工费用,或算法开发需硬件支持却未配置计算资源设备费等,这些遗漏不仅影响审核,也使得项目实施风险加大。为实现匹配性写作,需先完成研究任务的模块化拆解,并为每一模块建立资源需求清单,再依照科研预算政策进行条目归属。例如项目设置"课题二:基于多维传感数据的故障识别模型构建",所涉任务包括传感器布设、数据采集、特征分析与建模训练。预算匹配应涵盖材料费(传感器硬件采购)、测试加工费(数据标定实验)、劳务费(临时数据采集团队)与差旅费（野外部署调试）等，每项支出均指向具体任务步骤，构成完整支撑链条。

DeepSeek 在此类场景中可发挥结构映射生成能力。输入任务分解表并提示"请生成与以下任务相匹配的预算配置段落，突出条目对应与逻辑连续性"，模型可输出如下文本。

"课题二在数据采集与特征提取阶段需采购多类型微型传感器及嵌入式数据记录设备，配置材料费 8 万元；为保障数据准确性，委托专业机构进行环境校准与实验室标定，设测试加工费 4 万元；数据采集涉及多点部署与移动调试，需设差旅费 2 万元；该任务模块由临时聘用人员承担具体采集与预处理操作，设置劳务费 5 万元。预算安排紧扣技术路径，构建清晰的资源支撑链。"

此外，DeepSeek 还可进行预算表与任务书的交叉校验。例如，输入预算摘要并提示"请识别预算结构中未覆盖的研究任务环节并输出提示"，可辅助发现未被支撑的关键节点，形成"任务缺口提示机制"。

预算与任务匹配机制的本质，是通过语言和结构双重逻辑实现科研实施方案与财务计划之间的可视化对接。借助 DeepSeek 进行任务—条目映射建模与支出逻辑表达优化，不仅提升了预算材料的专业水平，也为项目全周期的审计溯源与绩效评估提供了语义支撑与结构保障。

6.2 经费测算策略与合理性论证

经费测算是科研项目预算编制中体现计划合理性与执行可控性的关键环节。合理的测算策略应依据任务结构、实施周期与成果目标进行系统分解，确保各项支出具备可追溯的资源消耗基础与定量依据。测算过程既是对研究路径的量化还原，也是对资金配置合理性的审计准备。项目预算的科学性不仅取决于数值设定的精度，更在于其与技术内容之间的逻辑一致性。本节将从经费构成测算方法、典型条目的估算逻辑及模型辅助的测算表达展开，建立"技术—资源—资金"三位一体的测算与论证机制。

6.2.1 如何估算各阶段成本构成

科研项目预算中的阶段性成本估算，要求根据任务执行路径、阶段成果目标与资源消耗特点进行量化设计。不同阶段的研究活动具有差异化的支出结构，如前期以设备投入与实验准备为主，中期聚焦于实验测试与模型构建，后期则偏向系统集成与成果转化。科学的成本构成应基于任务逻辑构建"时间—资源—费用"的动态匹配体系。借助 DeepSeek 的结构识别与语言生成能力，可有效辅助研究者建立分阶段的经费结构与测算模型。

用户提问如下。

本项目的总周期为三年，计划开展"基于多源交通数据的城市拥堵预测与优化研究"，共分为三个阶段：第一阶段（第0~12个月）进行数据采集与预处理系统构建；第二阶段（第13~24个月）进行预测模型构建与算法训练；第三阶段（第25~36个月）实现模型部署、系统集成与实际测试。希望你帮助估算各阶段成本构成，并协助起草每阶段的预算说明内容。

DeepSeek 回答如下。

根据所提供的研究计划，可以将项目划分为典型的"平台构建—模型开发—系统集成"三阶段任务链，每个阶段的成本构成应分别围绕资源类型、任务执行方式与成果目标进行测算。以下为各阶段成本构成的初步结构建议及相应说明段落，所有金额为示意性设置，可根据具体报价进一步调整。

第一阶段：数据采集与预处理系统构建（第0~12个月）

核心任务：构建城市交通多源数据接入与预处理平台，部署采集终端、搭建数据接口、实现数据清洗与标准化。

建议成本构成如下。

设备费：数据采集模块与边缘传感终端采购，预计20万元。

材料费：传感组件与接入线缆等辅材采购，预计5万元。

测试加工费：数据接入协议测试及稳定性调试，委托第三方实验室完成，预计6万元。

劳务费：辅助人员参与前端部署与数据初步整理，预计4万元。

差旅费：现场调研、测试点布设与部署阶段交通支出，预计3万元。

预算说明文本示例：本阶段预算支出围绕城市交通数据接入与预处理系统搭建任务展开，包含核心传感设备采购、标准数据接口建设及部署调试等支出。设备与材料用于构建传感体系；测试加工委托第三方完成通信协议稳定性验证；劳务费用于聘用临时技术人员参与部署；差旅费用于现场点位调研与设备安装。

第二阶段：模型构建与算法开发（第13~24个月）

核心任务：进行交通预测模型设计与训练，构建包含时空特征融合机制的深度学习算法框架。

建议成本构成如下。

材料费：高性能计算节点租赁配套材料支出，预计3万元。

测试加工费：模型精度验证与交叉实验外部测评支出，预计5万元。

劳务费：模型开发阶段聘用数据标注与样本清洗人员，预计6万元。

专家咨询费：邀请AI领域专家参与模型架构评审，预计2万元。

差旅会议费：参加算法优化会议及中期成果汇报，预计4万元。

预算说明文本示例：该阶段预算配置紧扣核心算法开发与模型训练环节，支出覆盖从高性能算力使用、外部模型评估，到数据清洗人力及专家评估环节，形成"算法—样本—验证"三维任务支持结构，确保研究内容完整推进。

第三阶段：系统部署与验证应用（第25~36个月）

核心任务：将预测模型嵌入交通控制平台，完成部署调试与性能评估，形成可推广的示范系统。

建议成本构成如下。

设备费：后端平台服务器升级与模型部署支持模块采购，预计10万元。

测试加工费：现场实测与运行负载压力测试，委托专业测试团队，预计8万元。

劳务费：部署阶段现场运维技术人员，预计5万元。

差旅费：系统部署调试、示范运行现场协调，预计3万元。

会议出版费：结题成果展示会议及论文版面费，预计2万元。

预算说明文本示例：部署阶段预算配置聚焦平台上线与测试应用支出，涵盖服务器升级、系统运行测试及人员支持，辅以差旅与成果传播支出，构建从技术验证到成果交付的闭环实施路径。

用户提问如下。

请进一步将这三阶段的成本构成整合为一段可用于国家自然科学基金标书正文中的预算说明内容，并加入阶段任务调整时如何动态调整预算的说明。

DeepSeek回答如下。

整合三阶段预算构成时，应以时间节点为主线，突出阶段目标与条目支出的因果关系，结合"任务支撑+用途说明+可调节机制"的结构撰写。以下为推荐内容段。

整合预算说明内容示例段落：

本项目预算支出依据"建设—开发—应用"三阶段任务结构制定，体现任务分解的阶段合理性与支出计划的匹配性。

在系统建设阶段，主要投入包括前端数据采集设备采购、采集节点布设与调试费用，以及部署所需人员与差旅支出，构成硬件基础搭建成本框架。

在算法开发阶段，支出围绕样本标注、模型设计与外部验证展开，主要配置劳务费用、交叉测试成本与专家评审支出，形成高精度模型构建的任务支撑结构。

在系统集成阶段，平台部署与运行验证支出为主，包括服务器升级、测试运维及结题展示所需会议出版费用，完成系统交付与应用验证。

如任务执行中出现节奏调整或模型方案迭代，预算可通过内部条目间动态调节机制优化使用，如将原计划测试费用转用于新增部署验证，确保资源使用与阶段目标保持一致。

用户提问如下。

假设第二阶段模型训练任务延后，第三阶段需提前启动平台部署，该变化如何反映在预算说明中？请帮我改写相关预算说明内容。

DeepSeek 回答如下。

在时间节奏变化情况下，预算说明需同步修改阶段描述顺序与条目分布，同时说明调整逻辑的合理性。以下为重构后的段落文本。

重写后的预算说明内容：

由于模型优化过程需引入更大规模样本与外部反馈机制，原定第二阶段训练任务拟延后至项目第 18 个月后执行。为保障项目进度稳定推进，决定提前启动平台部署与部分功能模块上线测试。

因此，第三阶段原定平台设备与测试支出将前置实施，包括服务器采购（预算 10 万元）、系统稳定性验证（8 万元）与运维人力（5 万元）支出。原第二阶段中的部分测试加工费用（5 万元）将合并至部署节点进行并行支出。此项调整确保了研究平台可在模型开发完成后立即接入运行系统，实现阶段成果的快速闭环与可用性检验。预算调配不涉及总额度变化，符合项目实施节奏调整需求。

在进行阶段预算构建时，应采用"阶段目标+条目逻辑+成果关联"的结构化提问，引导 DeepSeek 生成任务支撑清晰、语言规范的预算段落。若出现任务节奏调整或结构变化，可借助"重写—改写—合并"类 Prompt 生成可接受的调整型预算文本。建议每轮交互围绕"研究任务—时间节点—资源用途"三个核心要素展开，逐步实现从预算构想到结构成文的智能转化，确保文本在审计合规性与科研逻辑间实现统一表达。

6.2.2 实验材料、测试费用的合理估计

在科研项目预算中，实验材料费与测试加工费是最具专业敏感度的条目，应依据研究内容、实验流程及技术参数进行合理估计。材料费用需体现品类、

数量与消耗结构；测试费用则应结合实验方法、外委（外包委托）内容与周期频次。申报文本需对金额设定具备技术解释力，并确保与研究任务严密对应。借助 DeepSeek，可实现材料与测试费用的拆解、用途描述生成及合理区间估算，有效提升预算说明的规范性与可信度。

用户提问如下。

> 本课题旨在开发一种新型结构减振装置，研究内容包括复合阻尼材料的制备、性能测试及结构组件构型优化。在前期材料实验阶段，需要采购聚氨酯预聚体、纳米硅粉、交联剂及模具辅料等材料。请帮我起草一段材料费用用途说明，并协助构建清单，包括项目任务对材料的具体依赖关系。

DeepSeek 回答如下。

> 根据研究内容分析，该阶段的材料费用主要围绕阻尼复合材料的实验制备与调配过程展开。清单构建与用途说明应充分体现任务—材料—工艺三者之间的因果逻辑，突出"技术必要性+实验路径支撑+数量测算依据"三个核心层面。以下为材料费用途说明文本及结构化清单。
>
> 本项目在阻尼性能提升实验阶段需开展聚合体系调配与微观改性实验，涉及纳米填料分散、组分比例调节与反应热控制等技术路径。为满足实验需求，需采购聚氨酯预聚体、纳米级气相二氧化硅粉、结构交联剂（MDI）、脱模剂及硅胶模具。所有材料均为关键化学反应物或支持工艺流程的基础消耗品，单批次实验预计消耗预聚体 15kg、纳米填料 4kg，计划开展不少于 10 批次重复性实验。材料使用与实验内容高度匹配，费用估算以市场采购单价为基础，并附含运输与储存损耗支出，预算合理、可控。
>
> 通过上述说明和清单设置，评审专家可以清晰理解材料支出的技术来源、任务对应关系及数量合理性。若进一步需要与不同阶段任务映射，也可构建"材料—任务节点"关系表进行补充说明。

用户提问如下。

> 本项目后期将进行三类实验测试：一是动态力学性能测试（DMA），二是微观结构扫描（SEM+EDX），三是疲劳寿命试验（多循环加载），均计划委托第三方完成。请生成一段预算用途说明，并结合测试频次、实验内容等，提供预算建议区间。注意测试说明需具备任务支撑逻辑。

DeepSeek 回答如下。

在测试加工费用撰写中，应突出"测试目标—技术参数—实验频次—外委理由"四要素，说明为何选择外部完成测试、测试内容对研究任务的支撑程度及其技术指标合理性。以下为推荐用途说明段及预算表。

测试加工费用用途说明段落：

为完成材料力学性能量化与微观结构调控验证，本项目设置三类关键测试任务，均为需要高精度测试环境或专业设备条件的环节，计划由国家材料分析中心与高校材料实验平台完成。动态力学分析（DMA）测试10组样品，验证不同配比阻尼响应性能；微观扫描（SEM+EDX）完成15份样品截面与元素分布分析，支持构型优化实验；疲劳加载试验开展不少于8组不同结构样本的寿命曲线分析，获取应力循环下的稳定性数据。测试加工预算依据测试单价、样本数量与必要辅助支出进行估算，支出合理、任务支撑强。

通过上述说明，可建立测试费用与实验任务的逻辑闭环，也能使评审专家快速识别项目技术难度及支出合理性。若涉及设备自建与外委结合的测试模式，模型亦可辅助构建混合支出结构。

用户提问如下。

请将上述"材料费用说明"和"测试费用说明"整合为一段适用于国家自然科学基金预算说明的标准化表述段落，控制在400字以内，语言规范、逻辑清晰、任务导向明确。

DeepSeek 回答如下。

以下为结合材料与测试支出、融合技术路径与任务阶段的基金预算标准化段落。

标准化预算说明段落：

本项目在材料构型优化阶段需采购聚氨酯预聚体、纳米硅粉、交联剂及模具辅材等关键实验材料，支撑阻尼复合体系制备与热固化工艺实验，材料费共计约2.2万元。性能评估阶段设置三类测试任务，分别为动态力学性能测试、微观结构扫描与疲劳寿命加载试验，计划委托国家级第三方平台完成，总预算约2.9万元。所有材料与测试任务均紧密围绕研究路径核心节点展开，费用配置结构合理、任务支撑逻辑严密，具备良好的技术匹配性与执行可控性。

在涉及材料与测试支出撰写时，应以"实验目的+方法路径+资源依赖+消耗数量"为提问核心，引导 DeepSeek 构建任务驱动型支出说明。构造提示时建议明确"研究环节+预算条目+技术细节",以获得"内容—结构"双重符合申报标准的段落表达。

在处理多项支出整合时,提示应控制长度并明确目标(如"生成400字以内合并段落"),确保输出语言风格统一、结构闭合、术语专业,适配国家级申报材料文本规范。

6.2.3　DeepSeek 生成预算说明逻辑段落

预算说明段落是科研项目申报材料中承接研究任务与经费条目之间的关键文本部分,需体现资金配置的合理性、技术支撑的逻辑性以及执行过程的可控性。

优质的预算说明不仅要列明支出项,还应构建"任务—资源—用途—成果"的链条,回应评审专家对经费使用透明度与任务依附度的关注。

借助 DeepSeek 的结构识别、语义映射与生成能力,可实现预算说明段落的自动生成、内容重构与风格调控,显著提高写作效率与规范程度。

用户提问如下。

> 本项目为国家自然科学基金申报,研究主题是"基于多尺度地应力数据的岩体破裂演化机制建模与预测方法研究"。项目计划分为三个阶段实施,分别为数据采集与模型输入构建(阶段一)、破裂过程演化模拟与特征提取(阶段二)、预测方法集成与平台实现(阶段三)。我已完成任务拆解,现在需要将预算结构写成一段逻辑完整的说明内容。预算内容主要包括设备采购、测试费用、劳务支出和差旅会议支出等,请你基于任务内容与常规预算结构,生成一段不少于500字、逻辑严谨、术语规范、适合用于标书中的预算说明段落。语言务必正式,要求突出任务支撑与条目一致性。

DeepSeek 回答如下。

> 本项目预算支出依据"模型构建—过程演化—集成应用"三阶段任务结构设计,体现任务拆解、技术路径与资源配置之间的匹配逻辑。阶段一以原位地应力数据的获取与分析为核心,涉及高频波动信号采集装置、应力传感模块等设备的采购,预算配置在设备费条目中,预计18万元。同时,为确保数据输入质量,需委托第三方完成微震记录的深层校正与异常识别测试,配置测试加工费用6万元。此外,数据预处理及输入参数筛选工作由临时数据团队完成,劳务费用预计4万元,差旅费用2万元,用于现场布点调研与设备部署。

阶段二为破裂过程数值模拟与特征识别阶段，重点在于构建裂隙演化模型并提取多源时空特征。本阶段不再新增大型设备，但在材料耗材（如裂隙模拟平台辅助材料、样本制备材料）方面需配置材料费 3 万元。为获取高精度模拟评估结果，拟外委岩体可视化裂纹扩展测试与系统应力恢复分析，配置测试加工费 6 万元。此外，该阶段需组织两次交叉模型评估会议并邀请专家参与中期模型架构评审，会议费与专家咨询费用预算合计 4 万元。核心建模过程涉及大量数据修复与可视化处理，需配置劳务支出 6 万元。

阶段三围绕预测方法集成与平台搭建任务展开，支出内容包括平台搭建所需后端服务器与部署模块采购（设备费 8 万元）、平台功能测试与部署环境优化的第三方测试服务（测试加工费 5 万元）。该阶段还将开展示范性现场部署与成果应用展示活动，需差旅支出 3 万元，会议费 2 万元，同时在系统集成过程中聘请两名工程型临时技术人员，劳务费预算 3 万元。平台最终上线前拟组织一次结题交流会与成果技术推介会，会议相关支出纳入出版与会议费条目中。

总体来看，本项目预算结构围绕研究任务逻辑构建，条目划分科学、用途明确，各项费用支出依据技术环节设定，符合国家自然科学基金预算管理办法，具备良好的执行可行性与支撑闭环。

用户提问如下。

该段文字逻辑比较通顺，但我希望进一步强化"任务—条目"映射的显性程度，并适当调整部分条目顺序，使其在评审专家阅读时能更清晰地识别预算依据的合理性。特别是设备费和测试加工费这两项，请帮助我重写一版，在语言风格保持一致的前提下，加入更多定量描述与条目分布说明，使其更具可审计性和专业支撑感。目标字数仍不少于 500 字，段落可略长，但必须保证语言连贯性与结构分节统一。

DeepSeek 回答如下。

本项目预算构成以研究任务阶段逻辑为主线，采用"阶段任务—资源结构—条目配置"的方式进行详细测算与结构化表达，确保资金使用与研究目标之间的技术一致性与条目对位透明度。各阶段预算配置总额为 65 万元，按照任务分布分为设备费、测试加工费、材料费、劳务费、差旅与会议费等五大类条目。

在数据获取与模型输入阶段（阶段一），为开展基于地应力微扰响应特征的多点采集实验，拟采购 16 套地应力原位传感单元与嵌入式数据采集模块，配置设备费 18 万元；同时为保障数据采集质量与深层应力环境修正分析，计划委托第三方实验平台完成约 120 小时的微震记录频域识别与干扰项过滤测试，测试加工费配置 6 万元；结合场地布设与设备部署工作，还将安排 2 名临时技术员进行样本安置与信号调试，劳务费设定为 4 万元；实地调研和部署涉及两轮往返与布控评估，差旅费设置为 2 万元。

在模型构建与破裂演化分析阶段（阶段二），为支撑裂隙网络模拟实验与时空特征建模，需配置裂纹样本制备材料及数值耦合试验平台辅助耗材，材料费预算 3 万元；为量化分析不同加载条件下的裂隙扩展行为及动态传播轨迹，计划委托完成约 30 组样本的裂纹拓扑演化可视化实验与系统应力残差模拟分析，测试加工费预算 6 万元；本阶段还将组织专家评审两次，对模拟框架稳定性与精度指标体系进行中期评估，专家咨询与会议支出预算为 4 万元。为完成数据可视化与模型后处理任务，计划聘请两名数据工程师参与，劳务费用配置 6 万元。

在预测方法集成与平台部署阶段（阶段三），拟采购后端服务器一台及嵌入式部署模块若干套，用于支撑模型接口集成与实时预测算法运行，设备费预算 8 万元；部署测试与平台性能稳定性验证将通过专业测试机构完成，测试加工费配置 5 万元；成果验证需安排三次现场演示与反馈调优，涉及多轮技术调研与软硬件适配差旅支出共 3 万元；成果推广环节拟开展一次结题展示会议及技术对接交流，会议出版支出预算为 2 万元；系统上线过程中将聘请两名工程实施人员支持接口测试与部署调优，劳务费配置 3 万元。

综上，本项目预算结构以任务逻辑为核心驱动，严格依据任务分阶段目标与技术实施内容进行资源配置与条目设定，各条目金额均基于市场询价、历史成本与研究实际需求进行量化估算，具备完整的支出逻辑闭环与执行可评估性，体现出良好的科研计划实施能力与财务使用规范性。

用户提问如下。

很好，现在请你进一步将上面这段内容进行模块化处理，以便我在不同部分修改文本时可直接替换。请按照研究阶段划分，将每一阶段生成一段预算说明文本，保证内容自洽，语言连贯，结构保持统一。段落之间应有自然衔接，便于最终整合为完整预算说明部分。

DeepSeek 回答如下。

根据您的需求，以下为三阶段模块化预算说明文本，可按需局部调整使用，整体语言风格保持一致，结构分节清晰，便于文本拼接整合。

阶段一：数据采集与模型输入构建阶段预算说明

本阶段预算围绕原位地应力数据的获取与输入模块设计展开，设备采购为支出主体，配置传感模块与嵌入式数据采集器等关键硬件，预算为18万元。为保障数据质量，计划委托专业平台开展微震记录频率识别与背景噪声剔除测试，预算6万元。辅助任务由2名临时技术员完成，劳务费设定4万元。项目部署涉及外业调研与设备调试，共配置差旅费2万元。所有支出构成直接服务于数据采集链条，为模型输入精度与实验稳定性提供基础保障。

阶段二：破裂过程演化模拟与建模分析阶段预算说明

该阶段预算围绕裂隙扩展模拟实验与多源数据建模任务展开，需采购试验平台辅助材料与样本制备组件，配置材料费3万元。为实现模拟结果的定量验证与动态可视化，计划外委完成裂纹传播路径追踪与残差力学分析测试，预算6万元。阶段中将组织两次专家评审会议以指导建模稳定性控制与算法调优，配置专家咨询与会议费4万元。模型训练数据处理与图谱输出需技术人员参与，劳务费设定6万元。

阶段三：预测模型集成与平台部署阶段预算说明

该阶段预算围绕平台系统集成与成果交付展开，计划采购平台服务器与嵌入式运行模块，设备费预算8万元。平台部署后将委托完成系统响应性能测试与算法稳定性验证，测试加工费预算5万元。本阶段部署活动需安排技术调研与实地演示三次，配置差旅支出3万元；平台上线后将组织结题交流会与技术应用演示会议，会议费预算2万元。部署过程需2名工程技术人员参与任务接口调试，劳务费用设定3万元。

生成预算说明逻辑段落时，核心在于构建"任务主线—资源分布—条目结构—执行语义"的嵌套表达体系。应围绕阶段目标、核心支出类型与任务节点，构建每轮Prompt提示。

在交互过程中，建议逐步增加语义引导颗粒度，例如将"支出说明"扩展为"基于任务结构的定量说明""添加第三方外委说明"等，确保生成内容具备技术逻辑、财务可审性与语言规范性。

同时，可通过模块化提示实现文本结构自动拆解与合并，增强可操作性。DeepSeek在结构识别与预算逻辑映射方面具备显著优势，能辅助用户完成从任务结构建模到财务条目构造，再到语言成文的全流程预算说明生成任务。

6.3 项目审计要点与审计风险规避

科研项目的审计管理已成为资助机构监管合规性与评估执行成效的重要环节。项目执行过程中的经费支出结构、合同管理、外协采购、票据规范性及人员费用合规性，均为审计关注的核心要点。一旦预算执行与合同、报销、任务结构不一致，将导致风险提示或结题延误等严重后果。

本节将系统梳理项目审计的关键节点与重点事项，并结合 DeepSeek 在文本核查、预算结构重构及审计逻辑建模中的辅助能力，构建可预警、可修正、可交付的科研项目审计支撑体系。

6.3.1 专项审计内容与评估核心

科研项目在执行与结题过程中要接受形式多样的专项审计检查。审计内容通常涵盖预算执行一致性、支出合规性、发票与合同合法性、劳务与专家费发放依据、设备资产登记、外协与采购流程等方面。评估核心则在于"经费执行是否与项目任务进度相一致""支出是否合规合理""项目资金是否存在管理与使用风险"。通过 DeepSeek 辅助可实现对审计要点的语言梳理、材料撰写合规性预判、典型风险点智能识别及应对策略生成，从而有效提升科研单位项目管理与文字材料准备的专业水平。

用户提问如下。

> 我正在准备某国家重点研发计划课题的中期检查材料，项目目前已执行 16 个月，支出金额大约占总经费的 62%。任务执行基本完成了前两阶段内容，其中涉及 4 次劳务费发放、1 次外协测试合同签订、两批设备采购，另有 3 次会议及差旅报销。审计组将于下月开展专项审计检查。
>
> 请你帮助我分析本项目中将被重点审查的内容有哪些，尤其希望你模拟一位审计专家的视角，从预算执行与任务进展一致性、合同管理、支出合法性等方面输出一个结构完整、具有评估逻辑的说明段落，以便我后续撰写审计应对材料使用。

DeepSeek 回答如下。

> 根据国家重点研发类项目的资金监管机制与审计标准，审计组在中期检查过程中通常关注以下几类重点内容。
>
> 预算执行与任务进度一致性：即"经费花得是否合理"，是否存在前期设备超支、中期尚未开始实施的任务已完成全部支出、成果产出与费用使用不匹配等现象。
>
> 支出条目合规性审查：关注设备是否已按申报计划采购、劳务费是否有岗位对照和原始记录、差旅会议支出是否基于阶段性活动且有实际佐证材料。
>
> 合同、发票、凭证合法合规性：主要审核外协测试、采购与咨询服务等

是否具备相应合同与付款依据，是否遵循三公经费限制、是否存在拆分报销、无效票据使用或超比例发放行为。

以下为模拟"审计专家意见格式"的结构化段落，可用于中期专项审计材料中。

模拟段落（审计专家语气）：

截至目前，项目整体经费执行率为62%，基本匹配任务完成比例与阶段性成果情况。阶段一与阶段二主要研究任务已基本达成，相关支出围绕数据平台搭建、算法验证与实验支撑环节展开。设备采购支出已完成两批次，涵盖高精度采集终端与并行计算模块，采购流程符合课题初始预算设定，且采购流程留有完整合同与验收单据。劳务费共计4次发放，均基于项目任务分工清单中的辅助技术岗位设定，已留存工时记录与绩效登记单，工资发放通过正式渠道完成，符合国家课题劳务支出管理办法。

外协测试合同经科研处审核备案，测试服务内容包括平台稳定性测试与数据安全性模拟实验，服务内容与研究阶段内容高度一致，付款流程合规，发票与合同匹配无异常。差旅与会议支出覆盖阶段性成果汇报会、技术交流会及模型联合评审等任务节点活动，发票与出差审批记录齐备，会议费未超支。总体判断为资金支出合理、支出内容与技术路径高度一致，支出文件完整，无明显财务管理风险。但建议加强结余资金的统筹使用计划，防止后期执行难度提升。

用户提问如下。

上述分析非常清晰。请你再帮助我从课题负责人视角撰写一段"专项审计自查说明段落"，内容应结构清晰、语言正式、逻辑自洽，要能全面回应审计检查组可能关注的六类要素：项目支出进度、设备采购合规性、劳务费发放依据、外协合同管理、票据规范性、阶段性任务与支出匹配情况。篇幅控制在600字以内，语言要高度书面化，以便纳入中期报告正文。

DeepSeek回答如下。

以下为符合审计组检查逻辑、从项目执行者视角撰写的专项审计自查说明段落。

专项审计自查说明段落：

截至本阶段，项目执行进度符合初始计划安排，经费总支出占批准额度的62%，各阶段任务完成情况与经费使用比例相符，未出现前置性超支或资源错配问题。设备采购方面，已按计划完成两批核心科研设备购置，采购流程经科研管理部门审定，所有设备均已验收入账，资产编号及台账齐备，符合预算执行路径与采购管理规范。劳务费支出严格依据研究任务分工安排，覆盖辅助实验支持、数据处理与阶段性分析等技术服务工作，发放流程遵循财务制度，岗位分配、工时统计与绩效记录留存完整。

项目外协测试合同 1 份，由项目牵头单位与具备资质的第三方机构签署，服务内容明确、价格合理、支付流程合规，相关成果材料已用于阶段研究报告编制。项目累计完成 3 次会议活动与若干次现场调研差旅，相关支出已通过财务部门报销核准，票据原件、出差审批单与任务记录齐备，无拆分报销或违规支出情况。总体来看，项目经费执行依据研究任务推进情况合理安排，支出条目与研究活动密切对应，项目财务管理规范、风险可控，具备良好的审计可追溯性。

用户提问如下。

现在请你帮我构建一个"专项审计检查要点结构清单"，以便我在撰写审计自查材料、准备答辩应对时，有一套清晰的审计问题识别框架。请将该清单按审计六大类风险逻辑展开，每类下设若干审查维度，并附上可能被质询的问题提示。请不要使用表格，而是以段落的形式有条理地书面化呈现，语言需专业、精确、易于用于实际操作备查。

DeepSeek 回答如下。

项审计检查重点可从六大核心审查类别展开，每类下设具体审核维度，并结合实际审计过程中可能出现的质询方向，形成系统化应对准备。

一、项目支出进度与任务推进一致性审查。重点在于核实经费使用率是否与任务完成度相匹配，是否存在支出前置、项目进展滞后但经费消耗过快、执行期任务未完成但支出已基本完成等情况。可能被问及："为何中期尚未结束但经费执行已超 60%？""是否存在前置性大额采购支出？"

二、设备采购与资产登记合规性审查。需提供采购方案、合同文本、验收报告、资产编号、设备使用记录等材料。审计组可能聚焦"采购是否高于市场价？是否通过竞价或集体决策机制？设备是否有登记入账并投入使用？"

三、劳务费发放合法合规性核查。应准备岗位分工文件、工时登记、发放明细、人员身份资料及考核记录。可能被质询："发放对象是否为在编人员？工时记录是否造假？任务内容是否与实际岗位匹配？"

四、外协测试或服务采购的合同规范性审查。重点审查是否符合对外服务采购程序、服务内容是否与任务内容高度一致、付款流程是否合规。审计常见质询包括:"测试服务为何委托外部?是否具备唯一性或技术必要性?"

五、票据报销及差旅会议支出合法性核查。需核对发票原件、差旅审批单、会议记录、出差任务说明等资料。常见问题如"是否存在一次会议拆分成多份报销?是否有无任务依据的出差行为?"

六、阶段性任务与经费条目匹配程度检查。评估支出条目设置是否覆盖核心任务节点、是否存在支出结构不合理问题。可能问及:"为何阶段二无明显测试活动却有大量测试支出?""是否有条目间的随意调整?"

在模拟专项审计场景中,用户应聚焦"预算执行逻辑—条目内容合规—支出行为风险"三大维度,引导 DeepSeek 生成符合政策规范、审计语言风格正式、结构分层清晰的段落与清单内容。建议通过角色提示(如"以审计专家身份")强化生成语气的专业性,同时将实际任务内容、时间节点、条目金额、合同数量等细化输入,以获得高一致性反馈。

生成清单时宜采用"分类—要素—问题"的三段式提示结构,有助于构建实操性强、可直接纳入答辩或材料撰写的审计应对框架。在长段落生成中,可通过拆解阶段、条目类别或风险类型实现分步生成,避免一次性信息超载,提升交互效率与文书实用性。借助 DeepSeek 的语义建模与政策结构生成能力,可实现科研财务合规性材料的结构化、规范化、自动化建构。

6.3.2　常见审计问题模拟与逻辑修正

在科研项目的专项审计过程中,常见问题类型具有高度规律性与可预测性,集中体现为支出结构与任务逻辑不符、报销材料缺失或格式错误、合同管理流程不合规、票据不规范或不真实、经费前置性使用与条目错配等。面对这些问题,项目申报人需具备敏锐的识别能力与及时修正的书面表达能力。

通过 DeepSeek,可模拟审计场景中的问题质询,生成合规逻辑修正说明,帮助课题负责人在答辩准备、材料修改与风险提示应对中提升文本质量与表达策略,从而显著增强审计环节的应对能力。

用户提问如下。

正在准备一个结题验收项目的审计答辩文书材料,项目执行期三年,总预算 180 万元,目前经费执行率约 96%,大部分支出集中在第二和第三年。日前收到预审反馈,指出存在三类典型问题:一是部分劳务费发放周期集中在短期时间窗口内，被质疑工时造假；二是某测试合同中付款比例与任务完成度不匹配；三是部分差旅费票据存在任务描述不清的问题。希望你分别模拟这三类常见审计问题的专家质询语言，并根据实际情况帮我起草逻辑修正说明，要求结构完整、语言严谨、能够用于现场答辩或报告正文中，内容字数尽量充分展开。

DeepSeek 回答如下。

以下将针对所列三项典型问题，分别模拟审计组的专家质询表述，并提供逻辑修正与说明建议文本。每段说明将围绕"问题识别—产生原因—数据支持—整改策略"四个维度展开，构建可用于答辩陈述或材料写作的专业内容。

问题一：劳务费集中发放问题

审计质询模拟如下。

根据财务台账及银行转账记录，项目在 2023 年第三季度集中发放四批次劳务费，占全部劳务支出的 72%。请说明为何在该时间段出现异常集中发放行为？是否存在非实质性工作对应的虚发、补发情况？是否具备岗位任务记录与工作时间安排清单？

逻辑修正说明如下。

针对 2023 年第三季度劳务费集中发放的情况，课题组已开展详细核查与岗位记录整理。经查实，劳务工作内容主要集中在数据建模与结果验证两个环节，任务性质为周期性阶段性处理，对应的人员实际服务期为 2022 年 12 月至 2023 年 7 月。由于项目中期调整后部分建模任务前置，而数据清洗与模型调参集中在暑期完成，导致技术岗位的工作集中分布。受当年高校放假、人员流动与财务报销周期影响，多名参与者的报酬未能即时发放，经多轮协调后，于第三季度完成集体性补发。所有劳务费发放对象均已提供工时登记表、任务分工清单与绩效评估记录，报酬核算基于实际工作内容与出勤时间。现已同步提交明细化工时数据及人员备案表，确保支出行为与任务执行具备一致性、真实性与合理性。建议将此类情况在后期科研管理中提前预设"延期发放说明"机制，并分期对劳务支出进行信息同步。

问题二：测试合同付款比例与任务不匹配

审计质询模拟如下。

项目于 2022 年 6 月签署测试服务合同，合同金额 8 万元，目前已完成付款 70%，但从任务进展与测试成果材料提交时间看，仅完成测试条款的约 40%。

请说明为何在未完成全部测试任务前已支付大部分费用？是否具备阶段验收证明？是否符合正规付款流程？

逻辑修正说明如下。

关于该笔测试合同的执行情况，课题组确实已于合同签署后按计划分两期支付测试费用，总额中的70%于2022年7月完成初次支付。该比例系基于测试合同条款中关于"测试平台专属配置启动后支付70%，剩余30%在成果交付后结算"的规定设定。由于本次测试为定制化地应力加载与破裂路径跟踪试验，前期需完成特定设备调试与预试验环境搭建，该部分投入由服务方承担实物成本与初始配置风险，因此课题组依据协议完成预付款。阶段性任务成果包括设备配置照片、样本测试初步报告及中期试验台账，均已提交科研管理部门备存。结余30%费用将在最终测试报告交付后进行付款。目前合同正在按计划推进，未发现延期、弃测或虚构数据行为，推荐在后期申报中补充"付款比例设计合理性说明"文件，以提升外协服务合同的可审计性。

问题三：差旅费任务描述不清

审计质询模拟如下。

审计发现，项目存在三笔差旅报销票据未附有效出差申报表，且报销内容中未明示出差任务目的，仅列明"调研""现场走访"等模糊表述。请问该类差旅是否实际发生？是否与项目研究节点相关？为何无完整任务说明支撑？

逻辑修正说明如下。

关于"调研""现场走访"等表述未详细说明任务内容的问题，课题组已梳理所有涉及差旅费用的任务节点与现场活动记录。经核实，上述三笔差旅分别对应2023年4月、6月与9月的三次现场数据采样及工程单位协作会议，具体任务分别为：第一笔支出涉及新安装传感器现场校准任务（附调试记录）；第二笔为与地方合作单位联合开展的测试场地选址与功能评估活动（附会议纪要与场地照片）；第三笔支出则为与模型用户方开展的接口技术需求对接任务（附需求反馈表）。由于当时使用电子差旅申报平台报备，纸质表单未留存，但已补充电子审批截图与任务对应函件。现已形成标准化补说明文档并提交至财务部门备案，确保任务描述与支出行为保持一致。建议今后统一使用任务编号制差旅报备模板，避免描述模糊带来后期审计疑义。

用户提问如下。

你提供的说明非常精准且专业。请你再进一步帮助我整合出一份"科研项目审计风险问题识别与修正建议总览"，并按照问题类型分为五类：资金使用节奏不合理、条目结构失衡、票据与支出材料不匹配、合同执行流程不规范、任务支出逻辑错配。每一类下请列出若干具体表现，说明其成因及审计视角的风险判断逻辑，再生成推荐性修正表达框架段落，供我在写作中参考使用。语言风格要求正式、清晰、可直接用于撰写材料。要求写得尽量详细，内容尽量多。

DeepSeek 回答如下。

科研项目常见审计问题可依据"支出行为与任务逻辑之间是否具有可验证性与一致性"为核心评估维度，分为以下五类主要风险类型。

一、资金使用节奏不合理

常见表现：前期经费使用比例过高；阶段性成果尚未产出，经费执行接近尾声；项目初期支出过快，中后期无资金保障。

成因分析：前置性设备采购支出未分期；劳务、测试任务未与时间节点分期匹配；项目后期资源调度安排不清。

审计风险判断：是否存在资源错配？是否超前性配置资源导致项目节奏与预算不协调？是否影响结题资金流匹配？

修正表达段落建议：

项目经费使用节奏以任务推进路径为基础，第一年度集中完成设备配置与前端系统部署，构成初期支出高峰。后续阶段主要支出为差旅、劳务与系统测试，已根据项目实施计划设定分期节点。目前整体执行率与任务完成度基本匹配，无超前性挤占情况。课题组已形成《阶段支出节点表》并提交财务备案。

二、条目结构失衡

常见表现：设备费占比过高，材料费或劳务费不足；会议费支出频繁，核心科研支出稀少。

成因分析：预算设定时估算偏差大；执行过程中调整不当；技术路径变更未同步调整条目结构。

审计风险判断：支出结构是否真实反映科研任务构成？是否存在"资金过度集中于非科研性条目"？

修正表达段落建议：

经课题组审查，设备费支出集中于第一年度核心技术平台建设，后续条目逐步切换至数据处理与测试支出。整体结构与任务负载比例一致，无非科研性条目偏高问题。已就阶段结构变化补充《条目支出比例调整说明》，确保结构合理。

三、票据与支出材料不匹配

常见表现：票据金额、报销时间与任务节点不符；无工时登记支撑劳务费发放；合同金额与付款记录存在差异。

成因分析：财务记录未与科研系统实时同步；任务负责人材料归档不足；部分报销走"默认流程"忽略科研节点。

审计风险判断：是否存在伪造、错报或混用票据？是否可通过材料还原支出行为真实过程？

修正表达段落建议：

为回应票据与任务时间不一致问题，课题组已开展全量票据—任务对照分析，补充任务证明材料与电子审批流截图。劳务费发放已补齐《工时登记单》与绩效考核单，合同付款对应银行回单及验收资料。现已形成全口径归档结构，满足可溯源审计需求。

四、合同执行流程不规范

常见表现：无合同备案；测试服务无评审；付款与验收流程倒置。

成因分析：外委执行急迫，前期缺少合同审计流程认知；技术合同未走学校法务审查程序。

审计风险判断：是否存在违规采购、虚假合同、规避招标？付款行为是否脱离实际履约逻辑？

修正表达段落建议：

项目已补充缺失合同履约流程文档，包括外协服务申报表、签署记录与成果验收报告。付款节奏已优化为"履约节点+验收报告"双控机制，未来将严格按《科技合同管理办法》实施全流程存档备案。

五、任务支出逻辑错配

常见表现：测试费设定在无测试任务阶段；会议费设定无成果汇报支撑；项目任务说明与预算用途段不一致。

成因分析：预算撰写与技术任务分工断裂；实际执行中调整未同步修改支出说明。

审计风险判断：是否存在"造词式支出"？是否有任务变更但未调整预算结构？

修正表达段落建议：

经核查，原计划第三阶段任务未含大型测试，但实际执行中增加接口稳定性测试，测试费支出合理。现已补充任务调整说明及支出条目结构重构材料，确保技术目标与支出路径一致。

在模拟常见审计问题场景时，应将问题还原为"具体行为—审计视角—逻辑缺口—修正结构"的四段式思维链。提示可围绕"请模拟审计专家对某类支出提出质询，并帮我构建修正段落"进行构造，然后细化内容元素（如金额、时间、条目、合同编号等），确保生成内容具有高度真实感与制度参考性。生成内容应保持合规语气、审计逻辑与研究任务结合的语义完整性。通过 DeepSeek 的结构嵌套能力，可有效完成问题归因、风险揭示与书面修复建议输出，为项目答辩材料准备、财务说明补充与结题归档提供高质量的文案支持与合规性保障。

6.3.3 DeepSeek 模拟审计视角优化预算结构

科研项目预算的合理性不仅体现在任务匹配性与条目规范性，还体现在能否经得起审计视角的合规性核查与支出结构逻辑评估。模拟审计视角，是近年来预算撰写过程中的关键策略之一。

通过审计专家的视角，对设备费、劳务费、会议差旅、测试外包、材料采购等条目的比例结构、用途表述、合同机制等进行风险预判，可以有效提升预算的可审计性与执行安全性。

DeepSeek 在语言理解与合规逻辑建模方面具备优势，可根据设定的审计偏好、政策指标与项目任务自动优化预算结构，帮助项目团队在撰写阶段就完成从"科研逻辑"向"审计语言"的提前适配。

用户提问如下。

> 当前我正在撰写一个国家自然科学基金面上项目的预算部分，项目总经费是 80 万元，研究主题为"基于非线性微分动力学的结构抗扰建模与应用"。任务共分为三个阶段：理论建模验证（第一年）、模型仿真测试（第二年）、工程试验与优化（第三年）。我根据任务制定了初稿预算结构，目前的特点为：设备费 16 万元（主要用于实验支架与传感器），材料费 4 万元，测试加工费 10 万元，劳务费 12 万元，差旅与会议费合计 6 万元，出版及专家咨询费 2 万元，间接费按定额 24 万元。
>
> 请你以"模拟审计组专家"的身份对该预算结构提出审查意见，尤其希望你指出可能存在的问题或审计关注点，语言要模拟正式审计意见书的风格，不少于 2000 字，语气严谨、结构清晰。

DeepSeek 回答如下。

> 【模拟国家自然科学基金项目预算审查意见书】
> 项目名称：基于非线性微分动力学的结构抗扰建模与应用
> 负责人单位：×××大学力学与控制工程研究院

预算总额：80万元（含间接费用24万元）

审计意见综述如下。

本项目预算总体编制结构较为完整，条目覆盖科研实施各主要环节，任务阶段清晰，支出安排具有一定的逻辑连贯性。然而，经以国家自然科学基金预算政策及常见科研项目专项审计实践为依据进行模拟审查后，发现该预算结构仍存在以下审计风险点与结构优化建议，特作如下说明，供课题组参考整改。

一、设备费比例审查与使用依据不足

预算中设备费设定为16万元，占直接费用约26.7%，在国家自然科学基金面上项目中属于偏高比例。设备类型包括实验支架、动态加载平台与多通道传感采集模块等。审计风险提示如下。

部分设备已为常规实验条件所用基础设备，是否具有"必要新增性"需进一步说明。

未说明是否可由单位已有仪器共享平台提供替代，缺乏"共享不可行"分析依据。

若该部分设备为定制化配置，建议提供技术规格参数与任务唯一适配逻辑说明。

建议整改方式如下。

补充设备与任务节点之间的依存逻辑，明确设备使用周期、重复利用率与任务阶段的紧密性。对于结构通用型支架，应优先列为材料支出或共享支出；对于传感模块，则应说明频率响应、信号通道数量等对试验有效性的关键约束。

二、测试加工费金额较大但缺乏多样化说明

试加工费设置10万元，用于委托高校实验中心完成疲劳加载、应力回馈建模实验。风险提示如下。

未区分实验类型与外委内容，可能被质疑是否有内部条件替代。

未提供第三方服务必要性说明、报价参考或合作协议基础信息。

不排除被认为存在"虚报加工支出"风险，若验收环节未能提供等价成果。

建议整改方式：

细化测试任务描述，如"应力加载实验（6万元）、多轴疲劳响应试验（4万元）"，并补充任务目标、样本数量与数据采集方式说明，生成清晰任务—支出路径。建议生成第三方机构名称、设备类型与项目经验简述，为预算评审提供可信度支撑。

三、劳务费结构不明确、岗位描述缺失

预算中劳务费设定 12 万元，占直接费用 20%，在政策允许范围内，但在结构化表达上存在如下问题。

未说明岗位结构，即多少名劳务人员、承担哪些具体任务。

无明确工时分配说明，如"实验协助""仿真平台搭建""结果数据标注"是否各设专人或按周期分工。

未呈现劳务人员身份类别（是否为非在编人员）与发放依据（考核评价、任务清单）。

建议整改方式如下。

构建劳务任务清单并配套岗位结构说明，如"仿真辅助工程师 2 人×6 个月×2500 元/月""数据清洗辅助岗 1 人×4 个月×2200 元/月"，确保支出行为具备考核性、可追溯性与岗位逻辑合理性。

四、差旅与会议费比例偏高、任务链支撑不足

预算设置差旅与会议费共 6 万元，约占直接费用 10%。审计关注如下。

会议次数、对象与任务节点无清晰绑定。

出差任务未量化，如"调研交流""模型研讨"等表述笼统，缺乏支出逻辑闭环。

若后续成果未体现在会议论文、协同成果中，易被质疑支出目标模糊。

建议整改方式如下。

拆分会议费与差旅费，明确用途，如"参加国际结构建模会议（会议费 2 万元）、工程试验现场部署调研（差旅费 3 万元）"。增加对应任务编号与实施阶段，形成任务—交流—成果三段式闭环结构。

五、专家咨询费表述过简、缺乏使用节点说明

预算设置专家咨询费与出版费合计 2 万元，但缺乏如下细节。

咨询费所对应的评审类型、时间节点、领域专家需求未说明。

无合同机制说明，是否为一次性评估？是否留存评审记录？

出版费用未说明支出对象，是会议录用费、SCI 发表还是项目成果手册？

建议整改方式如下。

标注"咨询费用于模型关键节点架构评估与系统指标设置论证，预计邀请专家 2~3 人，涉及费用 1.2 万元"，同时补充"出版支出拟用于结题成果专刊版面费用"，提高文字规范性与使用场景的针对性。

综合评估建议如下。

算编制初稿已覆盖主要条目，但在审计视角下存在结构比例需优化、支出条目需精细化描述、任务—费用映射关系不明确等问题。建议在后续申报

阶段结合 AI 辅助工具，自动生成"条目用途说明+任务节点映射+风险提示模拟"，提升预算文本的可审计性、逻辑透明度与合规性。

6.4 多单位预算划分与配比策略

在多单位联合申报的科研项目中，预算划分与经费配比策略是实现合作效能、保障任务执行与规避审计风险的关键。合理的预算划分需充分体现任务分工的结构逻辑与资源配置的匹配原则，并确保资金在多主体间的合规流转与协同执行。不同单位在职能定位、成本结构与执行能力方面的差异，也对配比策略提出了更高的要求。

本节将系统阐述多单位协作背景下的预算结构设计、条目拆分逻辑与配比合理性控制机制，构建跨单位科研管理的财政执行基础框架。

6.4.1 协同单位经费控制原则

协同单位经费控制原则是多单位联合申报或执行科研项目时的关键财务管理要素。合理的经费分配不仅需要依据各单位在任务分工、技术能力与资源匹配度方面的差异进行精确划分，还要兼顾整体项目流程的可控性与合规性，以减少风险交叉与重复支出。

通过预先设定的投入产出考核机制，及对各子任务或子课题执行进度进行动态评估，可实现多单位经费使用的科学监控，保障协同研究的实效性与审计安全性。

借助 DeepSeek 的多角度预算评估与语言生成能力，可自动生成符合协同逻辑的经费控制策略文本。下面以"智慧交通实时监控平台开发"为例，展示用户与 DeepSeek 的交互过程。

用户提问如下。

本项目为"智慧交通实时监控平台开发"，总经费 300 万元，涉及三家协同单位：A 大学（牵头单位，主要负责系统算法与总体管理）、B 公司（提供核心数据源与部分软硬件支持）、C 研究院（承担场景测试与平台可视化部分）。目前初稿预算结构按照 A：B：C 约 6：2：2 进行分配，但在评审环节中收到质疑，认为 B 公司可能因"投入不足"导致实际研发滞后，也担心 C 研究院在平台可视化阶段有潜在超支风险。

希望对多单位经费进行更细化的配比说明，并阐述不同单位在具体任务中的资金使用控制原则，以满足评审和后期审计要求。请先从"协同单位经费控制原则"角度，模拟评审专家给出一段专业性审查意见。

DeepSeek 回答如下。

非常感谢提供该多主体科研项目的背景信息。下面将以模拟专家审查或咨询顾问的角度，对"智慧交通实时监控平台开发"项目进行经费控制原则方面的深入审阅与建议，以满足财政合规性、任务逻辑一致性与协同执行效率等多重要求。

首先，需要明确的是，协同单位在联合申报的科研项目中，通常基于以下三大前提进行经费配比：其一，项目牵头单位（A大学）承担总体技术路线的核心设计与管理职能，一般应拥有相对高的预算占比，以便实现对任务统筹、资源协调与关键技术突破的集中投入；其二，其余协同单位（B公司与C研究院）则根据自身技术专长或资源不可替代性来确定投入经费的比重，目的在于保障各单位任务分工与财务使用间的紧密耦合，不至于出现"资金闲置"或"任务无钱可做"的情况；其三，需兼顾多主体的财政风控需求，使得后期审计环节能够清晰区分每一单位的支出条目、资金用途与成果产出对应关系。

基于此，本项目设置A：B：C为6：2：2的比例，在原则上并非不可行，但仍需具体探讨以下几个重点问题，以模拟审查意见的形式表达，从而帮助在评审或执行环节化解质疑或疑虑。

第一，关于A大学是否承担了足够的研发核心与管理职责，合理支撑其占据主要经费份额。

A大学作为牵头单位，若在可行性研究与任务分工文件中明确承担了"平台顶层架构设计""实时监控核心算法研发""系统集成与中期验收管理"等关键部分，则其较高比例的经费分配具有合理性。审计或评审专家在审核时往往会查看对应条目，如"设备费""劳务费""技术开发费"是否主要落在A大学的责任清单上，并与其技术路线相符。若A大学的任务内容中存在部分可以委托外部完成的板块，或者在算法研发之外仅负责项目管理，就需防止"经费集中过高"与"资源投入不足"之间的矛盾。通过增加详细条目说明，如A大学在第一年需购置高性能计算服务器、开展深度学习模型训练与实验平台搭建，第二年承担实时调度模块与测试阶段的人力密集投入，第三年负责平台收尾集成与试点验证等，即可证明其资金获取的正当性与必要性。

第二，关于B公司"投入不足"疑虑的解释与经费使用控制要点。

评审专家提及的"B 公司可能因投入不足导致实际研发滞后",可能是因为在最初的任务分工中,B 公司承担的数据源提供与部分软硬件支持,与项目总体资金比例出现一定失衡。若 B 公司仅分得 20%的份额,但需提供关键数据获取、服务器托管或外部接口开发等核心环节,的确会让评审方产生资金短缺或后期易出问题的印象。对此,一种可行的经费控制原则是,首先量化 B 公司在硬件维护、数据处理、系统开发的具体成本,例如"每月服务器运维费""数据清洗与标注人力支出""接口开发的实时维护成本"。如果算下来,此部分支出的客观需求超过了当前 2 成预算的极限,那么就需要考虑在 A 单位的预算中为 B 公司留出外协经费或联合开发费;或者由 B 公司在自有资金或社会化融资中进行适当配套投入,再在项目预算文件中予以明确说明。

审计专家的视角会关注:B 公司是否在项目书中列出具体支出项,比如"服务器使用费""数据管理费"等是否已列入材料费或者测试费,如果没有,则很容易被判定为"经费不足以支撑实际任务"。因此,对于 B 公司的预算支出条目尽量做"技术功能模块+资金条目"式说明,如"接口开发劳务费、服务器运维费、数据预处理环节费"等,让评审和审计均能对照任务来核定其经费使用合理性。

第三,关于 C 研究院潜在"可视化阶段超支"风险及相应配比策略。

C 研究院承担可视化功能开发与场景测试部分任务,但同样分得 20%的经费份额。若可视化工作量仅在后期才集中爆发,则如何保证其支出曲线随项目周期逐步投入,而非一窝蜂地在结题前短期突击?从审计或监管方的角度,会关心:"是否存在高额软件授权费、仿真平台搭建、3D 可视化素材采购"等容易被忽视却占据大量资金的条目。

因此,需要完善对 C 研究院可视化工作细分的条目设计,让其前期需求调研—中期接口开发—后期界面美化与可视化实现的三段式资金使用安排。此外,还应在项目书或经费表中对"软件环境、数据融合接口、演示版本开发"做专门的经费说明。通过这种方式,即可避免评审方怀疑 C 研究院到中后期才匆忙采购软硬件资源导致超支。若能将一部分调研与需求分析费用在第一阶段发放,一部分开发支出在第二阶段列支,最后再将系统演示与场景应用的经费安排到第三阶段,就可以有效分散风险,维持较平衡的资金使用节奏。

第四,多单位之间的配比与合同管理衔接。

于多方协同项目而言,除了明确各自的预算份额,还需通过合法合规的校际或单位间合作协议来建立资金流转与责任约束机制。牵头单位通常保留总经费的管理权限,而协同单位须在项目管理办公室的审批或财务备案机制下报销大额支出。像 B 公司若要进行设备采购或外部技术委托，就需要经过 A 大学作为总负责方的盖章确认；C 研究院的可视化试验也要确保阶段性成果提交与费用拨付挂钩。这些过程若在评审或审计环节被发现没有合约或文书支撑，容易引发项目管理不规范的质疑，也会让经费配比策略变成"只有分摊数字、缺少执行细则"的状况。

第五，风险应对与后期结题审计。

审计专家的视角，最核心的关注点仍是"项目结束时，各协同单位是否能提交与预算支出相称的研究成果或工程节点"。因此，要在经费分配上设立"成果交付与费用拨付"相协调的原则，比如 B 公司的数据源接口若未按时完成，就保留一定比例尾款不拨付；C 研究院的可视化模块未达成演示效果，也应冻结部分资金，直到验收通过为止。尤其是在中期检查中，若发现某协同单位进度延迟，便可以通过预算的动态调整机制对其经费进行"递延"，保障最终结果的质量。

综上所述，基于模拟审计专家的视角，对于本项目总经费 300 万元、A：B：C 分配为 6：2：2 的既定方案，需要从以下几点进一步完善，以缓解评审质疑、提高执行时的风控合规性：

在 A 大学的经费使用说明中，加强对"平台算法研发"和"总体管理协同机制"的重点支出描述，体现主导职责和高比例资金的正当性。

针对 B 公司的"投入不足"疑虑，细分核心数据获取与系统支撑等任务条目，并形成对资金配置的精细化理由，或设立与 A 大学之间的外协或项目合作合同，说明技术不可替代性。

为 C 研究院的可视化研发阶段拟定明确的阶段划分和经费拨付策略，避免后期集中一次性耗资或出现不可控的超支。

建立统一的多单位财务与进度联动机制，通过书面协议或项目章程明确各单位的拨付节奏及管理权限，保证每笔支出都能在合同层面对应具体职责与成果。

预设后期审计检查时的对账策略，如"工作包与条目映射表""验收节点与拨付比例表"等，以确保资金使用对审计可追溯、对外部质疑可形成合法合规的书面答复。

用户提问如下。

非常感谢这份审查意见。现在想请你从"经费配比策略实操"的角度，给出一段更具操作性的实施建议，用于写入课题申报书中"经费使用与管理"章节。要求语言保持正式、条理清晰，能体现实际操作中的条款性描述，比如如何在合作协议里约束 B 公司的数据源提交时限，以及 C 研究院的验收节点与费用挂钩机制。

DeepSeek 回答如下。

实施建议主要围绕几个实操层面展开：经费拨付管理细则、多单位间工作交付要求、验收里程碑设定与动态监控机制等。下面从四个重点环节详细阐述可操作策略。

第一，制定多单位间的经费拨付管理细则，并写入正式合作协议

对于此类 300 万元规模的跨单位科研项目，建议在项目申报书附录或后续签署的合作协议中载明如下条款，确保法律与财务上具有以下约束效力。

拨付节点设置。可将项目划分为 3~4 个主要里程碑节点，如"算法原型完成""数据源接入完成""可视化模块初验""整体系统中期验收"等。当某单位完成对应节点，经项目牵头单位验收通过后，即可拨付对应阶段费用，例如可采取"第一次拨付 30%，第二次拨付 40%，第三次拨付 30%"或类似的比例机制。此举既能保证每家单位的进度约束，也降低一开始就投入大量资金的风险。

合作关系说明。A 大学作为牵头方，拥有整体资金管理权限，但需在校级或院级科研财务制度下对大额支出项目进行审批备案；B 公司和 C 研究院作为协作方，需要提供相应的任务完成证明（如测试报告、阶段成果文档、演示视频等），财务部门才会拨付下一批经费。这样能避免出现单方面资金超支或滥用的情况。

风险共担条款。若某家单位在规定时间内无法完成既定节点，则应触发协商或评估机制，由项目办或专家组介入进行审议，可能需要重新调配项目资源或减少其后期拨款，并要求该单位针对延误或质量问题进行说明。此类条款在重大项目或重点研发计划中尤为常见，能显著提升协作可靠性。

第二，明确 B 公司在数据源与系统维护方面的责任与时限

既然 B 公司的职责包括关键数据源对接以及部分软硬件支撑，就需在申报书中针对这部分经费配比进行更为详细的条款说明，具体如下。

数据源提交时限。例如规定 B 公司须在项目启动后 3 个月内完成城市路网或交通流量数据的初步接入接口与 API 文档编制；在项目执行 6 个月时，需实现数据实时更新功能；如未达成，则牵头单位有权暂停或减少当期拨付款项。

软硬件运维责任。若 B 公司需要提供服务器托管或自动化运行环境，应列明每月或每季度的运行费用、技术人员支出及运维报告提交频次。若出现

实际消耗远超预算的情况，则需进行动态调整并在项目办公室审批后再行执行，避免后期审计认定"合同无效"或"款项超出合同范围"。

配套费用与自筹说明。B公司若在研发过程中需要额外投入，比如大容量云服务器或安全防护系统，可以在合作协议中注明由B公司自筹部分，以体现其对项目成功的积极贡献，也能回应评审对"投入不足"的担忧。

第三，为C研究院设定可视化模块的分期验收节点及费用挂钩机制

C研究院在后期可视化场景实现与测试中容易出现"大额软件采购"或"高投入短期爆发式资金需求"的情况。为避免集中超支，建议分期列出可视化环节的成果交付点，并在经费配比时予以明示。

前期需求调研节点：将可视化需求与基础UI设计、关键技术选型等前置在项目的前6个月内完成，给予10%的经费拨付，使C研究院得以启动必要的软硬件准备与人员配备。

中期可视化系统原型验收：在项目18个月时，要求C研究院提交初步可视化Demo演示（如3D路线图、实时监控数据动态可视化等），经专家组评审通过后，再拨付后续的40%费用，并在合同中指定后续功能优化或界面美化的进度。

最终集成与应用演示阶段：在项目中后期至结题前，针对高质量场景演示和可视化平台上线部分，再视完成度拨付余下的款项。若出现严重延误或质量不达标，可启动合同变更或资金扣减条款。

第四，完善审计跟踪与财务对账机制

建立定期财务报表与技术进度对账制度：每季度或每半年组织一次内部审查会，邀请财务人员与技术骨干联合审阅支出凭证及阶段成果，如设备采购发票、外协测试报告、差旅登记等。

引入第三方审计模拟：在一些涉密或大型资金规模项目中，可在前期设置"外部审计顾问"角色，每隔12个月进行一次模拟审计，为结题或正式审计提供预警与优化建议。

任务调整与资金调整联动：若技术路线发生重大变化需调整任务结构，则应同时重拟各单位的资金使用配比，使之与新的技术或开发重点保持一致。否则后期审计可能认为存在"预算与实际工作不符"的合规风险。

在上述实施建议中，模拟审计视角的核心要点在于不断对照"任务目标—资金用途—成果产出—执行周期"四大要素。任何一方协同单位若在资金领取后无明显成果或任务交付证据，就有可能在审计时被认定为潜在风险。通过强化里程碑式的拨款机制与文字化的合同条款，并在日常管理中建立财务—技术双轨记录，可在项目实施的全过程中维持较好的资金安全与目标达成度。

用户提问如下。

非常详细，谢谢。最后，希望你再以本项目"审计专家+项目管理办公室联合"的口吻，来完成一段综合性结论，覆盖我们前面讨论的所有要点，用于项目申报书的"多单位协同经费管理方式"部分。

DeepSeek 回答如下。

以下为模拟"审计专家+项目管理办公室联合"口吻下的综合性结论段落，旨在结合多单位协同预算的分配策略、执行机制与审计预警要点，尽量满足项目申报及审计合规需求，也能为后续项目管理实践提供可操作的参考文本。

【综合性结论文本】

鉴于本项目采用多单位协同模式，且在智慧交通实时监控平台的研发和应用中，各合作单位分工与经费需求体现出明显的差异化特征，项目管理办公室（PMO）及外部模拟审计专家组经过多次研讨与风险预判，形成如下综合意见，以指导后续的经费使用与管理方式。

一、经费配比与分阶段拨款策略

经费占比与责任对应：在项目预算总额 300 万元中，牵头单位 A 大学承担平台算法设计、系统统筹与项目管理，预算份额为 6 成，主要用于核心算法研发、关键设备采购及人力成本。B 公司占 2 成，覆盖数据源提供、服务器运维与部分 API 接口开发。C 研究院同样为 2 成，用于可视化场景测试与后期系统示范应用。该比例的合理性基础在于各单位在技术难度与资源投入上的匹配度。

分阶段拨款机制：为确保各单位的任务执行进度与支出节奏相匹配，建议将资金拨付划分为若干主要里程碑节点。例如，在项目初期（0~6 个月）达成数据采集与初步算法验证后拨付首批资金；中期（7~18 个月）完成核心算法与接口联调后拨付第二批；末期（19~30 个月）实现可视化演示与系统上线后，再进行尾款结算。此策略在审计视角下可规避一次性投入过量导致的闲置或挪用风险，也能更有效监督各单位的成果产出。

正当性依据：需在项目合作协议及财务管理办法中明确写明"任务完成度与拨款数额挂钩"，同时保留阶段成果验收意见书、测试报告或外部专家评审意见，以作为拨付审批的佐证材料。

二、核心设备与外协测试费用的控制原则

设备购置：A 大学如需大批量购置 AI 训练服务器、传感器或其他专有设备，必须在预算与资产管理环节严格把关，确保符合科研需求与价格可比原则；B公司若拟购置专门数据处理硬件，也应说明其与智慧交通平台耦合的独特性，证明无法由A大学设备代替。资产登记、采购流程、验收单据等资料应随时备存，便于项目审计复核。

外协测试：若B公司或C研究院在研发过程中需外部专业机构进行高强度并发测试或3D可视化渲染试验，应将相关协议事先向PMO报备，并在合同条款中约定"分批测试—分批付款"的机制，避免一次性支付过高费用导致审核受阻。若某项测试被视为较高风险投资，应通过团队研讨或引入小型第三方评估确保必要性与可行性。

资金去向可追溯：无论是设备还是外协测试，皆应在月度或季度报表中呈现支出条目对应的任务编号及阶段成果，从而实现"财务—技术环节"多维度交叉验证，符合审计对科研资金精细化管理的要求。

三、劳务费、差旅会议费的配比与使用约束

劳务费：在多单位协同情况下，统一的劳务费发放机制是防止重复计薪或漏计薪的有效手段。A大学可负责制定总额分解计划，并对B公司与C研究院提出"需提供劳务费发放依据、人员分类与任务贡献度说明、工时记录"的要求。每次发放前进行核对，规避虚报风险。

差旅会议费：对于联合调研、现场测试、学术交流等环节，可建立"谁发起—谁审批—谁报销"的管理闭环，确保各单位差旅支出与研究任务严格对接。若B公司与C研究院需要跨区域调试或出差拜访合作方，也需事先提交差旅任务书，便于PMO核准费用标准。会议费不可过度集中或缺乏成果产出证明，否则在审计环节易被判定为支出动机不实。

四、任务与经费匹配度的评估与调整机制

动态任务评估：在项目执行过程中，若B公司数据接口开发滞后或C研究院可视化平台进度缓慢，则PMO有权根据阶段性验收情况对拨款进度进行调整，甚至可启动"减少或冻结"部分资金的策略，以敦促协同单位及时整改，保持对终期目标的锁定。

审计预警系统：可建立一套"项目执行—资金调度—成果提交"三重检查机制。当某次资金申报超过原预算中的单项支出上限或关键性设备条目出现重复采购，系统自动发出预警提示。这样能让PMO在财务审批前发现并纠正异常支出行为，有助于大幅度降低审计阶段风险。

多方签字或联合办公机制：对重大费用，如单笔支出超过一定金额或外协服务超过某个比例时，要求三方单位共同确认。A大学科研负责人、B公司项目经理、C研究院技术带头人应签署一致意见文档，存档备查，以避免事后发生责任分界纠纷。

五、配套合同与结题审计的衔接

牵头单位与协作单位的合作合同：写明各单位的任务清单、时间进度、成果形式，并且与预算比例挂钩。例如 B 公司每年需提交多少数据包或接口版本，C 研究院每半年需完成多少可视化模块更新。若目标无法按期达成，则在后续拨付中实施酌情扣减或延期处理。此举可确保预算结构与成果输出形成强关联度。

结题审计时的对账路径：到项目收尾阶段，还需留意各单位是否存在未提交的票据、是否有临时新增或删减采购的情况。PMO 可提前六个月开展模拟审计，通过交叉核对发票、任务成果、人员工时、外协合同等资料，既能及时发现潜在问题，也能在最终结题验收前完成整改或补正，以保证正式审计顺利通过。

六、合规性与风险隔离策略

若项目牵头单位 A 大学对其他两家单位承担"财务监管与执行进度审核"角色，需要在制度设计中就"违规或违约行为"设定明文处理机制。例如，若发现 B 公司擅自变更资金用途或 C 研究院提前消耗大量预算导致后期超支，即可在合同基础上暂停拨款、发出警示函、要求提供解释报告等。若违规情节严重，还应报告上级主管部门或科研处，以立案调查或终止合作。审计专家通常非常关注是否具备此类风险隔离手段，以防止项目在执行后期出现无法挽回的资金或时间浪费。

七、综合展望

"智慧交通实时监控平台开发"项目的核心目标在于打造具备高数据精度、高响应速度与高可视化效果的一体化服务方案，满足城市交通管理的日常运营与突发事件处置需求。要实现这一目标，三家单位必须各展所长并在资金分配和使用环节形成顺畅的管理闭环。通过制定合理的任务分工比例与经费配比策略，同时强调审计视角下的合规与效率并重，能够使整体项目在立项、实施到结题的每一个关键节点均有充分的保障。

综上所述，本审计专家组与项目管理办公室一致认为，本项目在多单位协同经费管理方面应遵守以下综合原则。

基于技术属性分配资金：从算法研发、数据获取、可视化演示三大板块出发，为 A 大学、B 公司与 C 研究院分配资金，体现"谁承担关键任务，谁获得对应经费"。

分阶段拨付、动态监管：设立若干里程碑节点，实现"节点成果验收—拨付比例确认—签字流转报备"流程。

严格票据与合同备案：所有外协、设备、测试服务合同应在项目启动初期完成备案，并建立系统性资料归档，配合财务与技术双线审查。

预留调整缓冲：考虑研发布局的难以完全预测性，建议在预算结构上保持一定机动比例，如可将 5%～10% 的经费留作"技术变更储备"，在中后期根据实际需求在 A、B、C 单位之间调剂。

项目办统一管理：由 A 大学统筹项目管理办公室，对重大金额的采购、外协与劳务审批进行最终审定，B 公司与 C 研究院需提交阶段成果证明或技术数据，以换取拨款拨付。该模式可帮助在审计阶段快速、明确地理清支出责任与凭证链条。

本综合意见可在后续的科研项目申报书"多单位协同经费管理方式"部分进行表述，形成官方文件提交评审参考。期望通过审计与管理视角的结合，帮助本项目在科研创新与财务合规两方面都取得最佳成效，让"智慧交通实时监控平台"这一宏大目标顺利落地与推广应用。

总的来说，在使用 DeepSeek 进行审计模拟与预算结构优化时，首先需要在 Prompt 中指明"模拟审计"或"审计视角"角色，并清晰列出项目任务、协同单位分工、已有预算结构等关键要素。可采用类似"请从审计专家角度分析以下条目"或"协同经费布局的潜在审计风险"的命令，引导模型生成高针对性、可用于标书文字的专业论述。关键输入要素包括任务阶段、设备采购与测试环节、外协合同信息、劳务费设置、差旅与会议用度等，使 DeepSeek 能匹配政策要求和常见财务风险，输出兼具技术逻辑与合规审查维度的段落。

此外，还可在 Prompt 中说明"请写成专家审查意见书风格"或"以项目管理办公室口吻补充决策"，从而实现语言口吻与结构的一体化控制。这类高精度 Prompt 构造使科研写作者能快速生成经费使用合理性说明与风险规避建议，既提升审查通过率，也为后续执行与结题提供可追溯的文案基础。

6.4.2 子课题与主课题预算拆解策略

在大型科研项目中，往往会通过主课题与多个子课题的方式进行层次化组织与资源调配。子课题的研究目标通常相对独立且可量化，但需要与主课题的总体目标和技术逻辑保持一致。预算拆解策略就是将总经费在主课题与子课题间进行合理、合规的分配，确保各子课题能够获得匹配自身任务强度和阶段需求的资源，同时又对项目全局目标负责。

若缺乏清晰的拆解策略，容易出现目标重复、经费冗余、执行风险等问题。通过 DeepSeek，可以在撰写阶段模拟多方审视视角，对主课题与子课题的预算条目进行语言重构与逻辑分析，从而生成符合审计和评审要求的拆解文本方案。

用户提问如下。

当前我在撰写一项省部级科研项目计划书，总经费 500 万元，为期三年。项目主课题涵盖了总体系统架构和关键技术研发，下设四个子课题：子课题一进行前端数据采集与清洗；子课题二负责核心算法研发与中期评测；子课题三进行软硬件系统集成与运行测试；子课题四专注成果示范与应用推广。

初稿中只写了一句"子课题经费参照任务权重占整体预算的 40%，余 60% 由主课题统一管理"，导致评审专家质疑任务拆分不够细致、资金安排难以满足实际需求，也不符合审计对资金流向的透明度要求。

DeepSeek 回答如下。

非常感谢这次提供的项目背景与预算结构信息。本项目采取"主课题—子课题"四子课题并行的方式开展，既要求对全局研究目标保持整体把握，又需确保每个子课题在任务执行时具备自主资源和明确资金管理界面。根据审计实践与评审要求，建议在预算编制时采用以下详细策略。

第一，基于技术逻辑与阶段拆分的资金配比

从整体来看，500 万元的三年经费需按照主课题与四个子课题的功能定位进行合理化分配，不能仅用"40%"或"60%"含糊带过而是应该依托技术逻辑链和阶段目标权重进行分步描述。可先将整个项目分为三大研究阶段：前期准备与需求调研阶段（约 6~9 个月），中期研发与集成测试阶段（约 12~18 个月），后期示范与推广阶段（约 6~12 个月）。接着，把四个子课题放入这三大阶段中，找出其各自最主要的资金需求时间窗口与支出类型，从而形成"时间轴—任务强度—费用需求"的三元映射。

举例如下。

子课题一（数据采集与清洗）会在前期准备阶段和中期研发阶段最为活跃，可能需要大量仪器采购、外协测试或调研差旅等经费。

子课题二（核心算法研发与中期评测）则在中期研发与集成测试阶段占据主力投入，需要高性能服务器租用、算法模型外协评测、劳务费等。

子课题三（软硬件系统集成与运行测试）在中期研发和后期示范阶段支出较多，包括系统对接费用、软硬件调试材料费与测试加工费。

子课题四（成果示范与应用推广）则在后期有大量费用用于现场部署、用户培训、应用场景搭建以及成果展示会议等。

通过这种方式，可在财务表格中进行标注，如"子课题一：设备费×万元、测试费×万元、劳务费×万元"等细目，并说明具体时段或阶段的执行理由。这样的拆分不仅回应评审对"资源分配透明"的质疑，也符合审计对"预算随任务走"的逻辑要求。

第二，主课题统筹费用与子课题自主费用相结合

与其简单说"子课题40%"或"主课题60%"，更应具体说明主课题在什么时候、以何种形式为子课题提供协同或二次分配。主课题通常承担项目管理、综合技术协调、专家咨询评审、公共服务平台运营等，其经费主要集中在管理费、差旅与会议费、专家咨询费、部分关键设备费或高性能算力资源等。如果子课题需共享某些专门大型仪器设备，也可由主课题出面采购，以降低重复投入风险。

在文本写作时，举例如下。

主课题侧重项目管理费、重大设备投入、综合技术支撑、人力资源调度，预算约占全项目30%。

余下70%再分配给四个子课题，根据其任务范围、技术复杂度与人员投入需求进行二次拆解，如子课题二在算法训练方面需求较高，可占15%，子课题一在前期仪器和现场测试方面可占10%……最后累加出一份符合逻辑的配比表。

此种处理方式能让评审方看到："主课题不是独占60%经费，而是针对具体管理与设备模块进行投资，并预留部分子课题配套资金，也会进行二次分拨"，从而更加审慎、细腻地体现协同结构。

第三，围绕子课题具体资源需求，生成"条目—用途—时间阶段"三级预算说明

从审计合规角度，最关心的问题包括"为什么花这些钱？""何时花？""是否与项目任务阶段相对应？"因此，针对每个子课题，需罗列出关键的支出类别与用途。例如，子课题一在前期需要设备费5万元，用于数据采集终端或现场安装调试，还需测试费3万元，用于外部环境噪声过滤与数据校正，劳务费设定2万元给现场协助人员，差旅费1万元等。所有条目加起来就是子课题一在第一阶段的主要需求总额。中期阶段则可能减少设备采购，但增加材料费或测试费，用于批量化数据采集和深度清洗，并与子课题二进行对接。如此，通过多层次结构化的段落描述，能让评审专家快速了解每个子课题具体要花多少钱、怎么花、何时花。

在文字表达上，可用以下模板。

子课题一将在项目第0~9个月主要开展A功能与B测试，需购置传感器X台、搭建数据管理环境等，预算约10万元；并进行现场调研与数据标定外协，测试加工费4万元；劳务支出2万元用于短期雇佣数据标注人员，总计16万元。到中期阶段……（此处继续详述）

第四，明确主课题与子课题的合同管理与财务审批界面

对于多课题项目，往往会签订统一的大合同，然后再针对各子课题负责人签订或下发子任务协议。若子课题规模较大，可独立设立财务科目和经费专户，以便后期审计。若规模相对较小，可由主课题财务统一调配，但必须有书面审批流程防止资金混乱。文本写作时，需说明"子课题预算的最终审批权仍在项目管理办公室，但子课题负责人拥有一定自主支出权限，单笔支出超××万元需报主课题审核"之类条款。此举能确保评审方与审计方在看到项目时，明白每个子课题都具备相对独立性的同时，也受主课题的统一监管，不会产生重复支出或管理真空。

第五，专门说明子课题与主课题"资源互补、不重复投资"的防范措施

有的项目子课题和主课题可能在设备或测试上存在功能交叉点，如同一种传感器或计算服务器，本可共享，却分别列支设备费；或同一测试类型却由不同课题重复委托外单位，从而引发审计问题。为避免这种重复投资嫌疑，可以在立项文本中加入"设备与测试资源共享机制"，由主课题设立公共平台或资源池，子课题若需使用额外资源，可依需求向主课题提出申报，如果确有必要再追加费用或调动剩余资源。

举例如下。

子课题二要在算法训练时使用高性能 GPU 服务器，主课题可以在预算中统一购置该设备，然后子课题二只需承担额外算力耗材或维护费用。

子课题一若需要外协测试而主课题已经签署长期合作协议，可以直接使用主课题外协通道，减少重复合同签订。

在写作时要形成一段简明扼要的资源共享方案，并附带"避免重复列支"条款，以此向审计与评审证明本项目在预算拆解方面高度有序、无浪费嫌疑。

第六，设计"任务指标—资金配比"对照机制

为更好地展示任务与资金的对应关系，可以通过子课题阶段性指标的形式进行说明，如"子课题二在算法精度达 90% 前，需要投入测试加工费与人力费共计××万元；当算法精度突破 95% 后，平台布设与对接费用在第三阶段由主课题承担"等方式。类似的逻辑结构，可写作段落放入申报书的"任务—资金说明"部分，既能让评审看到清晰的执行路径，也让审计在核查时确认该子课题确实是循序渐进地消化资金，而非一次性随意支出。

最后，需在章节结尾进行一个子课题预算拆解表述的综合示范段落。举例如下。

为保证四个子课题在项目三年执行周期内的资源配置与任务成果相匹配，项目资金拟按如下策略进行拆解：第一年（0~9 个月）侧重子课题一与子课题二的基础建设与模型研究支出，总占比40%；第二年（10~18个月）主课题统筹进入核心算法验证与系统联测阶段，子课题三具备较高软硬件集成需求，分配约25%总经费，并与主课题形成数据共享与设备使用联动；第三年（19~36个月）则主要面向子课题四的示范与应用推广支出，并保留一定比率的结余资金用于全局评估与成果包装。由主课题统一管理重大设备与外协合同签订，子课题分别提交资源申报与阶段成果验收资料，确保任务推进与预算支出呈正相关、避免重复投入或管理缝隙。

以上建议可写入标书的"预算拆解策略"或"课题组织与经费安排"章节，结合实际数据与精细条目表格，说明每个子课题的支出明细、阶段目标与资金拨付方式，彰显任务逻辑与财务逻辑两者的统一性。

用户提问如下。

非常好。这次假设我是子课题二的负责人，需要与主课题负责人沟通如何在二次拆解时拿到更多劳务费与实验材料费，因为算法研发中的人力与材料耗材需求非常大。请给出在协商场景下双方调试预算的沟通性文本，并让它具备专业说服力和审计安全性。

DeepSeek 回答如下。

自本项目启动以来，子课题二主要承担智能算法核心研发与中期评测的技术职责，聚焦多维感知数据的深度挖掘与高精度预测模型的构建。在实际执行过程中，随着场景复杂度与数据体量的持续扩增，原定的劳务费与材料费已经难以支撑关键指标的达成。根据近三个月的阶段性实验结果，若想确保算法在复杂路网场景下保持95%以上的识别精度，需要引入更大规模的标注数据集与更多维度的仿真对抗环境，并动员专业标注与数据处理人员进行针对性工作。为避免后期阶段出现数据空窗或算法评测不足的局面，特此提出预算增补申报。

在技术需求方面，子课题二拟进一步扩充标注队伍至十人规模，预估每人每月投入至少150小时，用于对前端采集到的原始视频与传感日志进行高质量标注与审校。此项工作直接决定了后续算法模型在边缘场景（如多车道合流、突发事故现场、夜间照明欠佳等）的预测与识别性能。经反复测算后发现，现有劳务费仅够维持5~6人的常规标注力度，一旦进入后期模型调优阶段，数据需求将难以满足。故此申报额外10万元劳务费，用于专职人员雇佣与绩效考核开支，以确保团队有充足的人力储备，在三个月内完成至少12

万条数据记录的标注工作。

在材料费与技术资源方面，子课题二原预算 5 万元包含了基础硬件耗材和通用数据集的更新，但算法模型对多元传感融合与仿真对抗数据需求高度敏感。根据最新分析成果，为了提升模型在稀有场景与噪声干扰下的鲁棒性，需购买高精细度的仿真数据包，并进行显存扩容或服务器维护升级。此部分材料费额外需求约 5 万元，其中 3 万元用于授权购买国外某专业数据仿真供应商的对抗场景包，2 万元用于适当扩容 GPU 显存和维保费。若无法获得此额外资源支持，模型的训练时长与验证覆盖度都会受到限制，可能直接影响子课题后期成果的创新高度。

用户提问如下。

我是子课题二负责人，算法研发需要大量的标注数据、人力辅助，以及算法调优时的实验材料，如显存升级或精度测试所需的不同数据集购买许可费用等。初稿里只给了子课题总计 60 万元，这远远不足。我想在二次拆解中向主课题申报额外的 10 万元劳务费和 5 万元材料费，怎么写成一段合规、让人信服的文本？要有往来对话样式，最好不少于 2000 字来体现协商过程，且做到语言规范、条理清晰。

DeepSeek 回答如下。

下面是一段可体现协商过程且语言风格正式的文本，适合放入标书或会议纪要作为"经费调拨协商记录"，字数将尽量展开以示细节充分。

子课题二负责人："根据近期算法模型的指标评测结果，标注数据量与算力需求显著提升。原定每月 5000 条标注仅够维持基本模型训练，但实际需要 3~5 倍的样本量才能覆盖边缘场景。若不扩充团队人数，很难在关键节点前完成必要的标注与预处理任务，从而影响子课题三的集成测试进程。与此同时，已有数据集无法满足算法对高维异构特征的需求，我们计划采购来自专业机构的仿真场景包，进行深度对抗训练。此部分材料费较高，需额外 5 万元。所有额外资金申报都基于测试与标注的用量统计，非主观超支。"

主课题负责人："明白，关键在于资源优化与审计可控。若我要支持这 15 万元资金，你能否提供一份包含团队编制、预期标注时长、人均工时成本、场景包采购报价等的合规文档，以便在审计或专家质询时快速核实？同时，我们要避免后期重复采购或重复标注经费。建议你先整理一份详细的预算增补说明，突出最核心的技术价值与成果促进度。"

子课题二负责人："好的，我们正准备编制一份《附加标注与数据集采购预算测算报告》，预计囊括标注团队人力成本表、GPU 显存扩容方案及仿真数据集供应商报价信息。我们会附上对核心算法指标的量化贡献分析，解释为什么一定要提升标注精度，并估算可能的模型性能改进幅度，以确保经费投入产生显著的研究收益。"

主课题负责人："非常好。如果这份报告能说明标注成果怎样与项目整体目标协同，对子课题三和四的下游应用又有哪些支撑，我们在二次拆解中安排这笔经费就更能让评审专家信服。请同步编制一份对审计风险的评估，比如合同签订流程、购买清单存档、劳务派遣记录与内部竞价或询价手续等，以免结题审计时出现证据链不足的问题。"

子课题二负责人："明白，下一步会将这些要点嵌入到《子课题二附加预算说明》的文本中，并在论证会向大家展示。"

在财务合规与管理层面，本子课题已严格遵循项目管理办公室与学校财务处制定的报销与审批流程。所有新增人力将以签订临时雇佣合同、留存身份证明与工时记录的方式进行规范化管理；数据集采购将由主课题办公室与供应商签署技术服务协议，并保留发票、合同、验收报告等资料以供日后审计复核。与现有经费相同，所有增补资金将纳入子课题二专户，执行时需提交阶段性技术报告、人员绩效考评记录等凭证。鉴于该申报与算法研发的核心指标提升直接相关，我们将同步在成果产出上予以保障，包括提交一份高水平模型技术报告、完成若干关键场景的实验数据集上线，以及在与子课题三衔接时提供可验证的实时模型测试环境。

综上，为确保算法质量与研究成果达成度，特向主课题提出增补合计 15 万元预算（劳务费 10 万元、材料费 5 万元）的申报，并已编写详细的《附加标注与仿真数据采购计划》附录于本说明。期盼在二次经费拆解阶段获得支持，以顺利推进项目整体进度并为后续应用场景提供更高水准的技术保障。

当用户需要编写面向子课题与主课题的二次预算文本时，可在 Prompt 中明确"子课题负责人"或"主课题负责人"的角色身份，列出经费增补需求、技术理由、成果产出等要素。通过提示"请生成一段经费申报说明"或"请模拟协商对话"，引导 DeepSeek 以丰富的语义结构与审计逻辑输出长篇、正式、条理化的文本。

构造 Prompt 时，既要包含具体数值、时间节点、任务描述，也要强调合规性与成果对应关系，从而获得高质量、多角度的协商性文案。借助三轮或更多轮的交互对话，可逐步深化对经费使用场景、材料清单、劳务依据等信息的揭示，使生成文本更贴合审计与评审需求。

6.5 预算报告文本的标准化输出技巧

在科研项目管理日益规范化、审计制度不断收紧的背景下,预算报告的文本表达不再仅是数字的堆叠或支出列表,而是反映研究目标、任务路径与经费配置之间逻辑一致性的关键文书。高质量的预算说明应具备结构清晰、语言规范、条目精确、逻辑闭环等特征。标准化的输出策略有助于提升预算文本在申报评审与后期执行审计过程中的可接受度、可追溯性与可执行性。

本节将聚焦于如何借助大模型能力,在不同类型项目预算报告的撰写中实现语言风格、内容逻辑与结构布局的专业化与标准化统一。

6.5.1 不同申报类型下的预算报告差异

在科研领域,不同类型的项目申报对预算报告的结构、条目分配和合规要求具有明显差异。国家自然科学基金更强调研究逻辑与学术价值的吻合度,省部级专项通常聚焦工程化与区域经济社会效益,企业横向委托或技术攻关类项目往往侧重快速应用成果与投入产出比。

在撰写预算报告时,需要有针对性地展现项目特征和管理规约,以满足评审和后期管理部门的核查标准。

通过 DeepSeek 在文本结构生成和合规逻辑建模中的优势,可以在不同申报类型下快速生成满足多方要求的预算说明文本,并根据项目特色进行灵活调整,从而显著提升评审通过率与执行合规度。

用户提问如下。

> 目前我在同时负责三种不同类型的科研项目申报,分别如下。
> 国家自然科学基金面上项目,偏重基础研究,金额约 80 万元,周期 3 年。
> 省科技厅重点专项,偏向工程应用与成果转化,金额约 200 万元,周期 2 年,审计流程较为严格,需要对支出条目分配进行详细说明。
> 企业委托横向项目,金额约 300 万元,更关注能否在一年半内出技术成果,资金使用灵活度要求较高,但合同验收执行严格。
> 我已经为每个项目分别写了预算报告初稿,但被上级部门指示需要在文本风格、预算条目详尽程度、支出合理性论证等方面进行差异化处理,不能千篇一律。请协助给出一份详细策略说明,帮助我改写三种预算报告,让它们既体现各自的项目特征,又满足相关管理规定。

DeepSeek 回答如下。

非常感谢提供了这三种不同类型的科研项目背景：一个国家自然科学基金面上项目、一个省科技厅重点专项，以及一个企业横向委托项目。每种类型的资助管理方式、审核偏好、审计重点与成果要求均有显著差异，因此在预算报告的表达方式和条目深度上也要进行区别化适配。下面将分别介绍三类项目的预算撰写策略要点与修改建议，并进一步探讨如何在文本层次、结构安排、合规性表述等方面加以强化。

第一，国家自然科学基金面上项目预算的写作策略

研究逻辑与学术性：国家自然科学基金更注重探索性、学术深度与科学问题的原创性，预算报告也相应聚焦"经费与研究环节的科学必要性"。专家在审阅时往往关心实验材料或测试费是否与研究目标直观对应？设备购置与研究需要之间关系是否紧密？是否有夸大设备需求或劳务费设置不合理的嫌疑？在写作时，一定要以研究任务与技术路线为核心，逐一映射每笔费用的学术需求。

条目深度与条文合规：面上项目金额约 80 万元，时间 3 年，一般在设备费、材料费、测试费、差旅费、劳务费、专家咨询费、管理费等七八个大条目下有相对固定的比例限制或参考范围。例如设备费往往不宜过高（除非有坚实的前期研究基础支撑），材料费需要提供明确的研究方案支持，劳务费须体现科研助理或非在编科研人员的工作必要性与工时分配，专家咨询费也须对应评审或阶段验收活动。

语言风格与论证深度：国家自然科学基金偏向正式、学术化的表达，可在文本中强化研究过程的探索性与创新性，如"本经费配套将支撑××微观结构表征与实验测试，使本项目在定量验证材料性能与模型机理方面具备更高可信度与可重复性。"深入论证每笔资金的使用合理性，引用参考文献或前期研究成果以示必要性。

DeepSeek 辅助要点：在 Prompt 中可指明"请生成面向国家自然科学基金预算条目的学术型说明段，突出实验、测试、算法开发与阶段研究任务需求的科学性，并使用正式书面语"。DeepSeek 会自动将研究目标与预算目的合并，使文本既有学术深度又能被评审专家快速接受。

第二，省科技厅重点专项预算的写作策略

工程转化与应用价值：省科技厅重点专项往往强调"解决本省/本地区产业或社会发展的关键技术问题""能否在短期内形成可示范推广的成果"，因此预算报告中最好突出工程实施逻辑、投入产出比与应用前景。例如，设备费可偏向试验平台与中试装置，劳务费可与当地人才培养或产业化需求挂钩，

测试加工费则体现项目在关键工艺或功能验证方面的外包需求。

管理与审计严格度：地方科技厅项目的审计流程可能更关注合同合规、资金投向与地方实际需求的匹配度。尤其是设备采购需走政府采购或招标手续，大额测试与服务外包要有合同和可比价记录。预算报告中需体现采购流程合法性、外协测试环节的必要性，并提前编写"用途说明+预期成果关联"。

语言与条目要求：省级专项通常喜欢看到类似"技术指标完成""阶段性经济社会效益""产业合作伙伴对项目的支持"的术语。若经费是200万元且周期只有2年，需展示多阶段并行推进的合理性，并对每一阶段的资金需求做较为细腻的排布，让管理方相信项目落地可行且资金可及时用到刀刃上。

DeepSeek 辅助要点：在 Prompt 中可输入"请生成省级重点专项预算说明，突出工程应用价值、产学研结合与投入产出效益，对设备、测试、劳务与会议费分别进行简要说明，并使用正式行政文书风格。"DeepSeek 可自动加强政策用语、简化学术性表达，并突出技术应用成果与地方目标的衔接。

第三，企业横向委托项目预算的写作策略

重视短期成果与性能指标：企业最关心的不是学术论文或基础实验，而是能否在一年半内交付可用的技术或产品原型，或者实现某种性能指标提升。预算报告可以更侧重研发人力、技术试验验证、成果交付场景支出；若涉及大量设备或耗材费用，应以 ROI（投资回报）或效率指标作为辅助说明。

合同行为严谨性：企业项目往往具有商务合同属性，涉及盈利或成果知识产权归属，所以要特别说明哪些支出与研发合同条款挂钩，如"企业授权外部测试""现场调试差旅费用"和"应用示范安装费"等，这些都需要对照双方签署的技术协议进行逐一映射。若无此映射，容易在结题或验收阶段出现纠纷。

审计特征与风险规避：企业审计多聚焦"项目资金是否被合理使用""是否存在空转或虚增费用""是否在合同规定的节点交付相应成果"，因此，预算文本需强调阶段性成果交付点（如原型完成、第三方测试通过、软件系统版本号升级），并说明相应费用如何分期或分条拨付。

DeepSeek 辅助要点：在 Prompt 中说明"请生成面向企业委托项目的预算说明，突出短周期高强度研发与成果交付节点，对支出条目与合同条款间的关系进行关联描述，使用商务化风格的语气，并保留基本科研语言规范"。这样能让 DeepSeek 自动倾向于"里程碑+费用拨付"的描述模式，较好地贴合企业合同式需求。

总结如下。

在同一时间编制多类型的项目预算报告，最核心的是抓住其评审关注点与审计逻辑的差异化。国家自然科学基金看重学术性与探索深度，需要针对研究目标解释"为何这些设备、材料、测试是科学所需"。省科技厅重点专项则更倾向实际应用收益与地方产业需求，最好写出实操、产业化或工程节点的支出分布，并注意资助机构对招标采购流程与合同合规性的要求。企业横向委托项目有较高弹性，但需以合同与成果验收为前提，强调短期回报、技术实现进度、人员投入与需求对接等条目配置，防范法律风险。

由上，读者可以在 DeepSeek 中采用多重 Prompt 设计，如下。

生成国家自然科学基金预算说明段，突出学术研究必要性与阶段实验路径。

生成省科技厅重点专项预算说明段，强调应用导向与成果产出效益。

生成企业项目预算报告段，体现合同制 R&D 属性、成果交付时间与短期见效需求。

每个文本都能表现出风格差异与条目侧重点，从而满足多方评审需求与管理规则。

用户提问如下。

非常详尽，接下来，请生成这三种不同预算报告的示例段落，一次性输出一个对比性的材料，每个类型不少于 800 字，让我可以直接对照学习。需要注意的是，这里只要段落示例，不要做表格。希望语气正式，但有一定可读性，方便我直接套用到项目申报书中。

DeepSeek 回答如下。

好的，以下示范将针对"国家自然科学基金面上项目""省科技厅重点专项""企业委托横向项目"三种类型分别生成一段不少于 800 字的预算说明示例段落，语言保持正式与条理，让用户可直接参考写入各自的项目申报书中。同时，为了凸显区别，每个段落会有不同的术语重心与写作风格，希望能帮助充分理解如何在文本中体现项目特征与财务管理差异性。

一、国家自然科学基金面上项目预算说明示例

本项目围绕"基于非线性动力学模型的材料微结构耦合机制研究"展开，拟在三年内通过实验表征、理论建模与数值模拟相结合的方法，解析微观缺陷对材料力学特性的影响规律。经综合评估研究内容与技术路线，本项目将预算设置为设备费、材料费、测试费、劳务费、差旅与会议费、专家咨询费

等主要条目,总额80万元,具体说明如下。

设备费方面,拟投入约20万元,主要用于购置高分辨率光学显微镜与温控加载平台,以支持在不同温度与应力条件下的微结构动态观测。以上设备对本课题解析材料内部缺陷萌生机理具有必要性,拟结合原实验室现有测试仪器形成完整表征体系。本课题研究基础与前期数据均指向高精度观测的重要性,因此此项设备购置与研究目标匹配度较高,不存在重复采购风险。

材料费预计10万元,用于制备合金样本、纳米填充材料、化学试剂与相应耐高温辅材。考虑到非线性动力学的复杂性,本项目需在多批次实验中探索不同成分与制备工艺的影响,材料消耗规模必然有所增加。为确保实验可重复性与对比性,将严格按照事先设计好的配方路线执行,并保留详细的材料耗用记录。

测试费占15万元,用于委托第三方实验中心进行疲劳寿命测试与无损检测分析,重点在于高频载荷环境下材料内部裂纹扩展的过程跟踪。之所以选择外部平台,系因该类超声疲劳分析需要专业高频振动装置与安全测试区域,且相关设备市价昂贵、使用率低,故采取外委形式更具经济性与可行性。为提升可审计性,所有测试合同、报告与凭证都将留存以备监管核查。

劳务费合计12万元,为非在编科研助理与研究生提供适度补贴,涵盖样本制备、数据处理、实验管理等方面的劳动报酬。此部分依据本校财务规定执行,并呈报详细工时清单与人员清册,确保费用合规使用。专家咨询费则设置3万元,主要用于聘请材料力学与非线性动力学领域的权威专家进行阶段性评议与学术指导,保证课题方向与理论创新的准确度。

差旅与会议费总计5万元,用于课题组成员参加国内相关高水平学术会议、组织中期评审研讨等活动。考虑到非线性动力学与材料科学的交叉性,需要多学科交流,本项目在差旅与会议支出方面具备一定必要性,但将严格按照相关标准与计划执行。

综合而言,该预算报告突出"研究目标—经费条目—技术路径"三者间的呼应关系,并通过合理分配各项支出,保证科研活动的持续推进与人员需求的基本满足,以最终实现本课题在三年周期内的理论突破与学术创新目标。

二、省科技厅重点专项预算说明示例

本项目立足于"新型节能型动力系统核心组件的研发与产业化示范",围绕降低能耗、提升效率、实现批量化生产目标展开。经综合研判省科技厅的政策导向与本地产业转型需求,本项目预计投入200万元科研专项经费,以支撑从技术验证到中试试制,再到成果推广的全过程。

在设备费布局上,计划投入约50万元,用于购置高精度数控加工中心与核心测试台，以实现组件快速成型与关键性能检验。之所以设置这笔费用，是因为现有企业设备尚未达成满足动力系统微结构精度与高端检测标准的能力，此次采购可形成区域内公共服务平台，为同类产品二次开发与产业配套奠定基础。材料费大约15万元，用于购置新型金属合金坯料与表面处理化学试剂等。在可再生辅助材料与绿色加工工艺的研发环节中，此部分耗材消耗具有试验示范属性，规划覆盖小批量试制与反复修正。

测试加工费20万元，拟分别委托省内 accredited 的检测机构进行动态疲劳寿命评估与复合环境可靠性测试，涵盖高温、高湿、震动等多重工况验证。因为本专项注重产业化落地，要求样品在极端环境下保持稳定性能，必须依赖专业机构的多场耦合测试能力。此支出可与企业合作单位签署正式合同，分阶段提交检测报告。劳务费约18万元，主要雇佣中高级技师、研发助理等非编制人员，为样品制备与试验验证提供人力支持。其发放过程将依照省级财政规定留存工时记录与人力需求说明。

为加强产业化协同，本项目专门设立合作交流与推广费用12万元，用于与地方龙头企业、高校科研中心共同组织技术对接会、技术培训与成果展示活动，缩短新型组件的市场导入周期。此外，本专项预算还考虑到在后期的工程应用示范阶段可能产生一定量的安装与调试差旅费用，预计8万元。该环节强调任务目标可考核性，将与本地重点企业签订落地应用协议，统一纳入省科技厅绩效考核体系。

综上，省科技厅重点专项预算需既符合科研技术创新路径，又满足地方产业配套的落地需求。本项目的支出条目注重设备更新、产业化验证与劳务支撑等要素，形成从技术突破到市场潜力衔接的完整链条，同时符合财政与采购法规，执行中也将定期接受专项审计评估，以确保资金使用合理、可追溯且成果可观。

三、企业委托横向项目预算说明示例

本项目旨在"构建 AI 驱动的智能检测系统用于企业生产线瓶颈诊断与效率提升"，委托方为××科技公司，合同金额300万元，预期研究周期18个月。由于企业对成果交付时间与技术落地效果极为关注，本报告在编写预算时强调短周期、高强度、高弹性资金安排，确保项目能快速产生可见成效。

首先，在设备与材料方面初步预算80万元，主要应用于精密检测相机与高性能计算服务器的采购，以及若干可移动的 AGV 小车及传感器布设耗材。企业在合同中已明确需求即"快速上线、能在生产车间进行高频测试"，故硬件支出应当在首6个月内投入并完成调试，后期仅做维护与少量更新。此条款能够保证系统原型在中期便能进行试点运行，不至于拖延到尾声才见效果。

其次，劳务费和技术开发费约 90 万元，是本项目的核心支出，用于工程师、算法专家与现场运维团队的劳动报酬。与国家或地方财政项目不同，企业项目中这部分支出弹性较大，采用阶段性里程碑发放，例如在第 3、6、9、12、18 个月分别进行系统版本发布与验收测试后发放相应比例。此时应向甲方和审计部门（若有）出具"阶段成果证明"，包括系统演示视频、运行日志、性能指标评估等，以证明支出合理并与任务完成度相吻合。

第三，测试加工费设置 20 万元，用于机台负载应力测试、产线效率分析与部分外部专业机构的 AI 算法评估。企业往往需要清晰识别 ROI，故在说明中最好添加类似"若测试结果达不到性能要求，则在对应节点的测试费用拨付可根据实际完成度做相应调减"的条款，使甲方心里有底，信任项目执行团队的专业能力及资金使用透明度。

差旅、会议与场地租用费用合计约 10 万元，用于多次产线调研、专家评审会与成果展示会议。由于本项目主要发生在企业内部生产环境中，应强调"频繁现场调试、定期沟通"的必要性，保证经费开支有充足理由。为了预防企业内部审计环节的纠纷，需要特别记录每次出差或会议形成的会议纪要、差旅申报单、出勤证明等，在报销时符合公司财务要求。

最后，对项目成果的验收支出做出规划。企业项目通常在合同中约定"结题前至少留存 5%~10% 的尾款"，以保证供应商或研发团队在收尾阶段仍能完成最终 bug 修复及性能优化。可以在预算中对这部分留作机动，写明"尾款主要用于系统完善、少量设备材料补充及结题后技术支持经费"，既符合企业实际需求，也便于审计时查验资金使用的合规性。

总体而言，企业横向项目与国家或省级项目相比更关注即时产出与灵活支出模式，需要在预算说明中突出短周期目标、分阶段验收与经费调度制度，防范双方对资金拨付或需求变更的潜在纠纷。在文本语言上可以适度采用商业合作术语，突出合同制研发与 ROI 意识，减少学术表达的冗长性，让企业管理层与财务部门能快速识别项目价值与支出必要性。

用户提问如下。

三类报告示例非常有代表性。我还想了解 Prompt 具体应如何设计，才能充分捕捉到不同项目类型的差异点，并在输出文本时自动带入对审计要点的提醒。希望通过第三轮对话展示 Prompt 设计交流，其中的 Prompt 示例越详细越好，最后以总结的交互技巧说明段结尾。

DeepSeek 回答如下。

可以从以下几个思路来构建 Prompt，确保模型输出的文本充分体现"不同申报类型—预算结构逻辑—审计关注点"三方面的差异性。下面将通过示例性的多 Prompt 设计说明如何逐步精确化引导。文本内容将尽力展开，并示范如何在多重 Prompt 叠加下生成兼具学术合规与商务合规的专业内容。

一、区分不同项目场景的 Prompt 框架

在提交请求前，可先将"国家自然科学基金项目""省科技厅重点专项""企业委托项目"三大类型的基础信息、金额、周期、评审关注点等，用简要语言整理成项目卡片式素材。然后按照类似"请根据以下项目卡片信息，分别生成预算说明段落"的方式提出要求。如果想要特别加强审计合规度，则可以额外注明"请在写作中突出审计风险点识别"，如此一来，就会自动将常见的审计问题，如"设备采购、劳务费合规、外协测试合同"等写入文本。

示例 Prompt 如下。

项目卡片 1：国家自然科学基金面上项目，80 万元，周期 3 年。核心研究在复杂网络与数学模型，需配设备、测试、材料、劳务等条目，审计关注点在于学术必要性与费用依赖度。

项目卡片 2：省科技厅重点专项，200 万元，周期 2 年，强调产学研结合，设备采购走政府采购或招标，测试费走公开招标或竞争性谈判，差旅费与劳务费有省级上限，注重产出价值与应用场景。

项目卡片 3：企业横向委托，300 万元，周期 1.5 年，短期成果交付需严格合同验收，审计方或财务部门关注投入产出比、阶段成果提交、合同合规性等。

二、利用自定义角色指令，强化审计与管理视角

可以在 Prompt 开头添加："假设你是一位既熟悉科研管理又熟悉财务审计的专家，请基于审计安全与项目评审需求，对以下三种项目分别撰写预算说明建议。"同时可在尾部指令"请在文本中标注潜在风险与对应的规避策略"。如此，就会在输出时带入"公共财政审计"或"企业财务审查"的语气与思路。

示例 Prompt 如下。

请以"科研管理+审计专家"角色，从任务逻辑完整性、经费条目合规性、成果产出可检验性三个方面，对以下三种项目生成预算说明建议段落，字数不少于 800 字，并在每个段落末尾增补一条潜在审计风险及规避策略的提示。

三、添加专门的格式或关键点说明

如果需要在文本中出现阶段进度、里程碑式拨付等内容，可以在 Prompt 中要求：

"请在输出文本中使用'阶段一、阶段二、阶段三'等小标题,便于评审快速定位项目执行周期;并使用'可能出现的审计风险'小标题来指出如何在财务环节避免争议。"

这种策略会让 DeepSeek 自动分段并内嵌审计风险提示。若希望语言保持相对精炼,可以加"请将每段控制在150字左右",若希望语言更详细,就写"可详细展开每段,不限篇幅,语言可达500字+"。

四、在 Prompt 示例中要求多次迭代

对于想逐步优化文本的人,可以先发一个初 Prompt,让 DeepSeek 给出初稿,然后再提供二次 Prompt,比如"请根据上一次输出,强化设备采购相关的说明,增加政府采购流程叙述,并写成200字的一个小段落插入到文中。"这样就完成了多轮迭代写作,不仅能让文本持续升级,也便于后期合并多个版本内容。

五、调用场景:如何在一个 Prompt 中合并多场景

若要一次性生成三种预算报告对比,Prompt 可写:"请对以下三种类型项目(分别是面上基金、地方专项、企业委托)生成预算说明并进行对比。每种类型独立成段,每段不少于600字。对比点包括设备、测试费、劳务费、会议差旅等,并说明审计最可能关注的点。"

DeepSeek 在接收此种命令后,会自动在输出中进行分段,并附上对比维度的描述。特别要注意在 Prompt 里强调"分段清晰、语言正式、配合对比思路",这样能保障最终文本层次分明。

六、保障信息准确与政策对齐

DeepSeek 的输出质量在很大程度上取决于 Prompt 提供的信息是否准确。若要完全对齐某地某类项目的经费管理规定,最好在提示里写明类似"××地方科技厅规定设备费单价超过10万元需走招标程序,测试外委超过5万元需提供三家报价对比"的细节,否则 DeepSeek 可能只能给出大而化之的通用表达。

七、在审计部分强化提示

若用户想要模型在行文时自动带入"资金使用合理性、财务风控预案、审计应对要点",也可在 Prompt 里写道:"请在写作中将审计环节的可能质疑和应对预案嵌入文字,突出每个条目背后的合规解释。"这样 DeepSeek 生成的段落中就会附带"审计质疑:是否存在重复采购?应对:详列本项目和××项目设备差异"等情境化提示,非常适合放进标书中的"风险管理与对策"章节。

八、示例详细 Prompt 汇总

示例如下。

"现有三个项目类型：一是面上基金80万，周期3年，重学术；二是省重点专项200万，周期2年，重应用；三是企业项目300万，周期1.5年，重短期验收。请分别生成预算说明各800字，最后再写一个300字的对比汇总，并在文中充分体现审计视角与条目管理逻辑。务必使用正式书面语，多使用类似'对于……本项目拟……''为确保……特设……'的措辞。篇幅越长越好，尽可能在各条目后附审计或合规说明，帮助评审快速理解。"

在这样一个提示下，DeepSeek 就会基于三种类型生成长度可观、风格上区分度显著的文本，并在条目与任务逻辑对应处插入相应的审计合规解释。

也可以再加一句："最后请增加一段广泛适用的审计风险提醒，如'若设备采购单价超过××万，需要××程序；外协测试超一定比例需要××证明；劳务费严格遵循××规定。'"这样能让生成文本更具备可操作性。

在进行多类型项目预算写作时，用户可先收集目标政策、金额规模、周期与审计要求差异，编入 Prompt 里的"项目卡片"形式，让 DeepSeek 具备完整上下文资料信息。通过"角色设定+写作目的+审计融合+分段格式"四重要素，引导模型针对不同项目定制输出，并在多轮 Prompt 中不断精化语言风格与合规逻辑。

可先让 DeepSeek 提供初稿，再局部修正特定条目或增加审计预案，便于文本逐步走向成熟完备。利用 DeepSeek 的结构化生成与语义对位功能，可有效强化科研预算报告在评审与执行环节的表达品质与合规度。

6.5.2　DeepSeek 预算结构 Prompt 优化模型

在课题申报与预算说明的撰写过程中，预算结构的组织质量与条目匹配的逻辑清晰度直接影响申报材料的专业度与评审通过率。DeepSeek 通过结构性 Prompt 优化机制，能够让预算各项内容与研究任务目标、阶段实施路径和审计合规逻辑建立紧密的语言连接，使预算说明不再是孤立的数据填充，而成为嵌入研究体系内部的有机部分。

具体而言，合理设计 Prompt 结构、引导模型聚焦条目与技术路线的关系，是确保生成文本具备逻辑一致性和评审接受度的关键。

以某省部级重点专项为例，研究内容涉及复杂装备数字孪生建模与远程维护系统开发。原始预算说明仅列出设备费50万元、测试加工费30万元、材料费20万元，但未说明这些条目与研究流程如何对接，导致评审在反馈意见指出"费用列项缺乏任务逻辑映射"。

使用 DeepSeek 后，通过结构化提示词设计，例如"请生成预算说明段落，围绕数字孪生建模阶段中设备平台、算法仿真测试与中期评估环节的支出安排，分别构建设备费、测试费与劳务费的条目解释"，模型可输出如下内容。

"为支持数字孪生模型构建的高精度建模与多场数据同步采集，项目拟购置一套三维激光扫描装置及远程感知单元，预算设备费共计 48 万元。相关硬件将应用于关键节点数字模型训练与比对测试，具备唯一性且与任务目标直接对应。测试加工费 30 万元用于委托第三方机构完成仿真平台加载实验与虚实映射精度分析，其费用结构由建模环境调试与多模态数据集成测试构成，具有阶段验证性质。劳务费 20 万元，用于招募项目技术人员与仿真场景调试助理，按照每月标准化工时分配，以满足高强度实验周期的人力资源需求。"

该段文字不仅完成了条目的必要性说明，还建立了"研究环节—经费类型—执行任务"的三向结构闭环，是通过 Prompt 结构引导 DeepSeek 有效理解文本嵌套逻辑的结果。

在进一步实践中，如国家自然科学基金中测试费用的描述常被评审质疑是否必要且不可替代，可以用"请说明为何测试任务不能由现有实验平台完成，并围绕本项目目标，说明委托测试的合理性、唯一性及验收机制"作为深层 Prompt。DeepSeek 将输出包括第三方测试环节的技术背景说明、替代不可行性陈述，以及合同化执行方案，完整提升预算段落在合规审查中的表达深度。

因此，DeepSeek 预算结构 Prompt 优化模型的关键价值，在于通过清晰的上下位指令、任务—条目映射要求、条目—指标联动关系提示，使模型输出的每一个预算段落不仅语义完整，更具备嵌入项目体系的严谨逻辑，进而满足科研评审对文本与项目一体化表达的要求。

07 第7章 研究方法及研究综述撰写

研究方法与研究综述是课题申报文本中承接理论目标与技术路径的核心组成部分，既体现研究设计的科学性与可行性，也展现申报人对学术前沿的掌握程度与创新突破的空间。该部分的撰写过程中需精准阐明方法逻辑、数据来源、模型路径及文献框架的搭建依据，并保持语言表述的严谨统一。

借助 DeepSeek，可高效实现研究方法段落的自动生成、文献综述结构的多维组织，及写作风格的学术化调优，从而系统提升申报材料的逻辑深度与文本质量。

7.1 研究方法部分的结构与表达要点

研究方法部分是评审专家判断项目科学性与可实施性的关键依据，其撰写不仅需准确匹配研究目标，还应体现方法选择的理论基础、技术路径与操作可行性。文本表达需逻辑清晰、术语规范、结构完备，避免泛化叙述与技术堆砌。

通过引入 DeepSeek 辅助工具，可实现方法段落的精准建构、叙述风格的统一控制以及方法—任务—指标之间的逻辑闭环，从而有效提升研究方法章节的学术表达质量与评审适配度。

7.1.1 常见研究方法的表述模板

研究方法的表述不仅是对技术路径的简要概括，更是展示研究设计科学性、逻辑性与可操作性的核心环节。常见的研究方法包括定量分析、实验研究、模型构建、比较研究、实证检验、调查研究、系统仿真等，其表述需紧密结合研究目标与研究内容，呈现"方法—过程—结果"的闭环逻辑。若使用不当或表达不清，容易造成方法与任务脱节，从而削弱项目的可行性论证。

以"基于行为经济学的老龄群体消费决策机制研究"为例，若使用定量分析与调查方法，可在申报书中进行如下表述。

本研究将通过结构化问卷调查收集老龄群体在不同经济情境下的消费行为数据，采用 Logit 回归与多元线性建模等定量方法，探讨收入水平、子女抚养关系与风险偏好等变量对其消费倾向的影响机制。在样本构建上，计划选取东部与中西部地区具有代表性的城市作为对比样本，确保数据分布的区域多样性与结果的普适性。

该段落明确了方法（问卷调查与 Logit 建模）、目标（解释老龄群体消费行为）与操作路径（区域对比设计），体现了研究设计的完整性。

在工程领域，如涉及技术优化与参数验证，可使用仿真建模与实验设计。以"基于改性复合材料的结构抗冲击性能优化"为例，可进行如下撰写。

本研究采用有限元仿真技术对复合材料在不同层合结构下的冲击响应行为进行建模分析，并结合正交实验设计方法，筛选影响其能量吸收效率的关键参数。随后将通过落锤冲击实验验证仿真结果的准确性，确保研究结论的工程可实施性。

这类表述不仅列出所采用的方法工具，还体现了仿真与实验的互补关系，有效增强了评审专家对项目技术路线严谨性的认可。

在使用 DeepSeek 撰写方法部分时，Prompt 可设置为"请生成一段研究方法说明，内容包含建模方法、验证实验及参数优化设计，要求语句逻辑清晰、术语专业，贴合国家自然科学基金风格。"模型将输出结构严谨、术语标准、任务导向明确的段落，并自动匹配常用方法与研究问题的关系。

例如，在生成涉及机器学习优化路径的文本中，会自动调用"训练—测试—验证"的逻辑流程，并匹配相应算法工具，如 XGBoost、SVM 等，避免方法选择与研究目标脱节。

采用标准化的研究方法模板构建，结合 DeepSeek 的结构化生成能力，可显著提升课题申报中方法段落的专业表达质量，有效增强文本的逻辑强度与学术说服力。

7.1.2 方法与研究问题之间的逻辑耦合

科研写作中，研究方法与研究问题之间的逻辑耦合程度，是评审专家评价课题可行性与学术深度的关键指标。仅有问题而无恰当方法，或仅列方法却未呼应核心问题，都会导致论证薄弱，难以在评审中获得认可。

方法与问题的结合需要科学路径设计与严谨的操作表达，必须紧扣研究目标、研究假设、数据基础与技术路线，确保所选方法在理论推导与实践层面都能解答或验证核心问题。

通过 DeepSeek 这类大模型工具，可高效实现从研究问题拆解到方法论证，再到文本自动生成的过程，减少写作冗余并提高学术表达的规范程度。以下对话将展示如何使用 DeepSeek 完成此任务，对话内容将足够庞大，以便读者深度了解整个交互与写作流程。

用户提问如下。

目前正准备一份国家自然科学基金面上项目的申报材料，研究方向为"城市极端降雨下的排水系统鲁棒性评估与优化"。研究问题主要包括以下几方面。

（1）在不同降雨强度与地理分布情况下，城市排水管网出现饱和风险的机理。

（2）多源降雨数据和水文模拟方法如何有效耦合出极端场景。

（3）能否基于已有的管网拓扑与地形数据快速评估排水系统的易损节点，并形成优化策略。

初稿方法部分写得比较概括，列出了"水文学模型+GIS技术+实验验证"等字眼，但评审专家反馈研究方法与研究问题的耦合度不够紧密，没有体现如何针对不同问题采用更精准的方法。请从"方法—问题"一一对应的角度，生成详细的逻辑耦合表述段落或几段文本，要求语言正式且学术化，让人看后能明白每个研究问题都会用到什么具体方法，以及如何解决问题。内容要尽量长，尽量全面。

DeepSeek 回答如下。

以下段落将围绕研究问题清单进行逐一方法对照，并形成科学性与可操作性兼具的表述示例，力求在文字组织上凸显"研究问题—方法工具—解决策略"的多维联系，帮助评审专家快速理解本项目的技术路线与理论基础。

第一部分：城市排水管网饱和风险机理的判定方法

研究问题（1）中，旨在探讨不同降雨强度与地理分布对城市排水管网的饱和风险影响。为确保对管网运行机理与极端场景下的系统负荷具有充分理解，本项目将综合运用以下方法。

Storm Water Management Model（SWMM）与改进水文学模型耦合：SWMM 是广泛应用于城市排水设计与洪涝评估的国际通用软件，能模拟管道水位、流量与溢流现象。本研究在此基础上引入改进水文学参数，特别关注极端降雨分布对系统峰值承载力的影响。通过参数率定与灵敏度分析，可定量揭示不同降雨场景下管网流量突增与滞留的内在机理。

GIS 空间分析与地理分区：为了捕捉城市地表不透水率、地形坡度与管网主干道分布差异，对降雨空间格局与排水系统连接关系进行多层级划分。通过 GIS 数据可视化，确定降雨集水区域与关键汇水路径，并将其与 SWMM 结果匹配，找出潜在管道"瓶颈"区段或易积水路段。在多次试验场景中，对比分析不同降雨分区与管道口径之间的关系，使研究问题（1）更具空间维度解释力。

通过这一组合方法，可回答"为什么某些地段在中小降雨都正常，但极端暴雨时大面积淹水"的核心机理，并定量识别出影响排水性能的关键驱动因素，如管道坡度、汇水面积或管网节点冗余度等。

第二部分：多源降雨数据与水文模拟的场景耦合策略

对应研究问题（2），需解决如何整合多源降雨数据（如气象雷达、历史实测、数值预报等），并将其嵌入城市水文模型中，形成逼近极端气候下的仿真场景。本项目的方法设计如下。

多源降雨数据融合与不确定性分析：基于气象雷达的高时空分辨率降雨强度、地面实测站点雨量记录以及数值预报模型输出，将通过数据同化与加权插值算法进行融合。以最小方差估计或克里金插值等方法，处理不同时间步与空间尺度的数据差异，构建近似真实或超越历史极值的降雨情境。

时序降雨模拟器与水文学多场景生成：在已有水文学模型的基础上，开发一个多场景生成器，用于衍生极端分布雨型（如集中式暴雨、均匀式降雨、局部强降水等）。通过对气象模式与水文学参数的随机扰动，生成一系列可能的极端场景数据集，并导入排水模拟环境中，以检测管网在超阈值雨强情况下的应对能力。

这一方法链条帮助回答"如何在方案对比或敏感性分析中体现极端降雨的多样性"的问题并给出定量化的模型输入基础。对每一次降雨场景的模拟结果进行比对，即可将研究问题（2）落实到可验证的技术路径。

第三部分：易损节点识别与优化策略构建对于研究问题（3），即快速评估排水系统易损节点并提出基于管网拓扑的优化策略，需要借助如下方法体系。

拓扑分析与图理论应用：管网可视为一个由节点与管道边组成的有向图，使用连通性指标（Connectivity）和介数中心性（Betweenness Centrality）等图论概念评估管道节点在网络整体功能中的重要性。通过将降雨—汇流流量结果与图论指标相结合，识别"关键节点"或"瓶颈管道"，即在高流量情形下易出现拥堵或溢流的部位。

管道冗余度与改造方案模拟：在找到关键节点后，须用冗余度评估法与模拟分析来判断加大管径、增设分流管道或开辟滞洪空间的效果。可在 SWMM 中进行改造后模拟，让评审专家快速看到"某段管道若扩建为××口径，城市淹水时间可减少××小时"的量化结果，从而支撑研究问题（3）对应的实践意义。

多目标优化算法：若项目还需兼顾经济成本与排水效果，可在上述仿真结果上引入多目标遗传算法（MOGA）或粒子群算法（PSO），设定排水效率最大化与改造成本最小化等目标，自动寻优出若干可行方案，进一步提升研究价值。

在写作过程中，使用 DeepSeek 可帮助快速生成"研究问题—方法对应"模式的段落。例如，对于第一个研究问题，如果需要解释为什么选择 SWMM 与 GIS，就可输入 Prompt："请针对城市排水管网饱和风险机理，生成一段运用 SWMM 与 GIS 手段的研究方法描述，字数不低于 200 字，并突出其与极端降雨研究问题的关联度。"DeepSeek 将自动检索关键术语与结构，输出如下。

本项目拟通过 SWMM 对城市管网在极端降雨情境下的流量承载能力进行动态仿真，并联合 GIS 对地表不透水区域与地形信息进行分区分析，形成管网饱和风险的可视化输出。SWMM 可模拟管道水位、溢流点与流速变化，GIS 则为降雨空间分布与汇流特性提供精准定位，二者结合能准确刻画极端强降雨下的管网瓶颈，进而揭示节点超载机制与潜在积水风险区。

若项目组还需阐明算法改造与可行性论证，则可进一步提示 DeepSeek："请补充在 SWMM 基础上对水文参数敏感性与不确定性分析的方法段落，约 300 字，保留学术风格。"模型将自动扩充对蒙特卡洛模拟或灵敏度系数的解释，增强研究方法的完整度。

综上，在"方法与研究问题"紧密捆绑的写作思路中，需先分清每个核心问题的技术指标或结果目标，再选择合适工具与路径，最后以一段或若干段条理化文字说明"何以如此"及"如何操作"。DeepSeek 可参与全过程，以语义生成与逻辑适配能力帮助写作者完成学术严谨、逻辑完备的文本输出，提升课题在评审中的可信度与学术价值。

7.1.3 DeepSeek 生成方法段的 Prompt 范式

在科研写作与课题申报材料中，研究方法段落不仅应结构清晰，也要与项目目标、核心问题及已有研究基础形成紧密关联。传统写作方式往往耗费大量时间在逻辑梳理与语言润色上，还易出现术语混乱、表达冗余或耦合度不足等问题。

借助大模型 DeepSeek 的生成与优化能力，可通过精心设计 Prompt，让模型根据研究议题、技术路径、数据来源与学科背景自动输出具备高质量逻辑架构与学术风格的研究方法段落。此环节强调 Prompt 范式，即如何在提示中嵌入关键信息与引导思路，让模型准确掌握"方法段"的写作意图与编排原则，从而产出符合科研评审标准的文本。

用户提问如下。

目前正在拟写一份国家自然科学基金青年项目申报书，研究主题聚焦"智能交通信号控制算法及多车道协同优化"。在编写研究方法部分时，已列出三个主要方法：第一，基于强化学习的自适应信号控制；第二，结合仿真平台的多车道交通流建模；第三，融合多源交通数据的路网全局优化策略。初稿写法较为分散，仅包括标题下的"采用强化学习算法对红绿灯时长进行实时调整；利用仿真工具 SUMO 进行车流评估；综合数据分析实现路网全局优化"，评审专家认为太过笼统，没有明确怎样对应具体研究问题，也缺乏实验流程与技术细节。希望生成逻辑更完整的学术化方法段落，能够在 350 左右，要求简要却又不失深度，重点凸显以下要素。

如何将强化学习算法应用到信号灯控制上，包括状态空间、动作空间与奖励函数等核心设定。

如何在多车道交通流建模中利用 SUMO 或其他仿真平台，并与现实交通数据校准。

如何通过融合不同数据源（如城市交通监控、气象、车载感知）形成全局最优策略。

另外，想了解在设计 Prompt 时，如何才能自动生成具备结构化、段落衔接自然的研究方法文本？

DeepSeek 回答如下。

可先在 Prompt 中依托研究主题与期望要点给出明确的文本框架，引导模型按"段落或子标题"输出。建议在提示语里包含如下内容。

研究动机或问题缘起：简单引入交通信号控制的瓶颈，以强化学习切入。

方法一为强化学习自适应控制：概括状态、动作、奖励函数的设计思路。

方法二为多车道仿真平台建模：突出 SUMO 或其他平台如何实现仿真校准、参数收集与评估指标。

方法三为数据源融合与全局优化：描述数据汇总与优化算法衔接的流程。

段落衔接与学术化语言：可在 Prompt 中要求"使用正式科研表述与逻辑

连接词",如"首先""同时""此外"等(如果不想使用"首先""其次"这类词,也可指定更学术化的过渡短语),避免口语风格。

示例 Prompt 可如下。

请生成一个研究方法段落,约 400 字,围绕三大方法:强化学习自适应信号控制(含状态、动作、奖励设计)、多车道交通仿真平台建模(SUMO 及现实数据校准),以及多源数据融合的路网全局优化策略。语言需正式、学术性强,条理清晰,避免简单列举,用逻辑衔接词体现整体方案闭环。

这种 Prompt 能让 DeepSeek 在输出时聚焦"研究方法段落",保留学术风格的同时确保结构分明。

用户提问如下。

好的,我想先按照你给的示例 Prompt 来生成文本,可以直接给一个可供参考的输出段落吗?字数最好在三四百字之间,但要写得足够细致,比如提到"强化学习的 Q-learning 或者 Deep Q-Network"这一类具体算法,以及 SUMO 中的交互模块名称(如 Traci 等)并稍微就数据融合怎么考虑交通量、天气、突发事件等多个层面进行讨论。然后可否在文末添加"以上方法段落可作为国家自然科学基金青年项目申报书中的方法部分主体内容",表示这段文字用途?

DeepSeek 回答如下。

可以。以下示例文本约 400 字左右,涵盖强化学习自适应信号控制、多车道仿真建模、数据融合全局优化等关键点,语言保持正式科研风格,示例如下。

本研究首先基于强化学习框架,对城市信号灯控制进行自适应调整。具体采用 Q-learning 与 Deep Q-Network(DQN)等算法,将路口车流量、排队长度、延误时间视为状态空间,绿灯配时与相位切换作为动作空间,并通过行驶效率与车辆排队减少量构建奖励函数,形成具有动态学习能力的信号灯控制策略。随后利用多车道交通仿真平台 SUMO 完成虚拟环境测试,通过 Traci 接口实现实时车流状态采集与仿真过程干预,并对节点流量、速度分布及车辆排放指标等进行监测与记录。为确保模型精度,将仿真结果与城市交通监控系统实测数据进行对比校准,结合气象因素与道路突发事件等多源信息进一步修正交通参数,使仿真场景更贴近实际。最后在路网全局优化阶段,引入多目标算法(如粒子群或 NSGA-Ⅱ)对不同区域与时段进行联动求解,力求在提升车速与减少排队的同时兼顾网络整体通行效率与资源分配公平性。以上方法段落可作为国家自然科学基金青年项目申报书中的方法部分主体内容。

该段文字展示了强化学习的关键要素、SUMO 仿真的交互方式及数据融合思路，并保持了较紧凑的学术叙事风格。若需要进一步深入，可在 Prompt 中指定"请将强化学习部分展开到奖励函数设计原理；将多车道仿真细节扩展到 Traci 的具体接口说明；把数据融合策略中气象因素纳入具体变量列表"等指令，使 DeepSeek 进一步扩充技术细节。

用户提问如下。

非常感谢，效果挺好的。现在想更进一步，若我是一个对"Prompt 范式"不太熟悉的新手，怎样才能把我的需求清晰、全面地告诉你，从而生成最佳的方法段落？比如，需要指定输出字数吗？需要保留小标题或段落吗？需要在 Prompt 里说明"请使用某种风格连接词"吗？可否示范一段 Prompt 文本（不少于 600 字），并举例深度融合研究问题、方法细节、段落结构、语气风格、输出篇幅等要素，一次性写好一整段或多段的研究方法文本？

DeepSeek 回答如下。

以下示范 Prompt 文本，旨在展现如何利用详细、分层式指令，引导生成逻辑完备、结构分明的研究方法段落。示例内容不少于 600 字，以确保对 Prompt 技巧解释足够深度，同时包含研究问题、方法细节、段落结构与语言要求。示例如下所示（括号内的文字是解说，非实际 Prompt）。

"背景与目标：本项目聚焦城市极端降雨场景下的排水系统优化，涉及多源降雨数据融合、水力学模拟及管网节点评价等问题。研究问题如下。

（1）降雨强度如何影响管网溢流风险？

（2）如何耦合 GIS 地理数据与 SWMM 模型？

（3）如何建立优化算法选择最优管径改造方案？

输出字数：请将输出文本控制在 700~800 字之间，语言风格正式、条理分明，适合写入省部级项目申报书的"研究方法"章节。

段落及小标题：请按照以下思路生成文本。

段落一：多源降雨数据融合与不确定性建模。

段落二：SWMM 与 GIS 耦合模拟方法。

段落三：节点评估与改造方案优化。

方法细节：请在段落一中提到气象雷达与实测雨量站数据的融合；段落二说明如何利用 GIS 提取不透水率与地形坡度，并对 SWMM 模型的参数进行校准；段落三需提及算法如何对管道改造进行多目标优化（如投入成本与排水效率）。若有涉及实验或仿真平台，也可简要指明软件名称或版本信息。

学术与逻辑要求如下。

避免过度口语化，适度使用专业连接词，如"与此同时""此外""因此"等。

强调所提方法与研究问题的对应关系。

结尾简要概括方法整体逻辑闭环，体现研究价值。

审计与合规提示：若有相关外协或数据采购，可在段落最后一句提示需在预算中说明资金用途。

生成后请勿使用数字标题列表，请使用连贯文字，并保证每段至少有 5~6 行内容，以增强学术表达厚度。

在上述 Prompt 中，用户用"背景与目标"概括研究问题，用"段落与小标题"明确结构，用"方法细节"要求补充具体技术点，用"学术与逻辑要求"定义语言风格与方法—问题耦合思路，并在末尾增设"审计合规提示"，让模型在输出时主动提及财务或外协管理方面的考虑。通过这种多维度控制，让 DeepSeek 能一次性写出一整套较为完善的研究方法文本。

若想进一步细化，可增加提示"请引用××文献做理据"或"请将某个案例写成简短插入说明"，让生成内容更贴近项目特色。总的来说，只要 Prompt 的编写足够清晰且具备场景化分层，就能让 DeepSeek 输出具备结构完整度与学术含量的研究方法段落。

用户提问如下。

好的，现在我已经了解了如何设计 Prompt。但我想请你再模拟一个更长的对话场景，假设我已经对研究问题和方法做了更复杂的细化，如下。

（1）多维交通信号控制模型（含车道线变换检测、车速预测、车辆排队长度预估等）。

（2）全局多目标优化算法（考虑交通流、环境排放与能源消耗综合平衡）。

（3）大数据融合（交通摄像头、路侧感知、车载终端）。

（4）自建小规模试验证平台（搭建真实路口模拟环境）。

可否写个 Prompt，并展示针对这个更加复杂的需求生成的方法段落示例？要求深度足够，至少展开到 900 字以上，学术化表达。

DeepSeek 回答如下。

可在 Prompt 中为每个研究要点提供简要背景，让模型进行更细的技术阐述与逻辑衔接，使其从车道线检测、数据预处理、强化学习或优化算法到实际实验验证平台逐层递进。以下为一个示例 Prompt，以及所可能生成的较大篇幅段落，适合写入高级别项目申报书的"研究方法"部分。

示例 Prompt 如下。

本研究提出多维交通信号控制模型，结合车道线变换检测、车速预测与车辆排队长度预估，意在提升复杂路口信号灯调配效率。目标包括：一，基于视觉感知与车道线变换算法的实时路况识别；二，运用强化学习与多目标优化（兼顾交通流量、环境排放与能源消耗）生成全局策略；三，融合交通摄像头、路侧感知系统与车载终端三个数据源，对关键参数进行大数据化校准与分析；四，自建真实路口小规模试验平台，对核心算法在近实境环境下进行验证与性能评估。

请生成一个不少于 900 字的研究方法段落，对上述技术要点进行分段式阐述，包括：视觉感知模型、强化学习与多目标算法、数据融合与校准流程以及小规模试验平台的设计要点。语言需正式、学术化，彰显项目的可行性与创新价值，并在末尾简要概括方法整体价值。

生成示例输出如下。

本项目围绕多维交通信号控制模型的技术框架，旨在从车道线变换检测与车辆排队估算等细粒度视觉感知，到强化学习与多目标优化相结合的算法体系，再到多源数据融合与自建试验平台验证，形成一条贯穿感知—决策—实证的完整研究路径。首先，在视觉感知与车道线变换检测方面，项目采用改进型深度卷积神经网络对实时视频流进行车道线与车辆动态识别。通过对车载终端与路侧摄像头所采集的多视角图像进行交叉校正，获得道路几何结构与车辆行驶轨迹的高精度估计。同时引入 Kalman 滤波或长短期记忆（LSTM）模型，对车速与排队长度进行短时预测，从而为信号控制提供前瞻性时空数据。该环节不仅能捕捉突然变道或紧急减速等突发事件，也可生成实时路况变量供后续算法决策参考。

在强化学习与多目标优化部分，项目将构建基于 DQN（Deep Q-Network）或 DDPG（Deep Deterministic Policy Gradient）的信号控制策略，令每个路口的状态向量包含车道密度、车速分布、排队长度与相邻路口的时相信息。动作则以信号灯配时与相序转换为主，通过设定通行效率最大化与车辆延误最小化作为核心奖励函数。鉴于本项目同时关注环境排放与能源消耗的协调提升，将在奖励函数中纳入车辆怠速排放量与油耗惩罚因子，以引入多目标遗传算法（如 NSGA-Ⅱ）或粒子群算法扩展强化学习结果，使信号控制策略兼顾交通流通畅与绿色出行需求。该多目标架构有助于在大规模路网环境下寻找各路口配时方案间的全局平衡，避免局部路口优化造成整体拥堵转移的现象。

对于数据融合与校准流程，本项目整合交通摄像头（分布于关键路口与干道）、路侧感知系统（毫米波雷达或 RSU 设备获取车辆精准位置）以及车载终端（GPS、OBD 信息）的三源数据，构建多层时间序列数据库。通过对不同传感器所带来的时空分辨率差异进行插值与补偿，形成可实时更新的交通流状态映射。随后在建模环节中根据历史交通数据与短期预测信号进行比对，采用最小二乘或蒙特卡洛仿真进行网络级校准，逐步消除感知噪声与异常值，使仿真结果能够精准反映真实交通环境。该融合过程亦为强化学习策略提供长期与短期并行的训练集，保证算法在多种交通模式下均能获得稳定的学习表现。

最后，为检验上述方法的落地效果，项目在实验园区搭建小规模真实路口模拟环境，配备可调控信号灯、路侧摄像头与若干自动驾驶样车，进行半实境测试。该测试平台可真实复现城市路口多车道场景，并采集车辆等待时长、饱和流量、车辆排放量等关键指标。在该环境下对强化学习控制策略进行在线训练与调参，观察其对突发事件（如临时车道封闭、车辆跟进故障）的应对能力，并通过模块化量化指标评价模型的整体性能与鲁棒性。如此一来，即可形成从视觉感知与车道检测到算法决策与仿真，再到真实环境落地验证的多层一体化技术方案，不仅为智能交通信号控制理论提供了多目标协同的全新思路，也为实际城市路网的交通治理与绿色发展提供可操作的实验依据与工程化借鉴价值。

通过这种高维度 Prompt，DeepSeek 可自动编排多段结构，针对每项研究方法进行详细阐述，并在语言风格上保持较高学术性，满足科研评审对严谨度的要求。若需进一步增强或缩减任意部分，可再次在 Prompt 中指定"请扩写第二段强化学习部分到 300 字，加深奖励函数细节"或"请精简第三段到 150 字，用于会议摘要"，DeepSeek 将按指令进行后续文本改写。

综上所述，在编写"DeepSeek 生成方法段的 Prompt 范式"时，应先梳理研究问题与方法要点，并以清晰的结构需求向 DeepSeek 传递段落数、字数范围、语言风格、技术要点等。可将背景、方法框架、技术细节、目标读者等信息嵌入 Prompt，指明"使用学术化表达与逻辑连接词"。

若某些方法需要强调原理与数据支撑，也可插入"请引用前期成果或使用 ×× 公式思路"的提示。若生成结果仍不理想，可进行多轮 Prompt 迭代，指定"加大篇幅""深入某子方法细节""调整为更严谨的学术语气"等要求。这样能利用 DeepSeek 的语言建模优势，使生成的研究方法文本同时满足逻辑层次性、技术深度与学术风格，显著提升课题申报材料的评审适配度与专业美感。

7.1.4 多方法协同方案的表述技巧

在课题申报与科研写作中，单一方法往往难以完整回应复杂研究问题或多维学术挑战，需要同时借助多种研究手段（如实验、建模、调查、仿真、理论分析等）协同展开。多方法协同方案可增强研究的深度与广度，但在文本撰写时更需注意方法间的衔接与互补逻辑，避免看似多元却各自孤立的情况出现。

通过结构化陈述"方法间的衔接点""各方法所解决的特定问题"以及"在时间或空间层面的互补关系"，能让评审专家快速理解整套研究的系统性与可行性。

下面将展示用户与 DeepSeek 的多轮对话，以便读者深度了解在多方法协同写作中的交互思路与模型运用方式。

用户提问如下。

> 正在撰写一份国家自然科学基金面上项目，主题是"城市环境污染多源监测与健康风险交叉分析"。研究内容相对复杂，需要在方法章节呈现多种手段的协同关系，包括遥感数据反演、地面实测采样与实验室分析、地理信息系统（GIS）与数学建模、问卷调查与健康影响评估等。初稿方法部分写成四小段，分别讲各手段怎么做，却未充分说明这些方法之间如何交互、互补或校验。评审意见提到"缺乏方法的协同表述"，担心最终结果零散，不能形成完整生态—环境—健康风险关联。
>
> 希望帮忙生成一个段落式或多段式的协同方案描述，突出各方法间的任务分配与时序衔接、数据交互或验证机制、对研究目标分层分步的支撑。要求是正式学术风格，但也需通俗易懂。可否示范 Prompt 应怎么设计，以及可能得到什么样的输出？

DeepSeek 回答如下。

> 此问题聚焦多方法协同方案的表述技巧，可采用分层 Prompt 结构来保证输出时"先说明研究全局，后分述各方法的互补点，再阐明最终整合的路径"。以下是一个示例 Prompt 及可能得到的输出段落示例。
>
> Prompt 示例如下。
>
> "背景：城市环境污染多源监测与健康风险交叉分析，需要在方法部分呈现遥感数据反演、地面实测采样、GIS 与数学建模、问卷调查与健康评估这四

大手段的协同思路。

要求：写成多段式；首段描述研究目标与多方法的整体逻辑；中间段依次阐述各方法如何交互或补充；结尾段简要总结多方法协同的价值与在健康风险评估中的应用；总字数约400~500字；学术风格，避免过度口语化。"

"本研究面向城市环境污染的多源监测与交叉健康风险评估，结合遥感数据反演、地面采样与实验室分析、GIS 与数理模型构建以及人口健康问卷调查四大技术路径，旨在从宏观到微观、从空间分布到个体暴露的多层面实现对污染现状与潜在健康影响的系统认知。

在数据获取与初步分析阶段，通过遥感影像反演获取城市大气污染物与地表覆盖信息，结合地面实测采样与实验室分析，校正遥感结果与实地浓度测量值，以增强数据精度。随后基于 GIS 平台进行空间插值与源解析，将宏观分布图与局部监测点位关联，为数理模型提供多尺度输入参数。通过空气质量指数、土地覆盖类型与人口密度等多维指标的耦合建模，识别不同区域污染差异及污染源的潜在迁移模式。

与此同时，问卷调查与健康评估模块聚焦居民暴露水平与自感症状调查，对重点人群采集相关生活习惯、居住环境与健康状况信息。将调查结果与空间分布模型产生的污染等级进行交叉比对，可提取潜在的暴露—疾病关联特征。进一步利用多元回归或结构方程模型，定量分析环境污染对居民健康指标的贡献度与调节效应。综上，多方法协同方案可将遥感与实地采样相互校准，GIS 与数理模型交互验证，问卷调查辅助分析个体暴露差异，从而在多源数据融合与不同尺度的时空对照下完成健康风险的系统评估。"

这样的示例输出帮助评审或读者理解方法间的相互衔接与整体价值。若用户还想强调具体技术细节，可在 Prompt 里添加更明确的词句，例如"请补充毒性当量评估或暴露模型的具体算法名称""请突出问卷调查的人群样本规模及分层抽样原理"等，即可让 DeepSeek 写出更深度或更长的文本。

用户提问如下。

刚才的示例挺好，但字数偏少。我想在正式申报中再写得更长些，比如需要至少 1000 字去详述每个方法的主要流程与关键参数，以及如何在时序上衔接。能否示范一个更全面的 Prompt，引导 DeepSeek 输出 1200 字左右的"多方法协同方案"文本？语言风格要求有学术深度，但也不能过于堆砌术语，自然流畅即可。在文本中最好能给一个示例场景，比如"对某一区域 PM2.5 浓度高值区与居民呼吸道症状统计进行对比"，让读者感到有实例支撑。

DeepSeek 回答如下。

可以通过多层次 Prompt 编写方式引导生成更全面的文本，如下所示。

示例 Prompt 如下。

"项目需求：围绕城市环境污染多源监测与健康风险交叉分析，需撰写约 1200 字的"多方法协同方案"段落。包括遥感反演（重点在大气污染物浓度提取）、地面采样实验室分析（校准与细微组分检测）、GIS 与数理模型（空间分布模拟与趋势预测）、问卷调查与健康评估（暴露—症状关联），并需举一实例，如 PM2.5 高值区与居民呼吸道症状统计对比。请使用较为正式的科研语言，条理清晰，段落衔接自然，中间至少分成 3~4 段。"

以下为可能给出的示例文本，并展示其中"实例"的嵌入方式。

"本项目针对城市环境污染多源监测与健康风险交叉分析的复合需求，构建了包含遥感反演、地面实验室检测、GIS 与数理模拟以及问卷调查与健康评估在内的多方法协同方案，力求从宏观监测到个体健康影响进行系统化研究。首先，在遥感反演方面，通过对多光谱或高光谱影像进行大气校正与大气污染物特征谱提取，可估算城市上空污染物（如 PM2.5、NO2、SO2）在不同时间与空间范围内的浓度分布。为提高数值精度，本项目采用改进的多角度校正算法，并辅以气象数据对影像中可见光与红外通道进行联合反演，既能对整体大气透明度进行修正，也为后续地面实测比对提供原始影像数据支撑。

在地面采样及实验室分析环节，本研究将选取典型功能区（如交通干道、工业园区、居民区及生态隔离带）设置若干监测点，每点分时段收集颗粒物与气态污染物样本。利用高精度的质量浓度分析仪与离子色谱法，检测 PM2.5、PM10 中金属元素含量与水溶性离子分布，并对 NOx 与挥发性有机物（VOCs）做离线实验室定量。该过程不仅校正遥感数据所反演的污染物含量，也为剖析城市内部污染源结构（如交通源、工业源与生活源）奠定数据基础。通过对比遥感影像高值区与地面检测真实峰值的契合度，形成一套"宏观影像推断—局部监测验证"的二元对照流程。

在 GIS 与数理模型耦合方面，项目将构建基于地理加权回归（GWR）和多元回归分析的空间插值与趋势预测模型。具体做法是将遥感浓度与地面实测点位纳入 GIS 平台，运用地理信息系统对污染分布进行插值可视化，对重点高值区进行细分网格划分，叠加人口密度、交通流量与土地利用类型等辅助数据。随后在数理模型中设定多元回归方程，用以识别污染源强度、气象条件与环境承载力之间的定量关系，并通过敏感性分析或蒙特卡洛模拟，评估极端气象事件下的污染演变趋势。该方法可兼顾大尺度整体监测与局部细节刻画，为后续健康风险评估确定潜在暴露水平。

最后，问卷调查与健康评估部分重点收集居民的生活习惯、居住年限、呼吸道或心血管症状信息等。通过分层抽样，将样本分为交通密集区与对照区，综合对比人口在不同暴露场景下的症状统计与主观感受。若在 PM2.5 高值区域发现居民呼吸道相关症状比例显著升高，可利用结构方程模型（SEM）或 Logistic 回归分析，探讨污染暴露是否为症状增多的主要原因。为进一步提升研究严谨度，将在问卷结果与 GIS 分区映射间建立一一对应关系，识别集中污染带内高危人群分布，并结合个体暴露量化模型进行风险度量与阈值判定。以某中心城区为例，项目组的前期调研显示，该地段 PM2.5 月均浓度在夏季高温条件下超过××μg/m³，同时问卷反馈中居民呼吸道症状占比约提升了 30%。基于此，本方案可在分区域的健康风险对比中获得直观量化结论，并为后期政府干预及控制措施提供科学支撑。

多方法协同的核心价值在于实现对城市环境污染"多源数据—多尺度分析—健康影响"的一体化认知。遥感反演为大范围宏观监测提供时空连续性，地面实测与实验室分析确保数据可信度，GIS 与数理模型则将污染格局与高危区刻画细分，最后以问卷调查与健康风险评估揭示具体的人群暴露与潜在病症关系。通过这一套协同方案，本研究有望形成从污染识别到健康干预的系统闭环，为城市环境治理与公共卫生决策提供坚实的数据与科学依据。"

在此示例输出中，DeepSeek 对每个方法的任务定位与互补环节都进行了展开，语言也较为正式。若用户觉得某方法部分需更多细节，只需在 Prompt 中说"请将第三段的数理模型部分展开为不少于 200 字，强调多源数据融合与参数敏感度分析"，DeepSeek 便能自动再行扩写，使文本更匹配评审或学术需求。

用户提问如下。

非常不错。其实我还有一个疑问——在多方法协同中，如果方法之间有前后依赖或时序衔接，怎么才能在文本里写得更加一目了然？例如，先要完成遥感与地面校准，再引入 GIS 分析，再利用问卷数据进行暴露—健康建模。能否模拟一个长篇 Prompt，从而自动生成分时序、多阶段的段落化描述？字数最好再多一些，并要求在输出时用"阶段一""阶段二""阶段三""阶段四"这样的小标题来体现时序。

DeepSeek 回答如下。

可以在 Prompt 中指定"请使用多阶段标题"和"按顺序展示各阶段方法",并把过渡衔接词纳入,如"接下来在阶段二,利用阶段一产出的结果……"下面提供一个长 Prompt 示例,以及可能生成的文本片段。

长 Prompt 示例如下。

项目背景:城市生态环境监测与健康风险研究,需要多手段协同,如下。

(1)遥感反演与地面采样校准。
(2)GIS 与时空插值模型。
(3)个体暴露调查问卷与健康症状采集。
(4)综合风险评估模型。

采用"阶段一""阶段二""阶段三""阶段四"的小标题形式,突出时序衔接与数据依赖关系。

语言需学术化,但保持流畅,可引用少量连接词如"与此同时""在此基础上""为进一步验证"等。

强调每个阶段的输入与输出数据,以及下一阶段如何依赖上一阶段结果。

在结尾用一段简短概括说明为什么该多阶段协同对研究目标至关重要。

阶段一:遥感反演与地面采样校准

本研究首先在阶段一中围绕大尺度污染物分布检测展开,借助多光谱或高光谱卫星影像对城市地表及大气环境进行遥感反演。通过大气校正算法,提取 PM2.5、NO2 等主要污染物的高分辨率时空格局。与此同时,在若干功能区(含工业区、居民区、城区绿地)设置地面采样点,获取不同时段的实际浓度值,并利用实验室离子色谱或气相色谱分析确定主要成分与含量差异。对比遥感与地面样品结果后,采用最小二乘拟合与偏差修正策略,使遥感数据得以在空间尺度上与地面实测高精度吻合。该过程产出一系列校正系数与空间插值模型,为后续时空可视化与趋势捕捉提供基础。

阶段二:GIS 与时空插值模型的多维分析

在完成对遥感与地面数据的融合校准后,阶段二开始引入 GIS 平台,对宏观污染分布进行可视化与多尺度插值。通过将阶段一生成的矢量或栅格数据导入地理信息系统,建立空间数据库,并结合人口密度、道路网结构及土地利用类型进行分层分区。采用克里金插值、地理加权回归(GWR)等多种时空插值方法,识别污染浓度随地形与气象条件而变动的具体模式。该阶段还将设置阈值监测点,如 PM2.5 超过每立方米××μg 的区域视为潜在高危区,并对其在季节或日周期层面的变动进行时序跟踪。最终得到较为细腻的动态污染地图,为下一步人群暴露分析奠定基础。

阶段三：个体暴露调查问卷与健康症状采集

在阶段三中，研究重心转向个体层面的暴露量与健康影响。项目组将设计一份覆盖生活习惯、居住区特征、通勤路线与身体状况的调查问卷，从受访者处收集自我报告的呼吸道、心血管或其他慢性疾病相关症状。结合前两阶段的空间污染分布数据，可对每位受访者所处环境进行"暴露估计"，即评估其日常通勤路径、居住地点等对于污染的累积影响。若需要更高精度，还可在受访者随身配备简易监测设备，记录短时浓度波动。最终将个体暴露信息与健康自评结果结合，通过线性回归或 Logistic 模型分析环境因子对症状发生率的影响。此阶段与阶段一、二具有数据对接关系，即问卷与实际测量值对照，可进一步检验遥感与 GIS 插值的可靠性。

阶段四：综合风险评估与模型输出

在完成前述阶段的多源数据整合后，项目进入阶段四的综合风险评估与成果输出。首先，将阶段二的空间污染数据与阶段三的个体健康信息放入多元统计或结构方程模型中，从暴露量、生活习惯、遗传背景等多维度评估居民群体健康风险。若需兼顾经济因素与社会影响，可采用多目标优化或层次分析法，从治理成本、污染减排效率与健康效益三个维度探索最佳对策。研究成果将以可视化地图、风险分级表及具体干预建议等形式输出，为地方政府或环保部门提供决策依据。最后，基于各阶段的经验与监测结果，项目还将编制一份城市环境健康管理指南，进一步落实到后续研究或政策实践。

多阶段协同的重要价值

通过在阶段一确立大规模遥感与地面校准基础，阶段二构建 GIS 时空格局，阶段三深入人群暴露与健康信息，阶段四融合多维数据进行综合风险评估，本研究能够从广域监测到个体健康影响实现纵深式剖析。不同方法彼此衔接，既可提升数据精度与时空覆盖度，又能兼顾微观生活场景与宏观污染热点，真正满足城市环境与公共卫生交叉议题的研究需求。

这份示例文字在小标题、段落及衔接词上都有明显的时序关系，也清晰体现出每个阶段所需的输入与产出。若在 Prompt 中再写明"请每一阶段不少于 300 字"，DeepSeek 就会自动延长相关描述，进一步深化技术或操作细节。

多方法协同方案的写作往往需要整合多领域技术或阶段流程。使用 DeepSeek 时，要在 Prompt 中明示"多阶段+方法间衔接+时序过渡"三大要点，并在"具体环节""语言风格"及"输出篇幅"上提供明确指令。例如，可指定"第一阶段侧重数据获取与校准，第二阶段构建 GIS 模型并关联气象参数"，指示模型按顺序展开说明；也可在结尾提示"请总结各阶段衔接的意义"引导输出价值评述。

通过这种分层提示和精细化要求，可使 DeepSeek 生成的多方法协同段落兼具条理清晰、方法互补与时序衔接自然三大特征，提升文本在评审与读者中的说服力。

7.2 DeepSeek 辅助生成研究方法段落

在高标准的科研申报与学术写作场景中，研究方法段落往往决定整体可行性与评审认可信度。良好的方法陈述需兼顾理论基础、技术路径与操作层级的多重维度，且需在篇幅有限的文本中涵盖要素完备、条理分明的内容。

DeepSeek 通过语义理解与结构化生成，可自动整合前期研究基础、数据来源、实验设计、模型适配及结果验证要点，实现研究方法段落的精准化撰写。本节将讨论如何借助模型能力进行方法结构梳理、语言风格优化与跨学科逻辑组装，为科研文本提供高水准、可批评验证的写作输出。

7.2.1 基于语料比对推荐方法集

科研写作与方法设计常需要在文献背景与已有成果的基础上，挑选适配的研究技术与工具。当面对庞大而多元的学术资源，快速甄别合适的方法路径是一项艰巨任务。通过"基于语料比对"的思路，可将研究领域中的核心论文、著作或前沿报告进行语义层面与内容主题的系统对照，自动识别已有研究中采用的典型技术路线及共性研究方法。

DeepSeek 在此场景中可通过大规模语料的解析与聚类对比，为研究者推荐潜在的方法集，并提供每个方法适用场景与限制条件的概括性说明。下面将通过三轮以上的对话情境，展示如何运用 DeepSeek 来完成此项"基于语料比对"推荐研究方法集的任务，以充分呈现交互过程的复杂度与深度。

用户提问如下。

> 正在准备一项面向"城市智慧医疗系统"的科研项目，涵盖医疗影像处理、移动护理平台与公共卫生数据分析等若干子领域，文献范围极其广泛，且不同学科背景下的方法选择差异显著。现初步打算采用"深度学习图像识别+移动端数据采集+分布式大数据分析"三大方法，但仍需更精细的工具集与技术细节，比如图像增强或分割算法、时序数据挖掘手段、远程监护系统的安全通信协议等，却苦于查询文献量庞大、筛选工作费时费力。希望借助"基于语料比对推荐方法集"能力，在关键语料（论文、会议报告、专利文档等）中查找最常用且与项目需求相匹配的研究方法列表。主要关心以下几点。

如何识别并比对不同语料中的核心术语与技术路线？

如何输出一组"方法+适用场景+可能的局限性"的推荐清单？

是否可在 Prompt 中具体说明研究需求、数据来源、预期产出，让模型更加精准地给出方法建议？

DeepSeek 回答如下。

在"基于语料比对推荐方法集"的场景下，可以通过以下流程为科研选题提供方法参考。

语料收集与预处理：将与"智慧医疗系统"相关的论文、会议文献、专利文档等进行抽取，形成待比对的文本数据库。

关键术语与技术路线提取：从语料中萃取高频出现的研究方法名称（如 U-Net 图像分割、LSTM 时序预测、区块链安全协议等）及其对应应用领域或性能指标。

语义关联度计算：结合用户需求描述（如"医疗影像处理""移动护理平台""公共卫生数据分析"），对比文献中出现的技术场景、算法特征与适配度。

输出方法推荐清单：自动生成"方法名+适用场景+局限性"矩阵或段落描述，让研究者快速浏览并挑选。

依据语料比对，常见算法包括 U-Net、FCN、SegNet 等。U-Net 多用于小规模数据场景，FCN 适合通用分割但效果受网络深度影响，SegNet 对实时性较优等。可根据标注数据规模与目标器官特征评估。

后续可通过 Prompt 精细指定需求，如"请给我针对移动端护理数据的隐私保护协议列表"，模型即能检索语料，输出常见加密协议及适用条件。要输出带"适用人群或使用环境""常见问题与局限"，需在 Prompt 中明确说明想要的格式与要素。

用户提问如下。

明白了。现在有大量文献涉及"智慧医疗"及"公共卫生大数据"方向，我想完成三项工作，具体如下。

（1）自动提取图像处理算法方面的主流方法，包括适用于医学影像增强、分割、检测三大板块。

（2）针对移动护理系统中常用的数据采集与安全传输协议，列出可行方案并说明各自优缺点。

（3）整理公共卫生数据分析里常被引用的时序预测或聚类算法，如 LSTM、ARIMA、K-means 等，标注可能适用的人群规模、数据性质。

希望输出一个清单式结果，并在每一项方法后写一两句介绍。可否示范一下 Prompt 怎么写，以及可能得到怎样的文本片段（字数多些，无须太精简），同时说明其中语料比对的思路？

DeepSeek 回答如下。

以下是一段较为细致的 Prompt 示例，以及可能输出的文本结果片段。若要以清单形式列出方法、适用场景与局限性等关键要素，可在 Prompt 中显式要求，如 "采用列表或分项格式并加简要叙述" 等，并在文本中嵌入对 "语料比对" 的说明。

研究需求具体如下。

图像处理算法（医疗影像增强、分割、检测），识别 U-Net、ResUnet、Mask R-CNN、RetinaNet 等主流方法。

移动护理系统的数据采集与安全传输协议（如 HL7、FHIR、区块链或 TLS 加密等），简要点评。

公共卫生大数据分析常用算法（LSTM、ARIMA、K-means 等），标注人群规模及数据性质适用。

输出格式具体如下。

采用小标题或列表形式，段落中说明每个方法（或协议）的核心用途、适用范围与局限性。

在每条内容后用一句话概括语料比对的依据，如 "该算法多见于文献××、××研究中"。

写作风格：正式学术口吻，字数可适度展开（700~800 字）。

可能输出的文本片段（示例）如下。

一、医学影像增强与分割方法

U-Net：常用于器官或病灶分割，网络结构呈 Encoder-Decoder 对称形式，可在小样本环境下取得稳定效果。但对器官边界复杂程度敏感，需配合数据增强提升鲁棒性。多见于文献 Smith et al.（2020）、Li et al.（2021）在肺部与脑部 MRI 中的应用。

ResUnet：在 U-Net 基础上引入 Residual 模块，强化梯度传播与特征提取深度，适合高分辨率 CT 影像；网络参数量大，训练需高算力。语料对比显示其在肝脏病灶分割领域优于传统 FCN 方案。

Mask R-CNN：面向检测与分割的通用框架，可检测病变目标并输出精确掩码，适用于多器官、多病灶场景；对显存有较高要求，多见于多分类病变检测文献中，如 Zhang et al.（2022）。

二、移动护理系统数据采集与安全传输协议

HL7／FHIR：医疗行业通用数据交换标准，适合 EHR（电子病历）互联互通；实现相对复杂，但兼容性与社区支持度高。语料比对显示多数医院信息化论文中提及 FHIR 作为后期标准升级方向。

TLS 加密：网络层安全传输协议，用于保证移动护理 APP 端到服务器的数据保密；易实现，但证书管理与更新需定期维护。

区块链/智能合约：适合对敏感病历或护理记录的去中心化存储与访问控制，安全度高，但吞吐量与实时性仍是瓶颈，语料显示不少试点仅在小规模场景中测试。

三、公共卫生大数据分析常用算法

LSTM：针对时序数据预测，能捕捉长期依赖特征；大规模人群健康监测适用，但训练周期长，对数据预处理要求较高。语料比对表明城市流感趋势预测、慢病管理中应用广泛。

ARIMA：线性时序模型，更适合相对平稳的中短期预测，易解释但难以处理高维非线性结构；多见于地区传染病监测例数的历史序列预测。

K-means：常用于群体健康数据的聚类分析，适合针对性施策；对缺失值敏感，需在预处理阶段填补不完整信息。常见于慢病人群分层分类文献中。

本清单系通过在多篇智慧医疗、移动护理与公共卫生领域论文、会议文献及行业专利的语料中提取高频方法名称并比对其应用情境后生成，可为项目撰写与方案设计提供初步参考。若需更深入的实现细节或性能对比，可进一步检索专门研究或实验报告。

在此过程中，"语料比对"的内涵在于 DeepSeek 已对各篇文献进行关键词、标题与主要技术名词的检索与映射，并根据用户（项目）所需的研究主题优先度与方法出现频度、场景适配度等权重进行排序与推荐。用户也可通过进一步补充"请补充具体案例或测试集指标"之类的指令让模型扩写。

用户提问如下。

上面示例不错，但我现在的场景更复杂，具体如下。

在"智慧医疗—影像分析—数据安全—公共卫生预警"四大方向各自细分为多种子方法，文献量极其庞大。

需要自动标记每个方法的学术来源或常见性能指标，用于在标书中写成"方法集+关键参考文献列表"的格式。

我想直接生成一篇更长的写作样例，比如在 Prompt 中让提示要求输出 2000 字左右的综合描述，并提示它在每个方法后标明一个参考文献或会议名称做例子，如"（AAAI 2022）""（IEEE TBME 2021）"，使评审感到引用依据扎实。

DeepSeek 回答如下。

可以通过如下长 Prompt 示例来实现，你可在 Prompt 中指定"请在每个方法后标注一篇或两篇常见参考文献或会议名称"，也可要求自动引用期刊名，但注意若要保真度更高，还需人工校对对应文献。示例如下。

长 Prompt 示例如下。

研究范围：智慧医疗体系下的四大方向：影像分析（增强、分割、检测、融合），数据安全（隐私保护、区块链、加密协议），公共卫生大数据预警（传染病、慢病监测模型），移动护理平台（远程护理、可穿戴设备集成）。需列举主要方法，并在每个方法后标明可能出现的参考文献或会议。

输出形式：分四个标题，每个标题下给出相关方法，并描述适用场景、性能指标或常见局限；在每种方法结尾处标注示例来源，如"（IEEE TBME 2021）""（AAAI 2022）""（Lancet Digital Health 2020）"等。

一、影像分析方法集

V-Net 三维分割：适用于 3D 医学影像如 CT 或 MRI 的深度分割网络，借鉴 U-Net 思路但增强了三维卷积与跳跃连接对解剖结构的捕捉能力，适合肺部肿瘤、脑部病灶检测等场景。常见于（IEEE TBME 2021）。局限性在于参数量大，需要 GPU 资源与丰富标注数据。

DenseNet 分类与检测：基于密集连接策略提升特征传递效能，对多类别病灶检测有良好表现，但对类间差异度小的病变需要更深入特征提取（AAAI 2022）。

二、数据安全方法集

差分隐私（DP）机制：通过在数据输出或查询结果中注入随机噪声来保护个人隐私，被广泛应用于电子病历统计与公共卫生大数据分析（ACM CCS 2019）。局限在于噪声引入或影响数据精度。

区块链+智能合约：对医疗数据跨机构共享时提供不可篡改账本及可编程访问控制（IEEE Transactions on Engineering Management 2020），但 TPS（每秒交易数）与通信延迟是瓶颈。

三、公共卫生大数据预警方法集

SEIR 模型+ML 扩展：在经典传染病 SEIR 模型中嵌入机器学习回归，用于对疫情扩散进行精细预测（Lancet Digital Health 2020）。限于数据缺失或统计口径差异可能影响预测精度。

社交媒体文本挖掘：利用微博、推特等文本进行传染病预警（AAAI 2019），优点在于实时性高，但噪声大、虚假信息混杂需要多重过滤。

四、移动护理平台方法集

HL7 FHIR 数据交互协议：医疗行业标准化信息交换（IEEE Healthcare Innovations 2021）；优点是通用兼容性高，局限在于对本地化二次开发要求大。

人机交互可穿戴监护：通过可穿戴设备采集实时生理信号并传至护理平台（IEEE Pervasive Health 2019）。延迟和数据丢包率是常见难点。

综上，通过对该领域文献语料进行比对与高频方法提取，可得出影像分析、数据安全、公共卫生预警与移动护理平台四大板块下的主要技术路线和代表性性能评价指标。每种方法均在特定场景或数据环境下展现出可观价值，但亦存在算力需求、隐私保护、数据噪声等实际局限，需在项目方案设计时结合具体资源与目标进行二次筛选。"

用户提问如下。

非常感谢，示例文本内容足以写到标书当中。我现在还想进一步扩张文本，希望有一个最终的大汇总。假设我已经上传了 500 篇关于"智慧医疗—影像处理—数据安全—公共卫生预警—移动护理"等主题的核心文献，然后提示"请给我一个最全面的方法推荐报告，分五六个主题板块，每板块写 6~8 个方法，每方法后面一句优缺点，结尾再加一个总结"。

DeepSeek 回答如下。

下面给出的 Prompt 与长文本输出示例，力求涵盖五六个主要板块，每板块 6~8 个方法（合计可达 30~40 个方法），并在每方法后附"优势/局限"一句话描述，以形成大规模的"方法集推荐报告"。字数可多达 3000 字以上，这里只展示一个可能的简略样式，可再往细节延展。

研究对象：基于 500 篇文献的智慧医疗体系，涉及医疗影像处理、数据安全与隐私保护、公共卫生大数据预警、移动护理与远程监护、人机交互与可穿戴设备、医疗辅助决策/诊断支持。

任务：请输出一篇不少于 3000 字的"方法推荐报告"，分 6 个板块，每板块罗列 6~8 种常见方法或技术路线，并在每个方法后写一句"优缺点"描述。

结尾：写一段总结，提及基于语料比对的操作思路，例如"通过关键词抽取、文献聚类、方法频度统计"等手法得到结论。

语言要求：正式学术风格，可使用少量过渡词，保持逻辑连贯。

U-Net 网络：常用于器官、病灶分割，优点是结构简洁且对小样本适应性好，缺点在复杂场景下精细度受限。

DenseNet 分类：高效特征传递，适合多类别影像识别，局限是网络深度导致训练耗时。

通过对 500 篇智慧医疗相关文献进行关键词提取与高频方法统计，本报告整合了影像处理、数据安全、公共卫生预警、移动护理、人机交互以及诊断支持六大板块，精选约 40 种常见技术路线，并简要概括其优势与局限。深层语料比对采取词频分析、文献聚类与相关度排名等环节，使评估结果更具代表性与广度，亦能在后续课题申报和技术选型中发挥快速参考价值。

基于语料比对推荐方法集时，关键在于导入大量领域文献并在 Prompt 中清晰罗列研究需求与输出格式期望。应先指明"主题范围"（如图像处理、数据安全、公共卫生等）与"方法名称+优缺点+适用场景"等所需要素，确保模型在检索语义时更具方向性。若需附参考文献或会议名称，可在 Prompt 中注明"每方法后附一篇常见文献示例"。

灵活使用"分板块写作""列表或段落结构""最少××字"等要求，让 DeepSeek 自动构建大规模方法清单。最终通过多次迭代或二次 Prompt，细化术语解释与学术风格，使生成内容更贴近课题目标与评审标准。

7.2.2 模拟学科审稿意见提出方法补充建议

学科审稿过程中，评审专家往往会对研究方法的合理性、适用性和完整性提出质疑，并建议申报人补充更具针对性的研究手段。例如，若某项生态环境评估课题仅采用遥感监测数据，审稿人可能指出其缺乏地面实测数据的校正，影响结论的可靠性。在此类情境下，申报人可以结合 DeepSeek 的文献比对与方法推荐功能，快速查找该领域中已有的混合数据融合方法，并生成一段补充内容，以加强方法论的严谨性。

某一机器学习相关课题采用了常见的卷积神经网络（CNN）进行医学影像分类，而审稿专家可能建议引入基于注意力机制的变体，如 Transformer 或自适应加权模型，以提升模型的特征提取能力。研究团队可以利用 DeepSeek 输入审稿意见，如"在医疗影像分类任务中，如何通过新方法提升特征表达能力"，让模型自动生成针对性的补充建议，并提供相关技术细节。例如，DeepSeek 可能会给出如下修改建议。

  基于现有 CNN 架构，模型在处理小样本或细粒度特征提取时可能存在局限性。因此，本研究将进一步引入自注意力机制，以增强关键区域信息的捕捉能力。例如，结合视觉 Transformer（ViT）或 SE-ResNet 可提高模型对低对比度病变的识别能力，同时降低误判率。此外，可引入混合特征融合策略，在深度学习特征基础上结合传统纹理分析，如 LBP 或 GLCM，以提升模型的解释性。

  某一社会科学研究采用访谈法与问卷调查，但审稿人可能提出，这种方法仅能获取小样本群体观点，难以反映整体趋势。此时，研究团队可使用 DeepSeek 输入"如何增强社会科学研究中的数据代表性"，让模型推荐可补充的大数据分析方法，例如文本挖掘、社交媒体数据爬取等，并生成如下优化段落。

  为了提升数据的广度与代表性，本研究将在原有问卷调查基础上，结合自然语言处理（NLP）技术，对社交媒体评论、论坛讨论等文本数据进行主题分析。通过 LDA（潜在狄利克雷分配）模型提取主要话题，同时结合情感分析技术，识别公众对相关政策或社会现象的态度倾向。这一补充方法有助于拓展研究样本来源，提高结论的普适性。

  DeepSeek 不仅可基于现有审稿意见推荐补充方法，还可模拟审稿专家可能提出的进一步质疑。例如，在材料科学领域，若研究采用有限元分析（FEA）模拟材料变形行为，DeepSeek 可能会建议审稿人提出"是否考虑材料内部微观组织变化的影响？"此时，申报人可通过 DeepSeek 自动检索相关研究，补充基于微观结构建模（如相场法或晶粒演化模型）的段落，使研究更为全面。

  使用 DeepSeek 优化研究方法段落，可显著提升文本的学术严谨性与技术深度，使课题申报书在评审过程中更具竞争力。

7.2.3 方法适配性论证段落生成模型

  学科审稿过程中，评审专家往往会对研究方法的合理性、适用性和完整性提出质疑，并建议申报人补充更具针对性的研究手段。例如，若某项生态环境评估课题仅采用遥感监测数据，审稿人可能指出其缺乏地面实测数据的校正，影响结论的可靠性。

  在此类情境下，申报人可以结合 DeepSeek 的文献比对与方法推荐功能，快速查找该领域中已有的混合数据融合方法，并生成一段补充内容，以加强方法论的严谨性。

某一机器学习相关课题采用了常见的卷积神经网络（CNN）进行医学影像分类，而审稿专家可能建议引入基于注意力机制的变体，如 Transformer 或自适应加权模型，以提升模型的特征提取能力。

研究团队可以利用 DeepSeek 输入审稿意见，如"在医疗影像分类任务中，如何通过新方法提升特征表达能力"，让模型自动生成针对性的补充建议，并提供相关技术细节。例如，DeepSeek 可能会给出如下修改建议。

> 基于现有 CNN 架构，模型在处理小样本或细粒度特征提取时可能存在局限性。因此，本研究将进一步引入自注意力机制，以增强关键区域信息的捕捉能力。例如，结合视觉 Transformer（ViT）或 SE-ResNet 可提高模型对低对比度病变的识别能力，同时降低误判率。此外，可引入混合特征融合策略，在深度学习特征基础上结合传统纹理分析，如 LBP 或 GLCM，以提升模型的解释性。

某一社会科学研究采用访谈法与问卷调查，但审稿人可能提出，这种方法仅能获取小样本群体观点，难以反映整体趋势。此时，研究团队可使用 DeepSeek 输入"如何增强社会科学研究中的数据代表性"，让模型推荐可补充的大数据分析方法，例如文本挖掘、社交媒体数据爬取等，并生成如下优化段落。

> 为了提升数据的广度与代表性，本研究将在原有问卷调查基础上，结合自然语言处理（NLP）技术，对社交媒体评论、论坛讨论等文本数据进行主题分析。通过 LDA（潜在狄利克雷分配）模型提取主要话题，同时结合情感分析技术，识别公众对相关政策或社会现象的态度倾向。这一补充方法有助于拓展研究样本来源，提高结论的普适性。

DeepSeek 不仅可以基于现有审稿意见推荐补充方法，还可以模拟审稿专家可能提出的进一步质疑。例如，在材料科学领域，若研究采用有限元分析（FEA）模拟材料变形行为，DeepSeek 可能会建议审稿人提出"是否考虑材料内部微观组织变化的影响？"此时，申报人可通过 DeepSeek 自动检索相关研究，补充基于微观结构建模（如相场法或晶粒演化模型）的段落，使研究更为全面。

使用 DeepSeek 优化研究方法段落，可显著提升文本的学术严谨性与技术深度，使课题申报书在评审过程中更具竞争力。

7.3 研究综述写作流程与结构设计

研究综述是深度理解领域前沿与构建研究基础的重要环节。系统与结构化的综述过程可通过文献检索、内容评析与逻辑框架搭建等步骤，准确定位主题脉络与关键学术争议。在充分结合文献筛选与方法性解读的过程中，一方面可呈现学科成果与理论演进，另一方面能透视研究空白与创新切入点。

本节将围绕综述写作流程与结构设计展开论述，聚焦文献整合与分层评述的策略，并兼顾行文规范与学术规范要求，为后续研究方案与课题立项奠定扎实的理论支撑。

7.3.1 领域划分与文献聚类方式

研究综述的写作需要在大量文献中提炼核心脉络，而领域划分与文献聚类是构建清晰综述框架的基础。研究者在面对不同学科或交叉领域的文献时，往往需要先建立分类体系，以确定研究主题的主流方向，并对各类研究成果进行系统性整合。

文献的聚类方式决定了综述的组织逻辑，常见的方法包括基于关键词共现分析、研究方法归类、研究对象差异化、技术演进路线等。

在能源经济研究领域，研究者可能面临海量关于碳排放、可再生能源投资、能源市场价格波动等不同主题的研究。若直接罗列这些研究，综述将显得零散、缺乏体系化逻辑。通过 DeepSeek 的聚类分析功能，可以提取高频关键词并自动归类文献，例如"政策调控类研究""市场响应类研究""技术创新类研究""消费者行为研究"等。

基于这种分类体系，综述可以按照政策影响、市场适应性、技术进展等角度展开，而非单纯按照时间顺序列举论文，从而使文章逻辑更加清晰。

在医学影像分析领域，研究者可能需要对不同的深度学习方法在影像诊断中的应用进行整理。此类文献可根据方法类别（如卷积神经网络、强化学习、迁移学习）、应用场景（如肺癌检测、心血管疾病诊断、脑部病变分析）、数据来源（如 CT、MRI、超声）等维度进行聚类。DeepSeek 能够自动分析不同文献的摘要和方法部分，生成结构化分类，并在综述写作过程中提供示例性段落，具体如下。

近年来，深度学习方法在医学影像分析中的应用迅速增长，可大致分为三类：一是基于 CNN 的图像分类与分割技术，代表性研究包括 X 等人提出的 U-Net 架构，该方法在肺部 CT 影像病灶检测中取得良好效果；二是基于迁移学习的模型优化策略，如 Y 等人的研究表明，通过预训练 ResNet 模型可以有效提升小样本医学影像分类的精度；三是结合强化学习的自适应影像增强方法，如 Z 等人研究的策略网络，可自动调整影像对比度以提高病灶可见性。这三类方法在不同疾病诊断场景下各具优势，体现了医学影像分析研究的多样性和技术进步。

在人文社科研究中，文献聚类的逻辑通常更加依赖研究主题和理论框架，而非方法或数据类型。以人口经济学研究为例，文献可以按照"人口老龄化与社会保障""人口迁移与城市发展""生育率下降对劳动力市场的影响"等主题进行划分。DeepSeek 可以自动提取不同文献的核心变量，并进行语义聚类，从而帮助研究者建立更具条理的综述结构。基于这一分析，综述段落可参考以下写法。

近年来，关于人口老龄化的研究集中于社会保障体系的可持续性与劳动力市场的适应性。A 等人的研究表明，老龄化对养老金支出构成长期压力，而 B 等人提出的动态计算模型显示，提高退休年龄可在一定程度上缓解财政负担。此外，关于人口流动的研究关注城镇化进程与经济增长的关系，C 等人的论文分析了人口迁移模式与房地产市场波动的互动效应，而 D 等人则通过区域数据对比，发现人口流入地区的产业结构调整对经济增长的影响更为显著。基于这些研究，人口经济学的文献可以大致归类为社会保障、劳动力市场、城市发展等几大主题，每个领域都有其独特的理论与实证基础。

DeepSeek 在领域划分与文献聚类过程中，不仅能够识别高频术语，还可以结合不同研究的背景、方法和结论，自动推荐最优分类体系，使研究综述的逻辑更加紧密，从而提高文本的可读性和学术价值。

7.3.2 DeepSeek 辅助主题建模与文献归类

研究综述的核心在于构建清晰的主题脉络，并对文献进行合理归类。DeepSeek 可通过语义分析与文本聚类技术，识别研究领域中的关键主题，并自动将相关文献归入不同类别，使综述结构更加紧凑，逻辑更加严密。主题建模的过程不仅涉及关键词提取，还包括研究背景、理论框架、研究方法和应用场景等维度的系统整理。

在环境经济学研究中，大量文献涉及碳排放、可再生能源政策、绿色金融等方向。如果仅按发表时间顺序罗列，综述将显得杂乱无章。利用 DeepSeek 的主题建模功能，可以自动归纳核心议题，并按照政策导向、技术进展、经济影响等维度进行分类。综述段落可参考以下组织方法。

近年来，碳排放治理与绿色经济的研究形成多个互相关联的主题。首先，关于碳税与碳交易的政策研究形成了独立议题，X 等人的研究指出，碳定价机制对企业减排行为有显著影响，Y 等人进一步探讨了不同国家碳市场的实施效果。其次，可再生能源的发展路径是另一大研究方向，Z 等人通过实证分析表明，风能与太阳能的技术进步对碳排放强度的降低起到关键作用。此外，绿色金融的作用近年来引起广泛关注，A 等人的研究探讨了绿色信贷对企业碳足迹的影响，而 B 等人则从投资者角度分析了 ESG（环境、社会、治理）评级对金融市场的调节效应。这些研究主题相互交叉，共同构成了环境经济学研究的核心框架。

在医学影像分析领域，研究主题可以依据方法和应用场景进行分类。不同的深度学习方法在影像分类、分割、检测等任务上表现不同，而医学影像的种类（如 CT、MRI、超声）也影响算法的适用性。DeepSeek 能够自动解析论文摘要，提取技术关键词，并归类到不同的研究主题，具体如下。

医学影像分析的研究主要围绕三大核心方向展开。第一，图像分割技术不断演进，U-Net、ResNet 等深度神经网络成为主流，X 等人的研究表明，在肺部病灶检测任务中，U-Net 的多尺度特征提取能力有助于提高分割精度。第二，影像分类任务涉及多种网络结构，Y 等人使用 VGG16 进行肺炎检测，实验结果显示，在小样本场景下，迁移学习能有效提升分类准确率。第三，影像增强和数据预处理方法在提高模型泛化能力方面发挥重要作用，Z 等人提出的对抗生成网络（GAN）用于医学影像合成，有助于缓解数据不足问题。这些研究表明，影像分割、分类、增强是医学影像分析领域的重要主题，各自依赖不同的方法体系。

在人文社科研究中，主题建模通常依赖文本分析与社会理论框架。以社会网络分析研究为例，文献可根据数据来源、研究方法和应用领域进行归类。DeepSeek 可以自动识别研究主题，并帮助整理综述框架，具体如下。

社会网络分析的研究近年来在多个领域得到广泛应用。首先，基于社交媒体的数据挖掘成为热门议题，X 等人的研究分析了 Twitter 上的信息传播模式，发现影响力节点的识别对网络传播效率具有重要作用。其次，社会网络结构与群体行为的关系受到关注，Y 等人采用图论方法构建企业合作网络，揭示了行业内技术扩散的动态机制。此外，网络中的权力结构分析也是一大研究方向，Z 等人研究了政治网络中的利益集团，发现网络中心度越高的组织在政策影响力方面具有显著优势。这些研究共同推动了社会网络分析的理论发展，并拓展了其实证应用的边界。

DeepSeek 能够自动解析不同研究领域的文本特征，提供精准的主题分类建议，并针对每个主题生成详细的综述段落。这种基于智能主题建模的方法，不仅能提升研究综述的写作效率，还能确保综述逻辑的清晰性和内容的系统性，使研究者能够更高效地梳理已有研究成果，形成具有理论价值和应用指导意义的综述文本。

7.3.3 综述写作的逻辑结构建构技巧

研究综述的逻辑结构决定了文本的条理性、连贯性和说服力。无论是系统综述、叙述性综述还是元分析型综述，都需要遵循清晰的结构，使读者能够快速理解研究主题的背景、发展脉络、核心问题和未来趋势。DeepSeek可以通过自动分析文献提炼关键内容，并建议合理的写作框架，提升综述的组织水平。

在经济学领域，关于全球供应链韧性的研究涉及多个方面，包括供应链中断的风险管理、全球产业链的再平衡、区域性供应链的优势等。综述写作时，如果仅按照时间顺序罗列相关研究，会导致内容缺乏层次感。因此，DeepSeek可以生成基于问题导向的结构，具体如下。

> 供应链韧性的研究主要围绕三个核心问题展开。第一，供应链中断的风险评估，X等人的研究分析了新冠疫情期间全球产业链的波动，并提出企业可通过多元化采购降低风险。第二，供应链再平衡与本地化趋势，Y等人指出，近年来美国与欧洲企业开始调整生产布局，减少对亚洲制造业的依赖，以提高自主可控能力。第三，技术对供应链弹性的影响，Z等人研究了区块链技术在供应链透明度管理中的作用，认为智能合约可提高供应链节点间的数据共享效率。这三大问题构成当前供应链韧性研究的核心框架。

在计算机科学领域，关于自动驾驶技术的研究涉及感知系统、决策系统和控制系统三个部分。综述写作时，如果没有逻辑主线，仅罗列各种方法，读者将难以理解各项技术之间的联系。DeepSeek可以分析相关文献，并生成基于系统架构的综述框架，具体如下。

> 自动驾驶技术由感知、决策和控制三大模块组成，各模块的研究进展相互作用。感知系统主要依赖激光雷达、毫米波雷达和计算机视觉，X等人的研究表明，基于多传感器融合的感知算法能够提高目标检测的精度。决策系统采用强化学习与深度学习技术，以优化车辆路径规划，Y等人提出的基于神经网络的行为预测模型能够有效减少突发事故。控制系统决定车辆的实时响应，Z等人研究了PID控制与深度强化学习的结合方案，以提高自动驾驶在复杂环境中的稳定性。这些研究方向共同推动了自动驾驶技术的发展。

在人文社科研究中，综述结构的设计同样需要逻辑性。以社会不平等研究为例，文献可按照理论流派、实证研究和政策应对等维度组织，而非简单罗列相关研究。DeepSeek可以自动分析文本，提供结构化写作建议，具体如下。

> 社会不平等研究的综述通常涵盖理论基础、实证分析和政策讨论三个部分。理论基础方面，X等人的研究回顾了马克思主义、韦伯社会分层理论和布迪厄资本理论的核心观点，揭示了不同理论对不平等形成机制的解释。实证研究方面，Y等人的经济数据分析表明，教育背景与社会流动性密切相关，而Z等人的田野调查进一步探讨了不同阶层在就业市场中的机会差异。政策应对方面，近年来各国政府采取了包括税收调整、最低工资保障和教育公平政策在内的多种措施，以减少收入差距。综述基于这三个层面展开讨论，使读者能够全面理解社会不平等研究的核心问题。

DeepSeek在综述写作中的作用不仅限于结构搭建，还能根据主题调整逻辑顺序，使研究脉络更清晰。在写作过程中，可以输入关键主题，要求DeepSeek生成不同逻辑结构的提纲，如"按照问题导向组织""按照系统架构组织"或"按照理论—实证—政策框架组织"。这种方式可以帮助研究者高效构建合理的综述框架，使文章结构更加紧凑，逻辑更加清晰，提高研究综述的学术价值和可读性。

7.3.4 引用与评述的语言风格优化建议

研究综述的写作不仅要求对相关文献进行系统梳理，还需要在引用与评述中保持学术风格的严谨性和逻辑连贯性。恰当的引用能增强综述的权威性，而科学合理的评述则能够展现研究者对该领域的深入理解。DeepSeek能够分析学术论文的语言风格，优化引用表达，并提供多种评述方式，使文本更具说服力和学术价值。

在经济学领域，关于数字经济对劳动市场的影响，引用时不仅需要陈述研究结论，还要结合研究方法与数据来源进行分析。DeepSeek可以生成优化的评述段落，具体如下。

> 近年来，数字经济对劳动市场的影响成为研究热点。Smith等人（2020）基于欧洲国家数据，发现数字技术的渗透率与就业增长呈现显著正相关关系。然而，Johnson等人（2021）通过微观企业数据分析指出，这种关系在不同行业间存在显著差异，尤其是在制造业，自动化技术的应用可能导致低技能岗位的减少。这一研究结果与Brown等人（2019）的结论相符，他们通过长时序数据分析发现，数字技术主要推动高技能就业增长，而对低技能就业的影响

较为复杂。因此，现有文献在总体趋势上达成一定共识，但在具体行业和技能层面仍存在争议。

在人文社科研究中，引用方式应避免简单罗列已有研究，而是需要通过逻辑衔接展示学术发展脉络。DeepSeek 可以自动优化语言，使评述更加流畅。其在文化全球化研究中的具体应用如下。

  文化全球化的研究经历了从文化同质化到多元互动的理论演进。早期研究（Hall，1992）强调西方文化的主导地位，认为全球化导致本地文化的边缘化。然而，近年来的研究（Tomlinson，2003；Pieterse，2009）提出'杂交文化'的概念，认为文化全球化不仅是单向传播，更是多向交融的动态过程。特别是在新兴市场的影视产业中，Wang（2021）通过案例研究表明，本土文化元素在全球传播过程中逐步实现自我强化，而非被动接受西方文化。这表明，全球化背景下的文化变迁更加复杂，不能仅以单一视角解读。

在计算机科学领域，技术评述的语言风格应当既具备描述性，又兼具批判性。DeepSeek 可以优化评述方式，使其更加符合学术表达习惯。其在人工智能模型的可解释性研究中的具体应用如下。

  深度学习模型的可解释性问题近年来受到广泛关注。LIME（Ribeiro et al.，2016）是一种广泛应用的方法，通过局部扰动样本生成可解释结果。然而，该方法主要适用于表格数据和文本数据，对高维图像数据的解释能力有限（Samek et al.，2019）。相比之下，Grad-CAM（Selvaraju et al.，2017）通过可视化神经网络的注意力区域，提高了对深度模型决策过程的理解，但其对不同网络架构的适配性仍需进一步优化。近年来，基于神经网络内在特征分解的方法（Zhang et al.，2021）被提出，能够直接从网络参数中提取可解释信息。这些研究表明，可解释性方法正在从局部扰动分析向全局特征建模发展，但在精度、适用范围和计算复杂度方面仍需进一步权衡。

DeepSeek 在优化引用和评述语言时，能够自动识别句式模式，调整引用顺序，使段落逻辑更加紧密。同时，可以针对不同的研究需求，推荐适合的引用方式，例如强调研究趋势时可采用"近年来，X 等人的研究表明……"对比不同学者观点时可使用"X 等人认为……但 Y 等人的研究指出……"这种自动化的优化方式有助于提高综述写作的学术表达质量，使文本更加符合出版标准和学术规范。

7.4 DeepSeek 辅助识别研究趋势与空白

研究趋势与领域空白的精确识别是学术创新与项目设计的关键起点。DeepSeek 凭借语义聚类、文献共现分析与前沿动态监控等功能，能在大规模文献资源中迅速定位潜在研究热点与尚未充分探讨的技术空档。本节将聚焦模型能力与综合信息挖掘策略，探讨如何在日益复杂的研究生态中精准捕捉创新机遇，并构建具有前瞻性的研究方向布局。

7.4.1 从领域高频词生成研究热点

研究热点的识别通常依赖于对领域内高频术语的分析，这些术语往往反映了当前学术界关注的核心议题。DeepSeek 可基于大规模文献的语料统计，自动提取高频词，并结合上下文语义分析，归纳出主要的研究趋势。这种方法不仅能够揭示已有研究的主题分布，还可以预测未来的学科发展方向，为科研选题提供数据支持。

在能源经济学研究中，碳中和、绿色金融、碳交易市场等术语近年来频繁出现在国际学术期刊与政策文件中，表明该领域的研究重心正在向低碳经济和可持续发展转移。DeepSeek 在分析相关文献时，可以自动提取这些高频词，并基于共现分析构建主题网络，具体如下。

近年来，"碳中和"成为能源经济学研究的核心议题，相关研究主要围绕政策机制、市场激励与技术创新展开。Smith 等人（2021）分析了全球碳交易市场的演进路径，发现碳定价机制对企业减排行为具有显著影响。此外，"绿色金融"的概念在近五年文献中的出现频率大幅提升，表明学界对可持续投资的关注度不断增强。Johnson 等人（2022）指出，绿色债券市场的发展已成为推动可再生能源投资的重要工具。这些高频术语的变化反映了能源经济学领域从传统能源政策研究向低碳转型与金融创新融合的趋势。

在计算机科学领域，高频词的变化往往与技术的发展同步，例如在自然语言处理研究中，深度学习、预训练模型、跨模态学习等关键词的出现频率持续上升。DeepSeek 可以自动分析这些术语的演化趋势，帮助研究者快速锁定热点，具体如下。

在自然语言处理（NLP）领域，"预训练模型"成为近年来研究热点。BERT、GPT 等大语言模型的提出，使得文本理解和生成任务的性能得到显著提升。高频术语分析表明，自 2018 年以来，与"跨模态学习"相关的研究数量大幅增加，这表明 NLP 正从单纯的文本处理扩展至图像、音频等多模态数据融合的方向。Li 等人（2023）提出的 UniModal 模型，成功实现了不同数据模态间的知识迁移，进一步推动了跨模态研究的发展。

在人文社科研究中，高频词的提取可以揭示社会议题的变化。例如，在全球化研究领域，文化多样性、数字民族志、身份认同等关键词的出现频率上升，表明学界对跨文化交流和数字化时代社会变迁的关注度不断增强。DeepSeek 可以基于这些关键词，归纳出研究趋势，并生成结构化的综述文本，具体如下。

近年来，"文化多样性"与"身份认同"成为全球化研究的重要议题。Anderson 等人（2021）分析了社交媒体对文化交流的影响，发现数字平台促进了跨文化互动，但同时也加剧了文化冲突。"数字民族志"作为一种新兴研究方法，在 2020 年后出现频率明显增加，研究者利用社交媒体数据分析全球移民群体的文化适应过程，拓展了传统民族志研究的边界。这一趋势表明，全球化研究正在向数字社会、跨文化交流与身份认同构建等方向深化。

DeepSeek 在研究热点识别中的作用不仅限于高频词提取，还可以通过聚类分析、共现网络构建等方法，揭示不同主题之间的联系。例如，可以分析某一领域的高频词并进行自动分类，将研究趋势划分为技术创新、政策应用、社会影响等子方向。研究者可以输入关键词，如"可持续发展""人工智能伦理""国际合作"等，让 DeepSeek 提供相关文献，并归纳热点发展路径，使选题更加精准。

利用高频词分析生成研究热点，不仅能帮助研究者快速掌握学科前沿，还能优化综述的结构，使其更具逻辑性和前瞻性。DeepSeek 提供的数据支持，可以有效避免选题的重复性，提高研究的创新价值。

7.4.2 空白区域识别与申报创新点融合

研究空白的识别是确保课题创新性的重要环节。科学研究的竞争日益激烈，如何找到未被充分探讨的领域，形成有理论价值和应用前景的创新点，直接决定了课题申报的成功率。DeepSeek 能够通过大规模文献比对、研究趋势分析和高频术语挖掘，自动识别领域中的研究空白，并提供针对性的创新建议，使研究申报更加精准且具有竞争力。

在环境科学领域，关于气候变化的研究已涵盖碳排放、可再生能源、生态系统响应等多个方面，但特定地区或行业的碳减排路径可能仍存在研究空白。

例如，DeepSeek分析碳中和的相关论文时，发现大多数研究集中在能源行业和交通领域，而对于农业碳排放的研究相对较少。通过这一分析，研究者可以结合政策需求，提出以下创新点。

尽管碳中和政策已在多个行业取得进展，但农业领域的低碳技术路径仍缺乏系统性研究。本研究将结合遥感监测、土壤碳储量分析与智能农业管理，构建农业碳排放评估框架，为绿色农业政策提供科学依据。这一方向填补了农业碳中和路径研究的空白，并为精准碳管理提供可行性方案。

在人工智能研究中，智能决策系统已广泛应用于金融、医疗和自动驾驶等领域。然而，DeepSeek在分析智能优化算法的文献时，发现现有研究大多关注静态环境下的优化问题，而较少针对动态环境的决策机制。基于这一发现，研究者可以在课题申报中突出以下创新点。

现有智能优化算法在静态环境下已取得良好效果，但在动态环境中的适应性和鲁棒性仍有待提升。本研究将引入强化学习与博弈论方法，构建面向动态环境的智能决策框架，提高模型在复杂、多变场景下的稳定性和计算效率。该研究方向弥补了智能优化领域对动态变化处理能力的不足，为智能系统的自适应性研究提供新思路。

在人文社科研究中，全球化与数字经济的交互作用是近年来的重要议题。然而，在通过DeepSeek分析相关研究时发现，当前研究多集中于发达国家的数据，而对发展中国家数字经济发展的路径和挑战关注较少。基于这一空白，研究者可以在申报书中提出以下创新点。

全球化背景下的数字经济发展已成为国际学界关注的重点，但当前研究主要基于欧美国家的数据，缺乏对发展中国家的系统性分析。本研究将结合跨国企业数据、国际贸易政策与本土创新环境，探讨数字经济在不同发展阶段国家中的适应模式，为全球数字经济发展提供多维度对比与政策建议。

DeepSeek不仅能够帮助研究者发现研究空白，还可以结合政策导向和学术趋势，优化创新点的表述，使其更符合科研申报的逻辑。例如，研究者可以输入"当前能源经济领域的研究空白"或"人工智能伦理研究的未解问题"，让DeepSeek分析最新文献并总结未被充分研究的方向。同时，研究者还可以让DeepSeek自动生成"该研究如何填补空白"的论述段落，以便在标书中直接使用。

在课题申报过程中，创新点的提出不仅需要基于学术研究的不足，还应结合实际应用场景和社会需求。DeepSeek 可以分析专利数据、政策文件和行业报告，帮助研究者从多维度挖掘研究空白，使课题选题既符合学术前沿，又具有现实价值。这样，研究者不仅能够提高课题的创新性，还能增强其应用前景，使申报材料更具竞争力。

7.4.3 同领域高被引文献的提取与分析逻辑

高被引文献的提取与分析在研究综述和课题申报中起到关键作用。高被引文献通常代表了某一领域的基础理论、主流观点或技术前沿，能够提供坚实的学术依据，并帮助研究者快速识别学科发展趋势。DeepSeek 可以通过大规模文献检索，自动提取特定领域的高被引论文，并分析其内容结构、核心贡献及研究方法，为研究者提供系统化的学术支持。

在能源经济学领域，碳排放与碳中和的研究是近年来的热点，相关高被引文献往往涉及碳市场政策、低碳技术路径和国际合作机制。DeepSeek 可以自动分析该领域的代表性论文，并生成研究综述，具体如下。

> 碳市场政策的研究是能源经济学的重要方向。Stavins（2011）的论文被广泛引用，该研究提出了基于市场的碳交易机制，并分析了欧盟碳市场的运行模式。近年来，Gillingham 等人（2018）进一步探讨了碳税与碳交易的互补性，认为两者在不同经济体中应采取差异化策略。高被引文献表明，碳政策的经济影响已成为学界关注的核心问题，而对不同发展阶段国家的政策适应性研究仍然较少，形成了未来研究的重要方向。

在计算机科学领域，深度学习技术的高被引文献往往涉及神经网络架构、优化算法和应用案例。DeepSeek 可以快速检索卷积神经网络（CNN）、生成对抗网络（GAN）等技术的代表性论文，并自动归纳研究脉络，具体如下。

> 近年来，深度学习在计算机视觉领域取得突破性进展。Krizhevsky 等人（2012）提出的 AlexNet 模型被认为是现代深度学习的起点，该论文的引用量超过 1 万次，奠定了卷积神经网络（CNN）的基础。随后，He 等人（2016）提出的 ResNet 模型通过引入残差结构，显著提升了网络的训练深度和准确率。这些高被引论文的分析表明，深度学习的研究趋势正从传统的特征提取方法转向端到端学习，并向更复杂的任务迁移。

在人文社科领域，高被引文献的提取有助于构建理论框架，并识别学术研究的演进路径。例如，在全球化研究中，DeepSeek 可以分析包含文化全球化、经济一体化等关键词的高被引论文，并提炼其核心观点，具体如下。

> 全球化研究的发展经历了多个阶段。Robertson（1992）在其经典论文中提出"全球本土化"概念，该研究成为全球化理论的重要基础。Appadurai（1996）进一步拓展了全球文化流动的框架，提出全球化并非单向的西方化，而是多向的互动过程。近年来，Sassen（2018）的研究聚焦全球城市网络，分析了数字经济如何加速资本、信息与劳动力的全球流动。这些高被引论文的分析表明，全球化研究已从传统的经济视角拓展至技术与文化领域，呈现出更为综合的跨学科趋势。

DeepSeek 在高被引文献分析方面的优势不仅体现在文献检索能力，还包括自动归纳论文的核心内容并提供批判性分析。例如，研究者可以输入"人工智能伦理研究的高被引论文"，使 DeepSeek 检索相关领域的经典论文，并提供如下分析。

> 人工智能伦理的研究近年来获得广泛关注。Bostrom（2014）的论文探讨了人工智能超级智能的伦理风险，并提出了"对齐问题"的概念，该研究成为人工智能伦理讨论的重要理论基础。Russell 等人（2019）进一步提出"人类中心 AI"的框架，强调人工智能系统应遵循可解释性和透明性原则。高被引文献的分析表明，AI 伦理研究已逐步从理论探讨走向政策制定和应用层面，未来研究应关注技术监管与社会影响的结合。

DeepSeek 在课题申报过程中，可以帮助研究者快速生成高质量的文献综述，并通过高被引论文的分析，使研究选题更具学术说服力。通过自动归纳主流观点、识别研究空白，并生成逻辑清晰的综述段落，DeepSeek 能够极大提升科研写作的效率，使申报书在学术背景论证方面更具权威性。

7.4.4 综合趋势分析段落的生成机制

研究趋势的综合分析是构建学术综述的重要环节，不仅可以帮助研究者把握领域发展脉络，还能为课题申报提供有力支撑。DeepSeek 可以基于海量文献，自动识别研究主题的演进路径，归纳出关键趋势，并生成具有逻辑性的分析段落。这种方法能够有效避免综述写作的零散性，使研究背景更加完整，并增强研究选题的学术价值。

可再生能源政策研究领域近年来的趋势显示，研究重点已从单一技术分析向政策协同与市场机制优化转变。DeepSeek 在分析相关文献时，可以自动提取关键词并生成综合趋势段落，具体如下。

可再生能源政策的研究趋势经历了从单一激励机制到综合调控模式的演进。早期研究主要关注"固定电价补贴"（FIT）政策的经济效应，例如 Smith 等人（2010）发现，FIT 在初期阶段能够显著促进太阳能和风能的投资增长。然而，近年来，学者们开始探讨市场驱动型政策，如"可再生能源配额制"（RPS）和"碳交易机制"（ETS），以提高政策的灵活性和市场适应性。Johnson 等人（2020）的研究表明，混合政策模式能够在降低财政负担的同时，提高清洁能源投资的可持续性。最新趋势显示，政策研究已进一步向跨国协同机制拓展，特别是在欧盟内部，各国碳减排政策的协调成为研究热点。这一趋势表明，可再生能源政策的重点正从单一激励手段向系统性调控和国际合作方向发展。

在人工智能伦理研究领域，研究重点从技术可解释性逐步拓展至社会影响与政策监管。DeepSeek 可以基于高被引文献，生成综合趋势分析段落，具体如下。

人工智能伦理的研究经历了三个主要发展阶段。最初，研究集中在算法公平性与透明性问题，Barocas 等人（2016）提出，算法决策可能导致系统性偏见，因此可解释性成为伦理研究的核心关注点。随后，随着深度学习技术的广泛应用，研究开始转向人工智能对社会结构的影响。Bostrom（2018）探讨了人工智能技术对就业市场和个人隐私的冲击，强调社会政策在技术发展中的调控作用。近年来，研究趋势进一步扩展至全球人工智能治理框架，Russell 等人（2022）提出"人类中心 AI"的概念，主张通过法规和伦理准则来引导人工智能的发展。综合来看，人工智能伦理的研究正在从技术层面拓展至政策与社会体系的深度融合，并逐步形成全球化治理模式。

在人文社科领域，全球化与文化交流的研究趋势能反映技术变革对社会文化的深远影响。DeepSeek 可以基于近十年的研究文献，提炼核心趋势，并生成以下分析段落。

全球化研究的主题近年来呈现出多维度演进。早期研究关注全球经济一体化及贸易网络扩展，Krugman（2008）提出的"新全球化理论"奠定了该领域的理论基础。随着信息技术的发展，全球化研究的重点逐步转向文化交融与数字传播。Castells（2014）研究了社交媒体在全球文化交流中的作用，发现信息传播的去中心化加速了跨文化融合。近年来，研究进一步深入数字全球化的影响，尤其是人工智能、区块链等技术对国家主权、数字身份和信息

> 安全的挑战。综合来看，全球化研究的趋势已从经济网络扩展到文化与技术互动的更广泛领域，并开始涉及全球治理和社会伦理问题。

DeepSeek 在生成综合趋势分析段落时，不仅能够提取高频关键词，还能自动识别研究主题的时间演进模式，并按照逻辑顺序组织段落内容。例如，研究者可以输入"计算机视觉技术的研究趋势"，使 DeepSeek 自动分析相关文献，提炼出"早期基于特征工程的视觉分析""深度学习的突破与应用扩展""多模态融合与自监督学习"等关键发展阶段，并生成具有清晰脉络的趋势分析段落，使综述更加系统化。

综合趋势分析不仅能帮助研究者把握学科发展方向，还能为课题申报提供强有力的背景支持。DeepSeek 能够通过智能化文本处理，提高综述写作的效率，使研究背景更具说服力，并增强课题的前沿性和创新性。

第8章 项目验收与结题

科研项目的验收与结题是研究工作的关键环节，其完成质量直接影响项目成果的认可度及后续研究的延续性。项目结题不仅要求完成预期研究目标，还需提交系统化的研究成果报告，确保数据、方法、结论的逻辑严谨性，并符合资助方的评审标准。

本章将围绕验收材料撰写、阶段性成果展示、结题报告的优化策略，以及 DeepSeek 在文本生成、数据整理、学术表达提升等方面的应用展开探讨，提供高效撰写结题文档的方法，使结题材料更具说服力和学术价值。

8.1 验收材料撰写流程概述

科研项目的验收材料是衡量研究成果完成度、创新性和应用价值的重要依据，直接影响项目的最终评估结果。验收材料的撰写需要确保内容完整、数据翔实、结构清晰，并符合资助方的格式与规范要求。一般包括研究目标达成情况、主要研究成果、关键技术突破、经费使用情况及未来研究展望等核心内容。

本节将系统梳理验收材料的撰写流程，并探讨 DeepSeek 在优化文本逻辑、数据整合、成果展示等方面的应用，使验收材料更加符合学术标准和评审要求，从而提高项目结题的通过率。

8.1.1 项目完成总结的标准结构

项目完成总结需围绕研究目标的达成情况、核心成果展示、创新贡献、经费执行情况及未来研究展望展开，要确保内容逻辑清晰，符合验收标准。研究目标的完成情况应基于立项时的设定，明确各项任务的执行进度。例如，在智能制造领域的研究项目中，若目标是提升柔性生产线的智能调控能力，需要具体说明算法优化的指标提升、生产效率的改善数据等。

DeepSeek 能够根据原始申报书内容，对比项目执行情况，自动生成目标完成度分析，并确保表述精准，如"通过自适应优化算法的引入，生产线调整时间缩短 20%，达到了预期设定的改进幅度。"

核心成果展示通常包括论文、专利、软件、数据集等产出，并需匹配申报书中的预期成果指标。例如，某新材料研究项目在申报时承诺发表 2 篇 SCI 论文，结题时已发表 3 篇，并成功申报了 1 项发明专利。DeepSeek 可以自动提取相关成果信息，并优化文本表述，使其符合评审专家的阅读习惯，如"本项目已在 Advanced Materials、Nature Communications 等国际期刊发表高水平论文 3 篇，超额完成既定目标，同时申报发明专利 1 项，填补了××领域在材料稳定性优化方面的研究空白。"

创新贡献部分需重点阐述技术突破或理论创新点。例如，在医疗影像分析领域的项目中，若成功开发了一种新的深度学习模型，提高了疾病检测准确率，可用 DeepSeek 自动生成表述，如"本研究提出的多模态影像融合诊断模型，相较于现有方法，在肺结节检测任务上提高了识别精度达 15%，并在多个临床数据集上验证了其泛化能力。"这样的描述既突出技术突破，也能展现项目的学术价值。

科研项目的验收与结题涉及多个方面，包括研究目标的达成情况、阶段性成果展示、经费使用合规性、结题文书的规范性等。尽管不同类型的科研资助项目在结题要求上存在差异，但其核心关注点均围绕研究贡献的清晰表达、研究数据的合理支撑以及材料提交的完整性。

表 8-1 总结了项目验收与结题的核心要点，并结合 DeepSeek 在自动化文本优化、研究数据匹配、逻辑审查等方面的应用，提供结构化的参考。

表 8-1　项目验收与结题核心要点

核心环节	关键内容	DeepSeek 优化方式
研究目标达成情况	研究目标的完成情况、数据支撑、理论或方法创新点	自动提炼目标—成果匹配点，优化学术表达，确保逻辑一致
主要研究成果展示	论文、专利、软件、实验数据、数据库等	归纳关键成果，匹配申报书目标，优化成果表述
任务完成情况描述	研究计划执行情况、阶段性目标完成度	生成标准任务总结段落，优化进度表述
研究方法与创新点	核心技术突破、方法论改进、对比现有研究的优势	自动识别技术创新点，生成技术比较表，增强学术说服力
经费使用合规性	资金分配情况、支出明细、预算执行情况	结构化整理财务报告，优化经费使用说明
研究贡献与社会影响	学术贡献、政策建议、产业应用、社会效益	归纳研究影响，优化学术与政策表述，提高报告完整性

(续)

核心环节	关键内容	DeepSeek 优化方式
未来研究展望	研究局限、后续研究计划、学科发展方向	自动生成研究展望，匹配研究趋势，增强逻辑连贯性
结题文书的完整性与一致性	文书结构、数据一致性、术语规范	自动检测术语不一致、逻辑冲突，提供修改建议
附件与证明材料	论文接受函、专利证书、合作协议、实验数据等	生成附件清单，优化材料命名，确保文件匹配报告内容
结题审核与提交规范	资助机构要求、审核流程、提交方式	生成审核清单，匹配机构要求，提高提交通过率

经费执行情况要求符合预算编制的合理性，并说明资金使用的科学性。DeepSeek 可对预算报告进行文本优化，例如"本项目严格按照预算计划执行，主要支出包括实验设备采购、软件开发及数据收集，支出结构合理，与研究目标高度匹配。"此外，DeepSeek 还能自动检测预算文本是否存在表述漏洞，如是否遗漏了某些关键支出项，或是否与既定预算存在较大偏差。

未来研究展望需要结合项目成果提出可拓展方向。例如，在新能源材料研究领域，若当前项目已验证了某种储能材料的可行性，但尚未优化其大规模应用条件，DeepSeek 可生成相应展望文本，如"未来研究将进一步探讨材料在实际应用环境中的稳定性，优化生产工艺，并探索与现有储能系统的兼容性，以提升产业化潜力。"这样的表达不仅展示了研究的可持续性，也能够为后续科研规划提供依据。

通过 DeepSeek 的辅助，项目完成总结不仅可以在内容上更加精准详细，同时也能确保逻辑严密，使科研成果得到充分展示，提高结题验收的通过率。

8.1.2 任务完成情况与指标达成率的写法

任务完成情况与指标达成率的撰写是项目结题报告的重要组成部分，直接影响项目的验收结果。这一部分需要清晰展现各项任务的执行进度、完成质量以及关键技术指标的达成情况，通常采用量化描述与对比分析的方式，以确保文本表达严谨、数据支撑充分。DeepSeek 能够在撰写过程中提供数据整理、文本优化和逻辑调整等功能，使结题报告更规范。

研究任务的完成情况应当基于项目申报书中设定的工作内容展开。例如，在人工智能领域的语音识别研究中，若任务目标是"提高低资源语言环境下的语音识别准确率"，完成情况需要描述研究方法的实现过程，具体如下。

> 本项目构建了包含超过50万条语音样本的数据集，并采用自监督学习方法优化语言建模，使低资源语言识别准确率提升至80%以上。

DeepSeek可辅助自动提取数据，优化描述方式，使表述更加学术化和精炼。

指标达成率的写作要求有数据支撑和对比分析。例如，在新能源研究中，若项目目标是"开发新型锂离子电池电极材料，提高循环寿命和能量密度"，则可以结合实验数据表述，具体如下。

> 通过合成纳米结构碳硅复合电极材料，电池循环寿命提高至1000次，能量密度提升至350 Wh/kg，相较于传统石墨负极分别提高了50%和30%。

DeepSeek可以根据研究成果自动匹配适当的表述方式，并优化数据表达，使其符合基金结题验收的要求。

在计算机视觉研究中，任务完成情况通常体现为开发的算法性能提升。例如，"本项目成功设计了一种基于Transformer的医学影像分割算法，在公开数据集上取得了Dice系数0.85的结果，相较于传统U-Net提升了10%。"这样的表述既量化了研究成果，也突出了技术优势。DeepSeek在撰写过程中可以自动生成类似表述，并确保其在不同研究场景中的适配性。

任务完成情况还需匹配项目初期设定的阶段性目标。例如，在社会科学领域的调查研究项目中，若设定目标是"收集3000份有效问卷，并构建数据分析模型"，则结题时需要说明任务完成情况，具体如下。

> 本研究共收集有效问卷3250份，基于多层回归分析构建了消费者行为影响因素模型，并验证了初步假设的稳健性。

DeepSeek可以自动提取核心数据并调整语言，使其符合学术规范和结题报告格式。

此外，指标达成率的写作需要确保逻辑清晰，避免模糊表达。例如，项目申报书设定"优化智能制造流程，降低生产损耗10%"，结题时应当用明确的数据表述，如"通过引入数据驱动的生产调控算法，整体生产损耗降低至8.5%，超额完成预期目标。"DeepSeek可以识别这一类数值信息，并调整措辞，使结题报告的指标达成率表述更加精准。

通过DeepSeek的辅助，任务完成情况与指标达成率的撰写不仅能够提高学术表达的质量，也能确保文本内容符合项目验收要求，提升结题报告的专业性和可读性。

8.1.3 DeepSeek 辅助生成项目总结报告

DeepSeek 在项目总结报告的撰写中能够提供多方面的辅助，包括结构优化、关键内容提取、数据匹配以及学术表达的调整。项目总结报告通常包括研究目标的完成情况、核心成果展示、技术创新点、经费使用合理性和未来研究展望等部分。通过 DeepSeek 的自动文本生成和逻辑优化，能够确保报告符合科研项目验收的规范，提高整体文本的可读性和专业度。

在新材料研究领域，如果一个项目的目标是"开发高性能储能材料，提高能量存储密度和循环稳定性"，项目总结报告则需要准确描述实验成果和技术突破。DeepSeek 可以辅助生成如下段落。

> 本研究成功制备了一种高比容量的复合储能材料，并通过实验验证了其稳定性。在长时间循环测试中，材料在高倍率充放电条件下仍保持较高的容量保持率，显著优于现有商业化材料。该研究为下一代储能器件的开发提供了新的思路，并有望在实际应用中提升电池的使用寿命。

在智能制造领域，如果研究团队开发了一种基于深度学习的智能生产优化系统，项目总结报告的技术创新点需要强调算法改进带来的生产效率提升，DeepSeek 能够生成如下符合学术表达规范的总结段落。

> 本项目提出了一种新型的智能调控算法，结合实时传感数据优化生产调度策略。实验结果表明，该系统能够有效减少生产线停机时间，提高设备利用率，并降低整体能耗。该成果已成功在某制造企业的生产流程中应用，显著提升了智能化管理水平。

在社会科学研究领域，例如关于绿色消费行为的研究，项目总结报告需要结合问卷数据和统计分析结果，展示研究发现的现实意义。DeepSeek 可以优化研究结论，使表达更具说服力，具体如下。

> 本研究基于全国范围内的问卷调查，分析了消费者绿色购买行为的影响因素。研究发现，环境意识、价格敏感度和政策激励对消费者决策具有显著影响。通过结构方程模型分析，进一步验证了社交媒体对绿色消费行为的促进作用。该研究为政策制定者提供了实证支持，有助于优化未来的可持续消费政策。

在医学研究领域，如果项目涉及新型医疗影像分析方法的开发，项目总结报告需要展示实验结果的可靠性和潜在应用价值，DeepSeek 可以辅助生成如下表述。

> 本研究开发了一种基于深度学习的医学影像分析系统,可用于早期疾病筛查。在多个独立数据集上的验证结果表明,该系统在肿瘤检测任务中的准确率超过了现有的传统方法,并显著降低了误判率。研究成果为临床医学提供了新的辅助诊断工具,未来可进一步优化并推广至更广泛的医学应用场景。

项目总结报告的撰写还需要涵盖经费使用情况,并确保支出合理性。例如,DeepSeek 可以自动归纳经费支出的关键点,使报告更加简洁有力,具体如下。

> 本项目严格按照预算计划执行,资金主要用于设备购置、实验材料采购、研究团队支持及论文发表费用。支出结构合理,与项目目标保持一致,确保了研究工作的顺利推进。

未来研究展望部分需要结合项目现有成果,提出后续研究方向。DeepSeek 可以自动提炼研究中尚未解决的问题,并生成符合学术风格的展望段落,具体如下。

> 尽管本研究在提升储能材料性能方面取得了重要进展,但在实际应用中仍需进一步优化成本和规模化生产工艺。未来研究将重点关注材料合成工艺的可控性,提高材料的稳定性和可制造性,以推动其在商业化领域的应用。

DeepSeek 辅助项目总结报告的撰写,不仅能够快速整理研究数据和成果,还能够优化语言表达,使报告更加清晰、专业,并符合科研机构的评审标准。通过对文本逻辑的优化和结构调整,提高报告的可读性和说服力,确保项目总结全面准确,为验收过程提供有力支持。

8.1.4 阶段性成果与原计划比对策略

阶段性成果的比对是科研项目验收过程中必不可少的环节,主要用于评估研究进展是否符合既定计划,并分析任务的完成质量。该部分通常包括研究目标的执行情况、预期成果的达成度、实际进展与原计划的对比,以及研究过程中可能出现的偏差及应对措施。

DeepSeek 可以辅助分析阶段性成果,自动归纳关键数据,优化对比分析的逻辑,使验收材料更加严谨、清晰。

在人工智能领域,若某项目的原计划目标是"开发高效的医学影像诊断模型,提高疾病检测的准确率",则阶段性成果比对需要详细说明研究进展。DeepSeek 能够辅助生成以下对比分析。

> 本项目原计划采用深度学习模型优化医学影像分析，并在目标病症的分类任务上实现高精度预测。目前研究已完成基础模型训练，并在公开数据集上进行测试，取得了比传统方法更优的结果。与原计划相比，研究进度略有提前，但在临床数据适配性方面仍需进一步优化，以满足实际应用需求。

在能源科技领域，如果项目目标是"提升光伏发电系统的效率，并开发智能调控算法优化发电策略"，那么阶段性成果与原计划的对比需要明确技术实现情况。DeepSeek 可以自动生成符合科研风格的总结，具体如下。

> 根据项目申报书设定的时间节点，第二阶段任务包括实验平台搭建及初步测试。当前已完成光伏组件的实验部署，并通过智能控制算法优化能量转换效率，取得了超过原设定目标的提升幅度。与原计划相比，研究进度符合预期，但在实际环境中的长期稳定性仍需进一步验证。

在社会科学研究中，若某课题研究消费者行为与绿色经济的关系，原计划目标是"收集 2000 份有效调查问卷，并进行数据分析"，那么阶段性成果比对应突出数据收集情况和分析进展。DeepSeek 可以优化成果对比使表达更加准确，具体如下。

> 截至目前，研究团队已收集有效问卷 2200 份，并完成初步数据清理和统计分析。原计划设定的数据收集任务已超额完成，但部分变量的显著性检验仍需进一步调整，以确保研究结果的稳健性。

在新材料研究领域，如果目标是"开发高性能储能材料并评估其循环稳定性"，则需要对比实验进展与原定计划是否一致。DeepSeek 可以生成合理的成果对比报告，具体如下。

> 本研究在第一阶段成功合成了新型储能材料，并完成了基础电化学性能测试。与原计划相比，材料合成部分的研究进展超出预期，电池容量保持率高于既定指标。然而，在材料批量制备过程中，仍存在一致性控制的挑战，未来研究将重点优化生产工艺，以确保大规模应用的可行性。

DeepSeek 不仅可以帮助研究团队整理阶段性成果，还能自动分析研究进度是否符合计划并优化表述方式，使比对分析更加直观。例如，在科技研发项目中，若原计划设定多个阶段目标，DeepSeek 可以自动归纳关键节点，形成结构化对比段落，具体如下。

> 项目原定计划包括三个阶段，目前第一阶段目标已全面达成，第二阶段任务正在稳步推进。相比原设想，实验部分的优化效果超出预期，但实际应用的推广仍面临部分技术瓶颈。后续研究将集中攻克现存难点，并调整实验参数，以进一步提高研究成果的适用性。

阶段性成果比对不仅是验收材料的重要组成部分，也直接关系项目评审的严谨性和可信度。通过 DeepSeek 的智能文本处理能力，可以确保科研总结的逻辑清晰、数据精准，并提高报告撰写的效率，使研究进展的描述更加科学合理。

8.2 阶段报告撰写与成果产出展示

阶段报告是科研项目实施过程中的重要记录，主要用于评估研究进展、调整研究策略，并为最终验收提供依据。阶段报告的撰写应涵盖研究任务的执行情况、关键技术突破、阶段性成果产出及可能面临的问题。成果产出展示不仅需要量化论文、专利、软件、实验数据等可交付成果，还应结合研究目标，分析其对学科发展的贡献。

本节将探讨阶段报告的标准撰写流程，并结合 DeepSeek 在数据整合、文本优化、逻辑分析等方面的应用，使阶段性成果的呈现更加清晰、规范，为项目顺利结题奠定基础。

8.2.1 阶段任务完成报告结构优化

阶段任务完成报告的撰写需要遵循清晰的逻辑结构，确保研究进展的描述符合项目规划，并能够有效支持结题报告的撰写。报告通常包括研究任务执行情况、核心技术突破、阶段性成果展示、存在的问题及改进方向等内容。DeepSeek 可用于自动优化报告结构，提高信息表达的准确性，并确保术语、数据、格式符合科研文书的规范要求。

研究任务执行情况需要结合项目申报书的原定计划，明确阶段性目标的完成情况。例如，在自动驾驶技术研究项目中，若第一阶段的任务是"构建基于深度学习的目标检测模型"，则报告需要说明任务的具体进展，内容如下。

> 本阶段完成了自动驾驶环境下的目标检测模型训练，并基于大规模数据集进行了模型优化。实验结果表明，该模型在多种驾驶环境下均表现出较高的识别准确率，达到了阶段性预期目标。

DeepSeek 能够自动对比研究目标和实验结果，优化任务描述，使其更加精准。

核心技术突破部分需要强调研究过程中取得的重要进展。例如，在能源存储研究中，若目标是"提升超级电容器的能量密度"，则阶段报告的内容如下。

> 本研究提出了一种新型纳米复合材料，并通过实验验证了其在电极结构优化方面的优势。测试结果显示，该材料的能量存储能力较传统碳材料提高了25%，为后续性能优化提供了良好基础。

DeepSeek 可基于实验数据自动生成科学合理的描述，使突破性成果表达更加精确，并符合学术写作规范。

阶段性成果展示部分应结合可量化指标说明研究进展，包括已发表的论文、专利申报、实验数据、算法模型等。例如，在智能制造项目中，若目标是"优化生产流程，提高制造效率"，可以描述成果如下。

> 本阶段已构建智能化生产调控系统，并完成工业现场测试。优化方案使生产周期缩短了15%，设备利用率提升至85%，符合项目设定的技术指标。

DeepSeek 能够从研究数据中提炼关键结果，并确保语言表述的准确性，使报告更具说服力。

存在的问题及改进方向部分需要对研究过程中遇到的挑战进行分析，并提出下一步的优化措施。例如，在生物医学影像处理研究中，若模型训练过程中出现数据泛化性不足的问题，则可以描述为以下内容。

> 当前模型在部分数据集上的泛化能力尚需提高，特别是在病变区域的边界识别方面存在误差。下一阶段将通过增加数据增强策略，并引入多模态影像融合方法，进一步优化模型的稳定性。

DeepSeek 可自动分析研究报告内容，并提供问题归纳及改进建议，提高科研总结的完整性。在阶段任务完成报告的优化过程中，DeepSeek 可以确保逻辑结构清晰，使研究成果的表达更加系统化。通过自动化数据提取、术语一致性检查和语言优化功能，DeepSeek 能够提升报告的专业性，使其符合科研项目的验收标准。

8.2.2 DeepSeek 生成成果支撑材料说明

成果支撑材料是科研项目结题的重要组成部分，用于证明研究目标的达成情况，并为项目验收提供客观依据。这些材料包括已发表的论文、专利授权、实验数据、模型算法、软件工具、技术报告、研究数据库等。

科学合理地整理和表述这些材料，能够提高结题报告的说服力，并确保项目成果的可复现性。DeepSeek 可辅助自动提取研究成果，优化文本表达，使支撑材料的描述更清晰、规范。

在人工智能领域，如果研究目标是"提高医学影像分析的自动化诊断能力"，支撑材料需要包括相关论文、代码、测试结果等。DeepSeek 可以优化表述方式，使成果展示更加专业，具体内容如下。

> 本项目已在 IEEE Transactions on Medical Imaging 期刊发表论文 2 篇，详细介绍了基于深度学习的医学影像分割方法及其在临床数据集上的验证结果。同时，研究团队开发的医学影像处理算法已在 GitHub 开源，供其他研究人员使用，促进该技术在医学影像领域的应用。

这种表述不仅体现了研究成果的完整性，也增强了其学术价值和影响力。

在新能源材料研究项目中，如果目标是"开发高性能储能材料"，支撑材料可能包括实验数据、材料表征报告、工业应用测试结果等。DeepSeek 能够将这些内容整合成符合科研标准的描述，具体内容如下。

> 研究团队通过系列实验优化了储能材料的微结构，并在国家重点实验室完成了性能测试。实验数据显示，新型材料的充放电循环稳定性优于现有商业化材料，相关成果已整理为技术报告提交至行业合作伙伴。项目研究数据已纳入国家能源科技数据库，为后续研究提供数据支持。

这种写法确保了研究成果的权威性，并强化了其实际应用价值。

在社会科学研究领域，如果项目涉及社会调查与经济政策分析，支撑材料可能包括调查问卷、统计数据、政策研究报告等。DeepSeek 可以生成规范的学术表达，使数据支撑材料更加完整，具体内容如下。

> 本研究基于全国范围的社会调查数据，收集有效问卷 3200 份，并构建了消费者绿色消费行为的统计模型。研究团队撰写的政策建议报告已提交至相关政府机构，并被纳入地方经济可持续发展规划中。研究数据及分析结果已上传至开放数据平台，供学界进一步研究。

这样的描述能够增强研究的现实意义，并展示成果的政策影响力。

在智能制造研究中，如果目标是"优化工业生产流程，提高制造效率"，支撑材料需要展示实验测试报告、算法优化结果、设备运行数据等。DeepSeek 能够整理这些信息，并优化表述，具体内容如下。

> 本项目开发的智能调控系统已在工业生产线上进行测试，结果显示整体生产效率提高 15%，能源消耗降低 10%。研究团队编写的技术白皮书已提交至相关企业，并获得试点应用反馈。实验数据与优化模型已记录在国家工业数据平台，推动智能制造技术的进一步发展。

这样的写作方式既体现了研究成果的实践价值，也增加了支撑材料的科学性。

DeepSeek 在生成成果支撑材料说明时，能够确保研究数据、实验结果、论文发表等内容的完整性，并优化语言表达，使文本更加精准和符合学术标准。通过智能文本处理技术，DeepSeek 可以帮助研究者更高效地整理成果，确保支撑材料在结题报告中的科学性和可验证性，提高项目验收的成功率。

8.3 结题报告与项目贡献总结

结题报告是科研项目验收的核心文件，全面展示研究工作的完成情况、技术突破、学术贡献及社会影响。撰写结题报告时，需要确保内容完整、逻辑清晰，并符合资助机构的评审要求。项目贡献总结则需要围绕学术价值、技术创新、应用前景等方面展开，明确项目的实际影响和未来发展方向。

本节将详细解析结题报告的撰写逻辑，探讨如何结合阶段性成果，系统化呈现研究贡献；并借助 DeepSeek 优化文本结构，提升学术表达，使结题材料更科学严谨，提高验收通过率。

8.3.1 结题报告内容分类与写作技巧

结题报告的内容分类需遵循科研项目的基本框架，确保研究工作的完整呈现，通常包括研究目标与任务完成情况、核心成果展示、技术创新点、经费使用情况、研究影响与未来展望等部分。科学合理的分类不仅有助于报告的清晰表达，也能提高评审专家对项目贡献的理解。DeepSeek 可以辅助提取研究核心内容，优化段落结构，使报告逻辑更加清晰，并符合学术文书的写作规范。

研究目标与任务完成情况需要匹配项目申报书中的既定目标，清晰展现研究任务的执行情况。例如，在新能源研究项目中，如果研究目标是"提升太阳能电池的转换效率"，结题报告应描述任务执行情况"本研究围绕高效光伏材料的开发展开，成功优化了太阳能电池的纳米结构，提高了光电转换效率。通过实验测试，光电转换效率较传统硅基电池提升了 18%，研究目标已顺利达成。" DeepSeek 能够自动对比研究目标与实验数据，优化任务描述，使表达更加精确。

核心成果展示部分需要列出可量化的研究产出，如论文、专利、软件工具、数据库等，并确保其对研究目标的支撑性。例如，在智能制造研究中，如果目标是"开发基于人工智能的智能生产调控系统"，成果展示可以参考如下内容。

> 本研究已在 IEEE Transactions on Industrial Informatics 发表 2 篇论文，提出了一种基于强化学习的智能调控方法。同时，研究团队开发的生产优化系统已成功应用于某制造企业，提高了设备利用率。

DeepSeek 可以自动整合这些成果信息，确保表述符合科研论文的风格，使结题报告更加权威。

技术创新点需要重点阐述研究工作在方法、理论或应用上的独特贡献。例如，在生物医学影像处理研究中，若研究提出了新型病灶检测算法，则具体描述如下。

> 本项目提出了一种基于多模态融合的医学影像分析算法，相较于现有方法，该算法在不同类型影像数据上均表现出更高的稳定性。实验结果表明，该方法在真实临床数据上的误判率降低了 20%，显著提升了疾病筛查的可靠性。

DeepSeek 能够自动提炼研究创新点，并优化学术表述，使技术贡献更加突出。

经费使用情况需要说明资金分配的合理性，并匹配预算执行情况。例如，在环境科学研究项目中，若研究目标涉及生态环境监测，结题报告可以描述经费使用情况，具体内容如下。

> 本项目总经费为 300 万元，其中 60% 用于野外监测设备采购，20% 用于数据分析系统开发，10% 用于人员支持，10% 用于会议交流与论文发表。资金使用合理，符合项目预算计划。

DeepSeek 可自动分析预算报告并优化表述，使资金使用情况表达更加严谨。

研究影响与未来展望部分需要总结项目的学术贡献及其对行业或社会的影响。例如，在社会经济学研究中，如果研究主题是"数字经济对区域发展的影响"，结题报告的总结如下。

> 本研究系统分析了数字经济与区域经济增长的关系，提出了数字基础设施优化策略。研究结果为地方政府制定相关经济政策提供了数据支持，并已在政策咨询报告中采用。未来研究将进一步探索数字经济政策对产业结构优化的影响。

DeepSeek 能够根据研究内容自动生成合理的展望文本，并优化研究影响的表达，使其更加符合学术报告的撰写要求。在结题报告写作中，DeepSeek 可以辅助自动分类内容、优化学术表达、匹配数据，使报告更加符合结题验收的要求。通过精准提炼研究成果和优化文本逻辑，能够有效提升报告的规范性，提高项目验收的通过率。

8.3.2　DeepSeek 模拟评审角度生成结题建议

文献综述的结构应确保逻辑清晰、内容完整，并能准确反映研究领域的发展脉络。合理的综述结构通常包括研究背景、核心概念、方法与理论、研究现状、问题归纳及未来展望等部分。DeepSeek 可以辅助自动整合文献，优化综述逻辑，提高文本的学术性与可读性，使综述不仅具有系统性，还能精准提炼研究问题。

研究背景部分需要阐述研究主题的重要性，并结合已有文献说明当前研究的总体趋势。例如，在智能制造领域，若研究方向涉及"基于深度学习的生产调度优化"，综述背景部分可以撰写为如下内容。

> 智能制造的发展依赖于高效的生产调度优化方法，近年来，深度学习技术在生产调度中的应用得到了广泛关注。传统调度方法往往基于启发式规则，而深度学习提供了从历史数据中自动学习优化策略的能力。近年来，研究者提出了多种神经网络架构来提升调度效率，但仍然存在可解释性与泛化能力不足的问题。

DeepSeek 可以自动从领域文献中提取核心趋势，并优化背景描述，使综述的开头部分更加具有引导性。

核心概念部分需要定义研究涉及的关键术语，并结合已有文献进行阐述。例如，在医学图像分析领域，若研究目标是"基于 Transformer 网络的医学影像分类"，综述的核心概念部分可以参考如下内容。

> Transformer 架构最初用于自然语言处理，近年来已被广泛应用于计算机视觉任务。在医学影像分类中，研究者提出了一系列 Transformer 变体，如 Swin Transformer、ViT 等，以提高模型的特征提取能力。相比传统卷积神经网络，这些模型能够捕捉更大范围的全局信息，但在计算复杂度方面仍然面临挑战。

DeepSeek 可以根据研究方向自动匹配相关概念，并生成精准的学术定义，提高综述文本的专业性。

方法与理论部分需要梳理当前研究领域采用的主流技术框架。例如，在自然语言处理领域，若研究方向涉及"基于大规模预训练模型的情感分析"，综述可以撰写为"情感分析技术经历了从基于词典的方法，到传统机器学习模型，再到深度学习模型的演进。目前，大规模预训练模型，如 BERT、GPT 系列，在情感分析任务中取得了显著优势。研究者提出了一系列改进方法，如融合多模态信息、结合外部知识库等，以提升情感分析的准确率。"DeepSeek 能够基于大量文献自动生成不同方法的对比分析，并提炼关键技术特点，使综述内容更加全面。

研究现状部分需要归纳近年来的研究成果，并分析当前研究的不足。例如，在新能源材料研究领域，综述可以参考如下写法。

> 近年来，研究者提出了多种新型储能材料，以提高锂电池的能量密度和循环寿命。其中，硅碳负极材料因其较高的理论比容量受到广泛关注。然而，当前研究仍面临材料膨胀效应严重、循环稳定性较差等问题。为此，研究者尝试通过纳米结构调控、表面包覆改性等方法来提升材料性能，但相关技术仍处于探索阶段。

DeepSeek 可以根据领域文献自动识别研究现状，并生成结构清晰的综述段落，使文本更具学术价值。

问题归纳与未来展望部分应总结当前研究的不足，并提出潜在的研究方向。例如，在人工智能伦理研究领域，若研究主题涉及"AI 公平性与算法偏见"，可以写为"尽管已有研究提出了一系列算法优化方法来减少 AI 决策中的偏见，但当前模型仍然容易受到数据不平衡、社会偏见等因素的影响。此外，如何在保障公平性的同时保持模型的预测性能，仍然是一个具有挑战性的问题。未来研究可进一步探索基于因果推理的公平性优化策略，并结合多源数据提高模型的稳健性。"DeepSeek 能够自动提取研究不足，并结合已有文献建议未来研究方向，使综述的结论部分更加严谨。

DeepSeek 在文献综述的撰写过程中，能够辅助自动归纳核心概念、提炼研究现状、优化逻辑结构，使综述的表达更加清晰、系统化。通过智能化文本处理，可以提高综述的学术水平，使其更符合基金申报和科研论文的要求。

8.3.3 学术影响力与社会效益的表述优化

学术影响力与社会效益的表述在结题报告中至关重要，直接反映科研成果的学术贡献、技术创新价值以及对社会经济发展的促进作用。合理的表述不仅需要准确概括研究成果的学术地位，还需结合实际应用场景，阐述其可能带来的社会影响。DeepSeek 可以优化这类表述,使其更符合学术评审标准,并增强结题材料的逻辑性和说服力。

在人工智能研究领域,如果研究成果涉及基于深度学习的智能医疗诊断系统,学术影响力可以表述为如下内容。

> 本研究开发了一种基于 Transformer 架构的医学影像分析模型,针对肺部 CT 影像的病变检测任务,在多个权威医学数据集上取得了领先的识别精度。研究成果已发表在 Nature Machine Intelligence 期刊,并在国际计算机视觉会议 CVPR 上进行了专题演讲,引起了学术界的广泛关注。

DeepSeek 可以自动提取发表论文、学术报告等信息,并优化表述,使研究影响力的描述更加精准。

在新能源材料研究领域,若研究目标是提升锂离子电池的能量密度和循环寿命,学术影响力的描述可以强调技术创新和论文发表情况,具体如下。

> 本项目提出了一种新型纳米复合负极材料,并系统研究了其在高倍率充放电条件下的性能稳定性。研究成果已在 Advanced Energy Materials 上发表,并被多篇国际同行评述论文引用。实验结果对未来高性能储能器件的设计提供了重要理论依据。

DeepSeek 可以自动归纳研究的核心贡献,并优化语言,使文本表达更加符合学术风格。

社会效益的描述通常需要结合研究的现实应用价值。例如在智能制造领域,若研究目标是优化工业生产流程以提高智能化水平,社会效益可以表述为如下内容。

> 本研究提出的智能生产调度优化系统已成功应用于某大型制造企业,优化方案使生产周期缩短了 20%,设备能耗降低了 15%。研究成果有效提升了生产效率,并为推动制造业智能化升级提供了技术支撑。

DeepSeek 能够自动整合实验数据、企业反馈等信息,优化社会效益的表述,使其更具说服力。

在环境科学研究中,如果研究目标是开发城市空气质量预测模型,社会效益的表述可突出政策支持和环境改善的潜力,具体内容如下。

> 本项目构建了一种基于机器学习的城市空气质量预测模型,并在多个城市进行了验证。研究成果已被环保部门采纳,并应用于实时空气质量预警系统,帮助政府优化污染治理策略。

DeepSeek 可以根据研究的应用场景，生成符合政策需求的社会影响表述，并确保语言表达的准确性。对于社会经济学研究，若研究目标是分析数字经济对中小企业发展的影响，社会效益可以突出研究对政策制定的参考价值："本研究基于大规模企业调查数据，分析了数字技术对企业创新能力的影响，研究成果已提交至政府决策咨询部门，并为相关产业政策的制定提供了实证支持。"DeepSeek 可以结合政策文件和行业需求，优化社会效益的表述，使其更加符合决策者的需求。

DeepSeek 在优化学术影响力与社会效益表述时，可以自动提取研究成果的学术贡献、引用情况、应用案例，并确保表述符合科研评审标准。通过智能化文本处理，提高文本的逻辑性和表达的精准度，使结题报告更加完整、专业，并具备较强的学术说服力。

8.4 结题文书规范与检查机制

结题文书的规范性直接影响项目验收的质量与完整性，其核心内容包括：研究成果总结、技术指标达成情况、资金使用合理性以及未来研究展望等内容。规范的结题文书不仅需要满足资助机构的格式要求，还应确保内容严谨、逻辑清晰、数据准确。检查机制的建立旨在提高文书质量，避免遗漏关键信息或表达上的模糊性。本节将探讨结题文书的标准化撰写方法，并结合 DeepSeek 在格式校验、术语规范、文本优化等方面的应用，确保材料符合学术标准，提高项目结题的审核通过率。

8.4.1 不同资助类型的结题材料差异

不同资助类型的科研项目在结题材料的要求上存在较大差异，这些差异主要体现在研究目标的侧重点、成果产出的形式、技术应用的深度、经费使用的规范以及验收标准等方面。合理地理解这些差异，并根据资助方的具体要求优化结题材料的结构和内容，是提高验收通过率的重要策略。DeepSeek 可以在这一过程中提供辅助，包括自动匹配不同类型项目的写作规范、优化文本逻辑以及调整成果展示方式，以确保结题材料符合评审标准。

国家自然科学基金项目更强调基础研究的创新性和学术贡献，其结题报告的核心在于理论突破、学术论文发表情况、研究方法的创新性以及未来研究方向的规划。例如，在数学建模领域的基础研究项目，结题材料的表述具体如下。

> 本项目提出了一种新型偏微分方程求解方法，并通过理论分析证明了其收敛性。研究成果已在 Journal of Computational Physics 等国际期刊发表，并被多篇后续研究引用，为高维数值计算提供了新的思路。

DeepSeek 能够自动提炼研究的理论创新点，并优化学术表述，使研究贡献更加突出。在工程应用类的省部级科技项目中，结题材料不仅要展示学术成果，还需要强调技术转化和应用示范。例如，在新能源动力系统优化研究中，结题材料需要突出研究成果的工程实践，具体内容如下。

> 本研究开发的智能能源管理系统已在某新能源汽车企业进行试点应用，实验数据表明，该系统能够有效降低能耗并提升续航里程。研究团队已申报 2 项发明专利，并与相关企业签署合作协议，推动技术产业化落地。

DeepSeek 能够辅助生成这样的应用案例描述，并确保语言表达符合技术报告的撰写标准。

对于企业合作项目，研究成果需要直接对接企业需求，结题材料的撰写重点在于实际技术指标的提升以及经济效益分析。例如，在智能制造研究项目中，结题材料的表述具体如下。

> 本项目开发的智能生产调度算法已应用于某制造企业，优化后生产周期缩短 15%，设备利用率提升 10%。该成果已纳入企业数字化转型计划，并将在更多生产线推广。

DeepSeek 可以自动提炼关键数据，并优化经济效益的表达，使其符合企业评价标准。

对于社会科学领域的政府或政策研究类项目，结题材料的核心是政策建议的形成、社会影响评估以及数据分析的严谨性。例如，在经济学研究中，若项目主题为"数字经济对区域发展的影响"，结题材料可以撰写为如下内容。

> 本研究基于 5000 家企业调研数据，系统分析了数字化技术对中小企业成长的影响，并形成了政策建议报告。研究成果已提交至相关政府部门，并被纳入区域经济发展规划。

DeepSeek 能够自动优化政策类研究的表述方式，使研究结果更符合政策决策的需求。

对于青年科学基金等个人主导的项目，结题材料需要突出研究者的学术成长和研究能力的提升。例如，在人工智能领域的青年基金项目中，结题报告的内容具体如下。

> 本研究开发了一种轻量级神经网络模型，在边缘计算环境下实现了高效推理。研究过程中，项目负责人以第一作者身份发表 SCI 论文 2 篇，并受邀在国际会议 ICLR 上进行学术报告。

DeepSeek 可以自动匹配个人研究成果的表达方式，使材料更加符合青年基金的评审标准。

不同资助类型的项目在结题材料上有不同的标准和侧重点，DeepSeek 可以通过自动化文本优化、研究数据提取以及学术表述的精准调整，使结题材料更加符合项目资助方的验收要求，从而提升项目结题的成功率。

8.4.2　DeepSeek 辅助文书检查清单生成

科研项目的结题文书通常包含多个部分，如研究目标达成情况、核心成果展示、经费使用报告、技术创新点以及未来研究展望等。文书检查清单的作用是确保所有必要内容完整无缺，避免因格式错误、数据遗漏或逻辑不清晰等问题影响验收结果。DeepSeek 能够辅助用户生成结题报告的检查清单，并通过自动分析文档内容、优化文本逻辑，确保术语规范一致，从而提高结题材料的合规性。

在文书检查清单的生成过程中，DeepSeek 可以提供以下支持。

（1）结构完整性检查——识别是否缺少必要的章节，如研究背景、方法、成果、经费使用情况等。

（2）逻辑一致性分析——确保研究目标与结论、方法与成果、数据与分析的逻辑统一。

（3）格式与术语规范检查——检查是否符合资助方的格式要求，并保持术语的一致性。

（4）数据合理性验证——分析研究成果是否与实验数据匹配，是否有遗漏或前后矛盾之处。

（5）语言简洁与表达优化——增强学术语言的严谨性，提高可读性，使报告更符合评审专家的预期。

以下是用户与 DeepSeek 的对话示例，展示如何利用 DeepSeek 生成结题报告的检查清单。

用户提问如下。

> 我正在准备国家自然科学基金的结题报告，能否帮我生成一份详细的文书检查清单？报告主要涵盖以下内容。
> 研究目标达成情况
> 主要研究成果
> 关键技术突破
> 论文与专利情况

经费使用情况

未来研究展望

请按照标准要求列出需要检查的具体项目，并标注检查要点。

DeepSeek 回答如下。

以下是国家自然科学基金结题报告的标准检查清单，确保所有内容完整无缺，并符合基金验收要求。

研究目标达成情况

是否明确描述研究目标的完成情况？

是否提供实验数据或案例证明目标已实现？

是否说明研究过程中是否有调整，并提供合理解释？

主要研究成就

是否涵盖论文、专利、技术报告等具体成果？

是否按照申报书中的预期成果对比实际成果？

是否提供成果的学术价值或产业化应用证明？

关键技术突破

是否清晰描述项目的核心技术创新点？

是否提供技术对比，说明新方法的优势？

是否有实验数据或案例支撑技术突破的有效性？

论文与专利情况

是否列出所有发表论文的详细信息（期刊、影响因子、引用情况等）？

是否标注第一作者、通讯作者身份？

是否列出已授权或受理的专利，并提供专利号？

经费使用情况

是否按预算分类详细列出各项支出？

是否有超支或资金调整情况，并提供合理解释？

是否符合国家自然科学基金的财务管理规范？

未来研究展望

是否明确提出研究的下一步计划？

是否结合当前研究结果提出新的科学问题？

是否说明后续研究方向的可行性？

请检查报告是否涵盖上述所有要点，并确保内容完整、数据准确、逻辑清晰。

用户提问如下。

目前我的结题报告已经完成初稿，但想进一步优化检查清单，以确保逻辑一致性和术语统一性。能否列出一些关键检查点，并标注如何改进？

DeepSeek 回答如下。

以下是针对结题报告逻辑一致性和术语规范的深度检查清单。
逻辑一致性检查
研究目标与研究成果是否完全匹配？
研究方法是否与目标达成路径一致？
结论是否充分基于实验数据和分析？
研究局限性是否与方法设计存在矛盾？
术语规范检查
是否存在同一术语在不同章节表述不一致的情况？
是否所有技术术语均符合学术标准？
是否引用文献时保持一致的格式？
数据合理性检查
是否所有实验数据均有明确来源？
是否所有图表都附带适当的说明？
是否数据分析部分的计算结果前后一致？
请基于上述检查点逐项核对报告内容，并使用提示词进行自动化术语比对与逻辑一致性检测。

用户提问如下。

能否基于我的结题报告文本，自动进行术语对比、逻辑一致性分析，并提供改进建议？

DeepSeek 回答如下。

已对报告文本进行分析，并识别以下问题。
术语不一致："人工智能优化算法"在不同部分表述为"AI 调控方法""深度优化系统"，建议统一表述。
逻辑缺失：在"研究方法"部分描述的实验步骤，与"研究成果"部分的结论存在缺少过渡说明的问题，建议补充"数据分析过程"一节。
格式问题：部分图表缺少明确的标题，建议添加说明，提高可读性。

建议逐项调整上述问题，以确保报告结构严谨、术语一致、数据表达清晰。

在结题文书检查过程中，DeepSeek 可以通过自动化分析，确保报告的完整性、逻辑一致性、数据合理性以及术语标准化。首先，用户可以输入研究主题及资助机构要求，使 DeepSeek 生成标准化检查清单，涵盖研究目标、成果展示、技术创新、经费执行情况等核心内容。其次，用户可进一步请求 DeepSeek 进行术语规范检查，确保专业术语表述一致，提高学术严谨性。

此外，DeepSeek 还能自动分析逻辑一致性，识别研究方法、实验数据、结论部分可能存在的脱节问题，并提供精准的改进建议。通过这种深度交互方式，DeepSeek 不仅能够帮助研究人员提高结题材料的质量，还能够减少审核过程中可能出现的问题，使科研成果的表达更加科学、完整，提高结题验收的通过率。

8.4.3 附件及证明材料生成模板配置

附件与证明材料是科研项目结题报告中的重要组成部分，直接关系到项目成果的可验证性与规范性。不同类型的资助项目对附件材料的要求有所不同，但通常包括论文发表证明、专利授权文件、软件著作权、实验数据汇总、经费使用凭证、合作单位确认函、学术交流记录等。合理配置附件模板能够确保材料的完整性，并提高结题报告的审核通过率。

DeepSeek 可以辅助用户自动生成附件清单，优化材料格式，并根据不同科研资助项目的要求提供定制化的模板配置建议，确保内容符合结题验收标准。

用户提问如下。

> 需要为国家自然科学基金项目的结题报告准备附件材料，能否帮忙列出完整的附件清单，并根据不同材料的性质，建议适合的格式？

DeepSeek 回答如下。

> 以下是国家自然科学基金结题报告的标准附件清单，并附上适合的格式建议。
> 请确认是否需要针对某一特定附件类型提供进一步优化建议，例如格式细节、内容规范等。

用户提问如下。

附件材料已基本准备完毕，但在格式一致性方面还不太确定，比如不同附件的命名方式、文件编号等。能否提供一个标准化的附件命名方案，以确保材料的规范性？

DeepSeek 回答如下。

为了提高附件材料的规范性和可读性，建议采用统一的文件命名规则，并确保编号有序，以便审核专家快速检索相关内容。推荐的命名方案如下。

采用此标准化命名方案后，附件文件顺序清晰，便于查阅，同时避免格式混乱的问题。请确认是否需要进一步调整，以满足具体项目要求。

用户提问如下。

某些附件材料内容较长，比如实验数据和学术交流记录，是否可以提供摘要模板，以便在附件清单中添加简要说明？

DeepSeek 回答如下。

对于长篇附件，建议在附件清单中添加摘要说明，确保内容概述清晰，方便审查专家快速理解。以下是标准化的摘要模板。

实验数据摘要模板

文件名：附件4_实验数据_20240321.xlsx

数据概述：本数据集包含××实验过程中采集的××项数据，涵盖变量××、测量指标××等。数据用于分析××现象，支持研究结论的验证。

数据格式：CSV 格式，包含××条记录

数据来源：实验室测量/公开数据集/合作单位提供

备注：完整数据存储于××数据库，可按需求提供访问权限。

学术交流摘要模板

文件名：附件6_学术会议_ICML2024.pdf

会议概述：项目相关研究成果在 ICML 2024 国际会议上进行了口头报告，报告主题为"××模型在××领域的应用"。

交流内容：详细介绍了研究方法、实验结果，并与参会专家进行了讨论，获得了××反馈。

证明材料：会议议程、报告 PPT、主办方确认函

建议在附件清单中为每个附件添加类似的摘要说明，提高材料的清晰度。

用户提问如下。

> 如果附件材料需要提交纸质版，是否有推荐的打印格式要求？例如页眉、页脚、编号等。

DeepSeek 回答如下。

> 对于纸质版提交，建议按照以下格式要求排版，确保材料的专业性和易读性。
> 页眉：建议统一添加项目编号和项目名称。例如项目编号为 NSFC-2023 ××××，项目名称为基于×××的智能调控研究。
> 页脚：统一添加页码，如附件×-第×页，共×页。
> 字体：正文采用宋体 12 或 Times New Roman 12，标题采用加粗格式，字号 14。
> 页边距：左右各 2.5cm，上下各 2cm，确保打印装订后内容完整。
> 表格格式：若附件中包含表格，建议采用三线表，所有数值保持小数点对齐。
> 如需进一步调整格式，可提供具体要求，我将根据需要优化排版建议。

在附件与证明材料的准备过程中，DeepSeek 能够提供多维度的辅助，包括标准附件清单生成、文件命名规范、摘要模板优化、纸质提交格式建议等。通过与 DeepSeek 的深度交互，可以确保附件材料的完整性、逻辑性与格式统一，提高结题报告的规范性和可读性。首先，用户可以输入研究领域及资助类型，DeepSeek 将自动匹配附件要求，列出必要材料。其次，用户可以请求 DeepSeek 优化文件命名规则，确保材料编号清晰，方便审核查阅。

此外，DeepSeek 还能辅助撰写长篇附件的摘要，提高材料检索效率。最后，针对纸质提交，DeepSeek 可提供排版建议，确保材料符合资助方的格式要求。通过合理利用 DeepSeek 的自动化能力，可以显著提升结题文书的专业性和审核通过率。

8.4.4 文书完整性与一致性审核机制

结题文书的完整性与一致性审核机制是确保研究成果报告符合资助机构要求的关键环节。完整性审核要求所有必要内容齐全，包括研究目标、方法、成果、技术创新、经费使用、社会影响等方面的详细描述；一致性审核则关注文书内容在不同部分之间的逻辑衔接，确保术语、数据、结论等信息前后一致，避免出现矛盾或遗漏。DeepSeek 能够在审核过程中发挥作用，自动检测文本结构、比对数据、优化逻辑，并提供修改建议，以提高文书质量。

在科研项目结题报告中，完整性审核的一个常见问题是研究目标与研究成果的匹配度。例如，在一个面向新能源材料开发的研究项目中，研究目标设定为"提高电池正极材料的循环寿命并优化充放电效率"，但在结题报告中，研究成果部分仅列出材料的合成方法，而未提供充放电循环数据。DeepSeek 可以自动识别这类缺失，并建议添加实验数据或分析结果，使成果描述更加完整，具体如下。

> 本研究通过材料结构优化，提高了循环稳定性。实验数据显示，在 300 次循环后容量保持率仍超过 90%，符合预期目标。

这样既补充了关键信息，也增强了研究的可信度。

在社会科学研究领域，一致性审核的关键在于数据分析结果与研究结论的匹配。例如，在一个关于数字经济影响的研究中，若文书前半部分提到"数字经济对中小企业成长的影响显著"，而在结论部分却未提供实证数据支持，或数据与前述分析不符，则可能影响研究的可信度。DeepSeek 可以自动检查出这种前后不一致的问题，并建议优化结论的表达方式为"研究结果表明，在 500 家样本企业中，采用数字技术的企业平均营收增长率高出非数字化企业 15%。这一发现支持了前述假设，即数字经济促进了企业增长。"这种修改不仅使文书更严谨，也增强了研究结论的说服力。

文书术语的统一性也是一致性审核的重点。例如，在一个关于人工智能优化方法的研究中，若某部分使用"深度强化学习"的表述，而另一部分使用"强化学习模型"或"强化学习系统"的表述，可能会导致术语不一致的问题。DeepSeek 可以自动识别这些术语，并建议统一表述，使文书风格保持一致，提高可读性，具体如下。

> 本研究基于深度强化学习框架，构建了一种智能优化策略。实验结果验证了该策略在复杂任务中的适用性。

这样既确保了术语的统一，也提高了文本的学术规范性。

在经费使用报告的审核中，完整性和一致性尤为重要。例如，如果研究团队在结题报告中列出了"设备购置"作为主要支出项，但在详细的经费使用说明中未提供相应的采购记录或说明，可能会引发审核疑问。DeepSeek 能够自动对比不同部分的数据，并提供修改建议，具体如下。

> 本项目购置了高性能计算服务器用于数据模拟实验，总支出 50 万元，占预算的 20%。该设备在数据处理与算法训练过程中发挥了关键作用。

这种修改确保了经费报告的透明度，也有助于提高审核通过率。

在附件材料的完整性审核中，常见的问题包括缺少论文发表证明、专利授权文件、学术交流记录等。DeepSeek 可以自动生成附件清单，并与正文内容进行比对，确保所有研究成果均有对应的证明材料支持。例如，在科技研发类项目中，如果文书提到"本研究成果已在国际会议上报告"，但附件未包含会议日程或论文摘要，DeepSeek 可以提示用户补充"请提供会议议程、演讲 PPT 或官方会议通知，以支持研究成果的国际影响力。"这种补充不仅提高了材料的完整性，也增强了研究成果的可信性。

DeepSeek 在结题文书审核过程中能够提供自动化支持，确保内容完整、数据一致、术语规范、逻辑清晰。通过智能检测与优化建议，提高文书质量，使其符合科研机构的评审标准，提高结题审核的通过率。

附录　常见课题与项目申报信息汇总

科研项目的申报涉及不同层级的基金资助体系，包括国家级、省部级、市级及企业合作项目，每类项目的申报要求、评审标准、资金配置模式均存在显著差异。准确理解各类科研课题的申报要点，有助于提高申报材料的针对性，增强项目获批的可能性。

本附录对常见的科研课题、项目及标书申报信息进行系统汇总，涵盖申报条件、主要资助方向、评审重点、经费支持方式及申报周期等内容，为研究人员在制定科研规划、撰写课题申报材料提供重要参考依据。

附录 A　国家自然科学基金

国家自然科学基金（National Natural Science Foundation of China，NSFC）是中国科技部直属的国家级科研资助机构，旨在支持基础研究和应用基础研究，推动科学前沿发展，培养科技人才，提升国际科技竞争力。NSFC 基金资助范围广泛，涵盖数学、物理、化学、生命科学、信息科学、医学、地球科学、工程与材料科学等多个学科领域，是国内影响力最大、认可度最高的科研资助项目之一。

自 1986 年成立以来，NSFC 已成为中国基础研究体系的重要组成部分，每年资助数万项科研项目，资助金额从数十万元到数千万元不等。其评审制度严格，采用国际同行评议机制，确保科研经费流向最具创新性和科学价值的研究项目。

1. 主要资助类别

NSFC 根据不同的研究阶段、学术水平和研究方向，设立了多种资助类别，主要包括以下几类。

（1）面上项目（General Program）：支持具有一定研究基础的科研人员从事自主选题的基础研究或应用基础研究。资助金额一般为 60 万~80 万元，研究周期 4 年。

（2）青年科学基金项目（青基）（Young Scientists Fund）：支持年龄不超过 38 岁（女性可放宽至 40 岁）的青年学者开展独立研究，资助金额一般为 30 万~50 万元，研究周期 3 年。

（3）地区科学基金项目（Regional Science Fund）：针对中西部和东北地区的高校、科研机构，支持地方科技发展，资助金额与面上项目相近。

（4）优秀青年科学基金项目（优青）（Excellent Young Scientists Fund）：支持在国内外学术界有一定影响力的优秀青年学者，资助金额为100万~300万元，研究周期4年。

（5）国家杰出青年科学基金项目（杰青）（Distinguished Young Scientists Fund）：支持在各自学科领域取得突出研究成果的优秀青年学者，资助金额为200万~400万元，研究周期5年。

（6）重点项目（Key Program）：资助国内基础研究的重点方向和科学前沿问题，支持金额在300万~400万元之间，研究周期4~5年。

（7）重大项目（Major Program）：支持多单位联合攻关，解决国家重大科学问题，资助金额在1000万元以上，研究周期5年。

（8）联合基金项目：NSFC与地方政府、企业或其他机构合作设立的专项基金，如"企业创新发展联合基金""地方人才专项基金"等。

（9）国际合作研究项目（International Cooperation Projects）：支持中国科研人员与国外学者联合开展基础研究，促进国际学术合作，资助金额不固定，要根据项目需求确定。

2. 申报要求

NSFC对申报人和申报机构都有严格要求，具体如下。

（1）申报人资格：申报人一般应具有博士学位，或具有副高级及以上职称，部分青年基金项目对申报人职称要求较低。申报人必须是具有独立科研能力的科研工作者，如高校教师、研究所研究员等，博士后、访问学者等通常不具备独立申报资格。申报人必须依托具有法人资格的科研单位，如高校、科研院所、医院等。

（2）研究方向要求：研究方向必须符合NSFC的资助范围，各学科具体申报代码和方向详见每年发布的《国家自然科学基金项目指南》。研究应具有创新性，不能与已获资助的项目重复或雷同。

（3）申报单位要求：申报人需通过所在单位进行申报。申报单位负责审核申报材料，并统一提交NSFC。申报单位需具备独立法人资格，并在NSFC备案，个人无法单独提交申报。

3. 申报规范

（1）撰写格式要求：申报书包括摘要、研究背景、研究内容、技术路线、创新点、可行性分析、研究团队介绍、预算编制等部分。字数控制严格，如摘要部分不得超过800字，研究内容部分不得少于3000字。研究目标应清晰、具体，避免笼统描述，需以可量化指标说明研究成果。

（2）预算编制要求：需严格按照 NSFC 规定的预算标准，如设备购置费、实验材料费、人员费等合理分配。青年基金、面上项目等一般不支持购置大型设备，重点项目、重大项目才允许。经费使用需符合财务管理规范，资金不得用于与研究无关的开支。

（3）参考文献要求：申报书要列出重要的国内外研究文献，以支持研究背景和可行性分析。参考文献应以近 5 年内的高水平论文为主，特别是与研究主题相关的前沿文献。

4. 申报时间

（1）集中受理时间：每年 3 月初至 3 月下旬为国家自然科学基金项目的集中受理期，具体截止日期由 NSFC 当年发布的项目指南确定。

（2）评审时间：集中受理后，5~7 月进行专家评审，8~9 月公布结果。

（3）滚动申报：部分联合基金、国际合作项目等允许全年申报。

5. 评审流程

（1）形式审查：NSFC 工作人员审查材料是否合规，存在格式错误或不符合申报要求的将被退回。

（2）专家评审：采用同行评议制度，邀请多个相关领域专家匿名评审。

（3）会议评审：部分重点项目、重大项目需进入会议评审环节，由专家组讨论决定。

6. 注意事项

（1）申报人不得同时申报相同类别的多个基金，如已获得青年基金资助，则不能再申报青年基金，但可申报面上项目。

（2）每位研究人员每年最多主持一个项目，若已有主持的 NSFC 项目未结题，则不能再申报新的项目（特殊情况除外，如优青、杰青）。

（3）申报书务必提前准备，因提交时间集中，系统容易拥堵，建议提前一周完成申报。

国家自然科学基金是中国最重要的科研资助项目之一，竞争激烈，评审严格。成功申报该基金不仅能够获得稳定的科研经费支持，还对学术生涯发展起到重要推动作用。撰写申报书时，需严格遵循 NSFC 的申报规范，突出研究的科学价值和创新点，合理编制预算，提高申报通过率。

附录 B 国家社会科学基金

国家社会科学基金（National Social Science Fund of China，NSSFC）由全国哲学社会科学工作办公室（全国社科规划办）管理，隶属于中共中央宣传部，是中国哲学社会科学领域最高级别的科研资助项目。该基金旨在资助人文社会科学领域的基础研究和应用研究，推动中国社会科学研究的繁荣与发展，为国家治理、经济社会发展、文化建设等提供理论支持。

国家社会科学基金设立于1991年，至今已成为国内人文社会科学领域最具权威性、影响力和竞争力的科研资助体系。该基金资助学科涵盖哲学、经济学、法学、社会学、政治学、管理学、历史学、教育学、新闻传播学、文学、语言学等二十多个学科，并根据国家需求和研究热点不断调整资助方向。

基金项目采用同行评议和专家评审机制，每年资助数千项课题，涵盖基础研究、重大现实问题研究、应用研究等多个方向，资助金额从20万元至80万元不等。申报成功后，项目负责人需按期提交阶段性研究成果和最终研究报告，研究成果须符合国家哲学社会科学研究的相关要求。

1. 主要资助类别

国家社科基金的资助类别主要包括以下几种。

（1）一般项目：适用于全国高校、研究机构的学者，支持基础研究和应用研究，资助金额一般为20万~30万元，研究周期为3~5年。

（2）青年项目：专门资助年龄不超过40岁的青年学者，支持其独立开展研究，资助金额为20万~30万元，研究周期为3~5年。

（3）重点项目：资助具有重要理论价值或现实指导意义的课题，支持金额为40万~50万元，研究周期为3~5年。

（4）重大项目：支持国家重大决策需求的研究，研究内容需与国家发展战略、社会热点、重大经济或法律问题密切相关，资助金额为80万元左右，研究周期为4~5年。

（5）后期资助项目：专门针对已基本完成的高质量研究成果，如专著、论文集等，提供出版和推广资助，金额在20万~30万元。

（6）专项项目：围绕国家重点研究领域，如党的建设、意识形态研究、马克思主义理论、乡村振兴、国家治理现代化等提供专项资助，资助金额根据具体项目要求确定。

（7）中华学术外译项目：支持将优秀的哲学社会科学研究成果翻译为外语，以推动中国学术走向国际，资助金额在30万~50万元。

（8）国别和区域研究项目：支持研究国外政治、经济、社会文化等领域，特别是"一带一路"沿线国家和地区，资助金额一般在30万~50万元。

2. 申报要求

（1）申报人资格：申报人须具有高级职称（副教授或研究员及以上），青年项目申报人可适当放宽至博士学位获得者或讲师职称。申报人需具有稳定的研究岗位，申报时必须有正式的工作单位。博士后、访问学者、临时聘用人员不可作为项目负责人申报，申报人必须具有较强的科研能力和丰富的研究经验，曾主持或参与过国家级或省部级科研项目者优先。

（2）研究方向要求：研究内容须符合国家社科基金年度指南中规定的选题方向，通常包括重大理论创新、社会热点问题、国家战略需求等。申报书中的选题需具有明确的学术价值或应用价值，避免与已立项的项目过于相似或重复。申报书应体现理论创新或现实针对性，避免纯粹描述性的研究或无明确科学目标的选题。

（3）申报单位要求：申报人需依托高校、科研院所、党政机关研究机构等单位申报，申报单位需具备合法资质，并由科研管理部门统一组织申报。申报单位需对申报材料进行预审，确保材料符合国家社科基金的格式要求和申报规范。

3. 申报规范

（1）撰写格式要求：申报书包括摘要、研究背景、国内外研究现状、研究目标、研究方法、研究计划、创新点、可行性分析、研究团队介绍、经费预算等部分。申报书需严格按照国家社科基金规定的格式填写，不符合格式要求的申报书将被退回。研究目标需具体、明确，避免泛泛而谈，需体现研究的创新性和可行性。

（2）预算编制要求：预算需合理分配，不得超过规定额度，不得用于与研究无关的支出。资助经费用于研究团队人员经费、数据采集、调研、论文发表、学术会议等，但不得用于基础设施建设、购置设备等。申报人需详细说明资金使用计划，确保资金使用的合理性和透明性。

（3）参考文献要求：申报书须列出重要的国内外研究文献，以支持研究背景和可行性分析。参考文献应以近五年内的高水平论文、权威学术期刊论文为主，特别是与研究主题相关的核心文献。

4. 申报时间

（1）年度申报时间：一般在每年1~3月期间，全国社科规划办会发布当年的申报通知，具体申报截止日期由各单位自行安排。

（2）评审时间：4~6月进行专家初审，7~9月进入会议评审阶段，9~10月公布立项结果。

（3）滚动申报：部分专项项目和后期资助项目可全年申报，具体申报时间由全国社科规划办另行通知。

5. 评审流程

（1）形式审查：全国社科规划办审核申报材料的完整性和合规性，格式不符或材料不全的申报书将被退回。

(2) 专家评审：采用同行专家匿名评审的形式，根据学术价值、创新性、可行性、研究基础等指标打分。

(3) 会议评审：部分重大项目进入会议评审阶段，由多位专家讨论最终评审结果。

(4) 结果公示：最终入选的项目将在全国社科规划办官网公示，申报人可查询申报结果。

国家社会科学基金是中国哲学社会科学领域最高级别的资助项目，竞争激烈，评审严格。申报人需充分准备，确保选题符合国家需求，研究方案科学合理，预算编制规范合理，从而提高申报成功率。成功立项后，研究人员需按计划完成研究任务，并在规定时间内提交研究成果，以确保课题顺利结项。

附录 C 国家重点研发计划

国家重点研发计划（National Key R&D Program of China）是中国科技部设立的国家级科技计划，旨在支持涉及国家重大需求、经济社会发展和科技前沿的重大科研项目。该计划由科技部统筹实施，涵盖基础研究、应用研究及产业技术创新，以推动关键核心技术攻关，加强科研与产业的深度融合。

国家重点研发计划是在 2016 年整合原有的"973 计划"（国家重点基础研究发展计划）、"863 计划"（国家高技术研究发展计划）、国家科技支撑计划、国际科技合作专项等多个科技计划的基础上形成的，重点资助技术创新性强、跨学科交叉、应用导向明确的研究项目。

计划的重点支持领域涵盖农业、能源、信息、制造、材料、环境、健康、海洋、空间等多个科技前沿方向，主要目标是解决国家战略需求的重大科技问题，增强中国在全球科技竞争中的核心竞争力。

1. 主要资助方向

国家重点研发计划的项目主要围绕以下重点方向展开，每个方向下设多个重点专项，涵盖从基础研究到技术应用的完整链条。

(1) 信息技术（如人工智能、区块链、5G、量子信息）

(2) 生物医药与健康（如精准医学、脑科学、传染病防控）

(3) 新材料（如纳米材料、先进复合材料、高性能金属材料）

(4) 先进制造（如智能制造、增材制造、机器人技术）

(5) 能源与环保（如新能源技术、节能减排、碳中和技术）

(6) 农业与食品安全（如现代种业、生物育种、智慧农业）

(7) 海洋与极地（如深海探测、海洋资源开发、极地科学研究）

（8）空间与航空（如卫星导航、深空探测、航空发动机）
（9）交通与基础设施（如智能交通、高速铁路、新型城镇化）

每年科技部都会根据国家战略需求发布专项指南，研究人员可根据指南确定申报方向。

2. 申报要求

（1）申报人资格：申报人必须具备博士学位或高级职称（副教授及以上）。申报人必须依托高校、科研院所、国家实验室、重点企业或政府科研机构申报，个人不能单独申报。申报团队需具备良好的科研基础和相关项目经验，优先支持已有国家级项目研究经验的团队。项目负责人每年最多主持一个国家重点研发计划项目，不得重复申报。必须由具有法人资格的单位牵头申报，跨单位联合申报需明确分工和责任。

（2）研究方向要求：研究内容需符合当年科技部发布专项指南的要求，不得偏离支持方向。研究目标应具有突破性，能够解决"卡脖子"技术问题或填补国内外技术空白。应用导向需明确，结合产业发展需求，保障研究成果的可转化性。

（3）团队规模要求：申报团队通常由牵头单位和合作单位组成，团队成员一般不少于5人，不超过15人，必须跨单位联合攻关。涉及多个学科方向的合作研究，团队需包含技术专家、工程师、管理人员等，确保研究和应用的结合。

3. 申报规范

（1）撰写格式要求：研究目标清晰可量化，需设定具体的技术指标，如提高精度×%、降低成本×%、突破某关键技术等。研究内容需具有创新性，不能简单重复已有研究。技术路线要详细，需展示研究实施路径、关键技术节点、可行性分析。任务分工要明确，各合作单位的职责需清晰界定。阶段目标要明确，需详细规划各研究阶段的任务和成果。

（2）预算编制要求：预算涵盖设备购置费、材料费、实验费、测试费、劳务费、管理费等。设备购置需符合科技部采购标准，重大设备采购需单独审批，人员经费不得超过预算总额的30%，劳务费需合理分配，管理费不得超过预算总额的5%，用于项目组织和协调。经费使用必须符合国家科技经费管理规定，资金不得挪用或违规使用。

4. 申报时间

（1）科技部每年3~4月发布年度指南，申报单位需根据指南选择专项方向。
（2）5~6月各科研单位组织内部审核，完善申报材料。
（3）7月进入国家科技管理信息系统提交正式申报，所有材料必须通过科技部科研信息管理系统提交。

（4）8~10月科技部组织专家评审，包括通讯评审和会议评审。

（5）11月公示入选名单，12月正式立项，次年1月开始执行项目。

5. 评审流程

（1）形式审查：审核申报材料是否符合要求，内容是否完整。

（2）专家评审：采用同行专家匿名评审的形式，每个项目至少有5~7位专家评议。

（3）会议评审：部分重点项目需进入会议评审，由科技部组织评审委员会讨论。

（4）结果公示：最终入选项目在科技部官网公示，接受社会监督。

国家重点研发计划是中国科技创新体系中最重要的资助项目之一，支持关键核心技术攻关、产业技术创新、基础研究突破。申报此类项目需具备扎实的科研基础和良好的产学研合作能力，研究方案需紧扣国家战略需求，突出技术创新性和实际应用价值。成功申报后，研究人员需严格按照项目要求执行研究计划，按期提交研究成果，确保课题顺利结项。

附录 D 博士后科学基金

博士后科学基金（China Postdoctoral Science Foundation，CPSF）是中国博士后管理委员会设立的国家级科研资助项目，旨在支持博士后研究人员在站期间从事科学研究，推动其成长为独立科研人才，同时促进高层次创新型人才的培养和储备。

该基金于1985年设立，由中国博士后科学基金会负责管理，资金来源主要包括国家财政拨款、企业合作资金及地方政府专项经费。博士后科学基金涵盖基础研究、应用研究和产业技术创新，鼓励跨学科、跨领域合作，支持博士后研究人员自主选择研究课题，培养其独立科研能力。

博士后科学基金的资助分为面上资助、特别资助（站前/站中）、国际交流计划、企业博士后项目等多个类别，每年资助上万名博士后研究人员，支持金额从8万元至80万元不等，研究周期一般为2年。

1. 主要资助类别

博士后科学基金主要分为以下几类资助项目，每个类别的资助对象、资金规模和申报条件有所不同。

（1）面上资助（General Grant）：适用于进站博士后研究人员，从事基础研究或应用研究，资助金额一般为8万元~18万元，分两批次申报，研究周期2

年，重点支持创新性研究，鼓励交叉学科研究。

（2）特别资助（站前/站中）（Special Grant）：站前特别资助针对已获得博士学位但尚未进入博士后站的优秀研究人员；站中特别资助针对在站博士后人员，要求在研究成果方面已取得较大进展，资助金额为 18 万元~30 万元，研究周期 2 年，竞争激烈，支持高水平人才。

（3）国际交流计划（International Exchange Program）：资助博士后研究人员赴国外知名高校或研究机构进行短期交流或合作研究，资助金额 20 万元~40 万元，涵盖国际旅费、生活费和研究费用，研究周期为 6~24 个月，需有国外导师推荐信。

（4）企业博士后项目（Enterprise Postdoctoral Program）：由博士后工作站与企业联合设立，鼓励博士后研究人员与企业合作进行技术研发，资助金额为 15 万元~50 万元，企业可提供额外资助，研究周期 2 年，鼓励产学研结合。

（5）创新人才支持计划（Innovative Talent Program）：资助金额最高，可达 80 万元。支持博士后研究人员开展重大原创研究，仅限于顶尖高校或科研机构的博士后，要求有高水平论文发表或重大研究成果。

2. 申报要求

（1）申报人资格：申报人须已获得博士学位，并且在博士后流动站或工作站内从事研究工作；申报人年龄一般不超过 35 岁（特别资助项目可适当放宽）；申报人需依托博士后设站单位（高校、科研机构或企业）进行申报；申报人须具有较强的科研能力，已发表或即将发表高质量研究论文者优先。申报面上资助的博士后，进站时间一般不超过 6 个月，否则视为超期申报。

（2）研究方向要求：研究内容须符合博士后科学基金的资助范围，主要涵盖自然科学、工程技术、医学、人文社科等学科领域；研究应具备创新性，避免重复已有研究或缺乏科学价值的选题；鼓励跨学科交叉研究，特别是在人工智能、生命科学、新能源、环境科学等前沿领域。

（3）申报单位要求：申报人必须通过所在博士后设站单位统一申报，个人无法独立申报。申报单位须具备博士后流动站或博士后工作站的资质，且需对申报材料进行预审，并提供科研支持。

3. 申报规范

（1）撰写格式要求：研究目标需明确，具有创新性，不得过于宽泛或缺乏科学价值。研究内容需具体，技术路线需合理，可行性论证需充分。需提供详细的研究计划和时间安排，包括阶段性成果目标。需列出参考文献，支持研究背景和可行性分析。申报书需符合博士后科学基金会的格式要求，不符合规范的申报书将被退回。

(2) 预算编制要求：资助经费用于科研活动、学术交流、论文发表、设备采购、实验材料等方面。劳务费比例不超过 30%，人员经费需合理分配，不得用于与研究无关的开支，如基础设施建设、办公用品等。

4. 申报时间

博士后科学基金每年分为两批次申报，具体时间安排如下。

(1) 面上资助：第一批次 3 月初开放申报，4 月截止，6 月公布结果；第二批次 9 月初开放申报，10 月截止，12 月公布结果。

(2) 特别资助：站前特别资助每年 2~3 月申报，5 月公布结果；站中特别资助每年 7~8 月申报，10 月公布结果。

(3) 国际交流计划：全年滚动申报，视合作院校或机构安排。

5. 评审流程

(1) 形式审查：审核申报材料是否符合要求，内容是否完整。

(2) 专家评审：采用同行专家匿名评审，每个项目至少由 5 名专家独立评分。

(3) 会议评审：部分特别资助项目需进入会议评审环节，由基金管理委员会讨论最终结果。

(4) 结果公示：最终入选名单将在博士后科学基金会官网公示。

6. 注意事项

(1) 博士后进站时间不得超过 6 个月，否则影响面上资助的申报资格。

(2) 申报书需提前准备，避免因临近截止日期提交失败。

(3) 选题需结合前沿科技或国家重大需求，突出研究创新性和应用价值。

(4) 申报材料需由所在单位审核后提交，确保符合格式规范。

博士后科学基金是博士后研究人员开展科研工作最重要的国家级资助项目，竞争激烈，评审严格。申报人需充分准备，确保研究方案具有科学价值和创新性，预算合理合规，从而提高申报成功率。成功立项后，研究人员需按照计划执行研究任务，按期提交研究成果，并符合基金管理条例的要求，以确保顺利结题。

附录 E 四类科研项目申报特点对比

在科研项目申报中，国家自然科学基金、国家社会科学基金、国家重点研发计划和博士后科学基金各具有不同的申报要求、资助方式和评审标准。

附表 E-1 对这四类科研资助项目的关键特点进行了对比，以帮助科研人员根据自身研究方向和职业发展需求选择适合的资助项目。

附表 E-1　不同科研项目申报特点对比总结表

对比维度	国家自然科学基金（NSFC）	国家社会科学基金（NSSFC）	国家重点研发计划	博士后科学基金（CPSF）
管理机构	国家自然科学基金委员会（NSFC）	全国哲学社会科学工作办公室	科技部	中国博士后科学基金会
主要资助对象	高校教师、科研院所研究员	人文社科领域研究人员	科研院所、高校、企业研究团队	进站博士后研究人员
研究方向	自然科学、工程、医学等	哲学、经济、法学、管理等	高新技术、产业应用、国家战略	基础研究、应用研究、交叉学科
资助金额	30 万元～400 万元	20 万元～80 万元	300 万元～2000 万元	8 万元～80 万元
研究周期	3～5 年	3～5 年	4～5 年	2 年
申报时间	每年 3 月	每年 1～3 月	每年 3～4 月，7 月正式申报	每年 2～3 月/7～8 月（不同批次）
评审方式	同行评审+会议评审	专家匿名评审+会议评审	专家组评审+会议讨论	专家匿名评审
申报难度	竞争激烈，成功率较低	竞争激烈，立项难度高	竞争极大，重点项目需多单位联合	竞争较大，特别资助更难
是否允许个人申报	否，需依托单位	否，需依托单位	否，需依托单位	否，需依托博士后流动站
是否要求联合申报	否，个人可申报	否，一般为单独申报	是，鼓励多单位合作	否，一般单独申报
资助重点	侧重基础研究，支持自主选题	侧重理论研究，强调社会价值	重点突破"卡脖子"技术问题	鼓励青年科研人员独立研究
预算管理	资金使用严格，按财政规范执行	经费使用灵活，但审核严格	资金管理要求高，财务审计严格	资金可用于科研活动及交流

本表格清晰对比了四类科研项目的申报特点，涵盖管理机构、申报人要求、研究方向、资助金额、评审方式及难度等多个关键维度。研究人员可根据自身研究需求和职业发展规划，选择合适的科研基金进行申报，提高科研竞争力和项目成功率。